Time Series
Analysis

将来予測と意思決定のための

時系列分析入門

様々な時系列モデルによる
予測方法からその評価方法まで

長倉大輔
慶應義塾大学経済学部 教授

ソシム

はじめに

　時系列分析は、「過去と現在の関係を分析することにより、現在と未来との関係を解き明かす」ことを目的としています。本書の第 1 章でも言及しているように、データには様々な種類がありますが、その中で「時間の経過と共に観察されるデータ」を時系列データと呼びます。

　データの種類に応じて適した分析手法は異なりますが、時系列分析は時系列データを分析することに特化した分析手法です。時系列データは現実の様々な場面に登場します。そして時系列分析の知識を持っておくことは、それらのデータを適切に分析するために間違いなく役に立つことでしょう。本書では時系列分析の基本的な考え方から、それらをどのように実際のデータに応用するのか、さらに応用する際の注意点などについて、直観的な理解に重点を置いて解説しています。

　時系列データは、他のデータとは様々な点で異なる特徴を持っており、それが分析を難しくしています。そのうちの 1 つとして、例えば「時系列データは、データが観測される順番に意味がある」ということが挙げられます。横断面データなどの通常のデータにおいては、データの順番を入れ替えて分析を行っても分析結果は変わりませんが、時系列データにおいては観測される順番を適切に考慮した分析を行わないと、分析結果が大きく変わり、間違った分析結果を得る可能性が高くなってしまいます。

　さらに時系列データには、1 時点につき 1 つしか観測されないという制約もあります。通常のデータ分析においては、データの背後にあるデータ生成メカニズムを分析する際に、そのデータ生成メカニズムから生み出されたたくさんのデータがあることが前提となっており、データの数が増えれば増えるほど分析の精度は良くなります。しかしながら、時系列データにおいては、ある 1 時点のデータ生成メカニズムからは 1 つのデータしか得ることができないのです。詳しくは本書で説明しますが、時系列分析は、このような時系列データ特有の問題に対処するための方法を提供してくれます。

本書は、これから時系列分析を学ぶ初学者の方や、「時系列分析用の統計ソフトウェアを用いて、時系列データの分析を行うことはできるけど、実際にソフトウェアの内部で何を行っているのかはよくわからない」というような方が手に取るのに適した本です。さらに、既存の時系列分析の専門書では見過ごされてきた点、あるいは「まだほとんど解説されていない新しいテーマ」を取り上げることにより、時系列分析について既にある程度の知識がある方にも新しい知見が得られるような工夫もしています。特に後半部分で取り上げているテーマについては、時系列分析の中級者の方でも間違って理解しがちな細かい部分について、非常に丁寧に解説をしています。

　本書は全 13 章構成です。
　第 1 章から第 5 章では、本格的な時系列分析を始める前の準備として、時系列分析の理解に必要な統計学の知識について解説をしています。既存の時系列分析の専門書は統計学の知識を前提条件としているものが多いのですが、本書はそのような前提知識は必要とせず、統計学の予備知識がない方にも時系列分析について学んでいただけるようになっています。ここでも既存の統計学の教科書ではあまり説明されていない、または誤って説明されているような事柄について、随所で丁寧に解説しており、既に統計学について予備知識をお持ちの方でも一読の価値があるものとなっています。

　第 6 章では時系列分析の基礎的な事柄を扱い、第 7 章から本格的に時系列分析についての説明が始まります。その後、第 8 章から第 10 章までは定番の分析手法である自己回帰移動平均モデルについて重点的に説明をします。
　そして第 11 章から第 13 章では、自己回帰条件付き不均一分散モデル、状態空間モデル、予測評価の統計的評価など、テーマ的にはやや上級といえる内容を扱っています。
　本書が読者の皆さんの、時系列分析への理解を深めるための一助となれば幸いです。

【参考文献について】

　本書では取り上げることのできなかったテーマについて、また本書で取り上げたテーマについてもより深く学びたいという方のために、本書では折に触れて参考文献を紹介しています。それらがどのように本書と関連しているのかについては本文を参照していただくとして、以下に「各参考文献」と「それが掲載されている章」についてまとめました。

◎第5章
　清水泰隆. (2021). 統計学への確率論、その先へ：ゼロからの測度論的理解と漸近理論への架け橋. 第2判. 内田老鶴圃

◎第7、10、12章
　沖本竜義. (2010). 経済・ファイナンスデータの計量時系列分析. 朝倉書店

◎第10章
　藪友良. (2023). 実践する計量経済学. 東洋経済新報社
　難波明生. (2015). 計量経済学講義. 日本評論社

◎第11章
　渡部敏明. (2000). ボラティリティ変動モデル (シリーズ現代金融工学4). 朝倉書店

◎第12章
　森平爽一郎. (2019). 経済・ファイナンスのためのカルマンフィルター入門. 朝倉書店
　野村俊一. (2016). カルマンフィルタ、Rを使った時系列予測と状態空間モデル. 共立出版

目次

はじめに ·· 002
参考文献について ·· 004

第1章 時系列分析とは
時系列分析の特徴と役割

1.1 時系列データと時系列分析 ································ 012
1.2 時系列分析の考え方、目的、役割 ···················· 017
1.3 次章以降の内容について ································· 021
1.4 補足：本書で用いる数学について ····················· 024
第1章のまとめ ·· 031

第2章 時系列分析への準備 ①
記述統計、データの特徴を調べる

2.1 データサイエンス ··· 034
2.2 記述統計 ·· 036
2.3 データの中心を見る ······································ 042
2.4 データのバラつき具合を見る ··························· 047
2.5 2変数の分析 ··· 052
2.6 様々な相関係数 ·· 058
第2章のまとめ ·· 063

005

第3章 時系列分析への準備 ②
確率についての基礎知識

3.1 確率とは 066

3.2 条件付確率と独立 074

3.3 ベイズの定理 077

3.4 補論: ベイズの定理のその他の応用例 082

第3章のまとめ 088

第4章 時系列分析への準備 ③
確率変数と確率分布について

4.1 確率変数と確率分布 090

4.2 代表的な離散型確率分布 099

4.3 連続型確率変数について 106

4.4 代表的な連続型確率分布 109

4.5 多変数の確率分布 115

4.6 補論 125

第4章のまとめ 127

第5章 時系列分析への準備 ④
推測統計について

5.1 推測統計 130

5.2 推定量の性質 133

5.3 統計的検定について 138

5.4 補論 149

第5章のまとめ 152

第6章 時系列分析の基礎

まずは時系列分析の基礎的な部分に触れてみる

6.1 時系列データの表記と変換 ……………………………… 154

6.2 時系列分析の基本的な指標：自己相関 ……………… 161

6.3 自己相関の検定 ……………………………………………… 166

6.4 次章以降の話題について ………………………………… 172

第6章のまとめ …………………………………………………………… 174

第7章 時系列分析の重要な概念

定常性について

7.1 時系列データとはどういうものなのか ………………… 176

7.2 自己相関の推定 ……………………………………………… 180

7.3 確率過程の定常性 …………………………………………… 183

7.4 定常データへの変換例 …………………………………… 189

第7章のまとめ …………………………………………………………… 194

第8章 自己回帰移動平均モデル

水準の変動の分析

8.1 自己回帰モデルと移動平均モデル ……………………… 196

8.2 自己回帰モデルの特徴 …………………………………… 200

8.3 自己回帰モデルの自己相関の構造 …………………… 207

8.4 ARモデルの拡張 – p次のARモデル ………………… 212

8.5 移動平均モデル ……………………………………………… 215

8.6 自己回帰移動平均モデル ………………………………… 221

第8章のまとめ …………………………………………………………… 226

第9章 時系列データの予測 ①
自己回帰移動平均モデルを用いた予測

9.1 予測について ―――――――――――――――― 228

9.2 AR(1) モデルによる予測 ――――――――――――― 238

9.3 AR(p) モデルによる予測 ―――――――――――― 249

9.4 区間予測について ――――――――――――――― 253

9.5 MA(q) およびARMA(p, q) モデルによる予測 ――――― 257

第9章のまとめ ――――――――――――――――― 260

第10章 自己回帰モデルと自己回帰移動平均モデルの推定
最小二乗法と最尤法による推定

10.1 未知パラメーターの推定 ―――――――――――― 262

10.2 最小二乗法について ―――――――――――――― 264

10.3 最小二乗法による自己回帰モデルの推定 ――――――― 276

10.4 最尤法による推定 ――――――――――――――― 280

10.5 自己回帰移動平均モデルの最尤法による推定 ――― 288

第10章のまとめ ―――――――――――――――― 297

第11章 自己回帰条件付き不均一分散モデル
変動性の変動の分析

11.1 条件付き分散の変動 ――――――――――――――― 300

11.2 経済、ファイナンスデータの特徴 ―――――――――― 302

11.3 ARCHモデルとその特徴 ―――――――――――――― 308

11.4 ARCHモデルの理論的性質 ―――――――――――――― 313

11.5 GARCHモデルの定式化とその性質 ――――――――――― 325

第11章のまとめ ―――――――――――――――――― 329

第12章 状態空間モデル
観測できない変数の分析

- **12.1** 状態空間モデル …… 332
- **12.2** 線形ガウシアン状態空間モデル …… 334
- **12.3** 状態空間モデルの特殊ケース …… 337
- **12.4** ARMAモデルの状態空間表現 …… 339
- **12.5** 状態変数の推定 …… 346
- **12.6** 状態変数推定の公式の導出 …… 352
- **12.7** システムパラメーターの推定 …… 355
- **12.8** 補論 …… 359
- 第12章のまとめ …… 363

第13章 時系列データの予測 ②
予測についてもう少し：予測の評価

- **13.1** 予測について …… 366
- **13.2** 予測の評価の種類 …… 371
- **13.3** 予測の比較 …… 378
- **13.4** 予測評価の統計的な評価 …… 382
- 第13章のまとめ …… 386

索引 …… 388
筆者紹介 …… 391

時系列分析とは

時系列分析の特徴と役割

　第1章では、時系列分析とは何かについて、その概要について述べます。特に、時系列データの特性や時系列分析の目的、時系列データの分析が通常のデータ分析とどのように違うのか等について説明します。さらに、本書で紹介する時系列分析の手法のいくつかを簡単に紹介しておきます。まずは時系列分析がどのようなものなのか、イメージを掴んでおきましょう。

1.1 時系列データと時系列分析

■ 時系列分析とは

　読者の皆さんは、時系列分析と聞くとどのようなイメージをお持ちでしょうか？　時系列分析という言葉は、「時（間）」の「系列」の「分析」ということですから、何か時間と関係のあるデータを分析することだとイメージされる人も多いでしょう。では、時間と関係のあるデータというのは、どのようなデータのことでしょうか？

　このようなデータのことを、もう少し専門的な言葉では「時系列データ」と呼びます。時系列データをより具体的に述べると、「時間の経過とともに観測さ

図1.1.1　時系列分析のイメージ

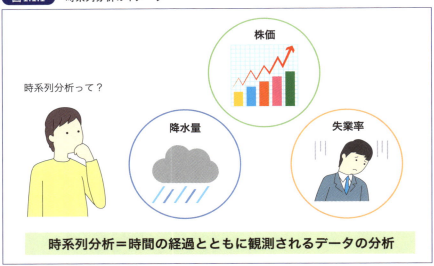

時系列データとは、株価、降水量、失業率等、時間の経過とともに観測されるデータのことです。

れるデータ」のことです。経済の分野で言うと、典型的なものとしては株価や為替などのファイナンスのデータ、国内総生産（Gross Domestic Product; GDP）や失業率等のマクロ経済のデータなどがあります。時系列分析ではこれら時系列データの特徴を踏まえて、その特徴に合わせた分析を行います。

　後述しますが、データには様々な種類があり、それぞれのデータの分析には、それぞれのデータに合った適切な手法を用いる必要があります。適切な手法を用いないと、間違った分析結果を得る可能性が高くなるからです。さらに、時系列データの中にも様々な種類があり、それらに適した分析手法というものがあります。本書では、それら様々な時系列分析の手法について紹介、解説していきます。

データの種類

　時系列データが他のデータとどのように違うのかを理解するために、少しデータの種類について説明をしましょう。データとは通常、ある事柄に関しての数値の集まりのことを指します（数値ではないデータもありますが、分析する際には、通常それらのデータを何らかの方法で数値に直して分析します）。
　時点と観測個体という観点から見た場合、データは大きく3つの種類に分けられます。

① 横断面（クロスセクション）データ
② 時系列データ
③ パネルデータ

　そして、それぞれに特徴があり、それに合わせた分析方法が存在します。このうち、本書で扱うのは主に「時系列データ」となります。以下ではまず、これら3つの種類のデータの違いについて簡単に説明していきます。

様々なデータの種類

　データの種類として、近年は「ビッグデータ」という数千万から数億個という膨大な大きさのデータを意味するものもありますが、これは「データの大きさ」の観点からデータを区別したもので、ここで言う「横断面データ」「時系列データ」「パネルデータ」という分け方とは別のものです。「時系列データ」であり、かつ「ビックデータ」であるというデータもあり得ます。

　なお、本書ではビッグデータの扱い方は基本的に取り上げません。また、数値で得られるデータを「数値データ（量的データ）」、男性か女性か、どの職業についているかなどの数値ではないデータを「質的データ」というような分け方もあります。

━━ 3つのデータの特徴

　前述した3つのデータの特徴をそれぞれ述べておきましょう。

　横断面（クロスセクション）データとは、多数の個体の1時点におけるデータです。例えば、ある年のある小学校の男の子の身長、体重などです。これらは、ある年（厳密に言うと、1年のどこかの時点）に観測された、その小学校の男の子たち（多数の個体）のデータです。横断面データは、観測される順番（どの男の子のデータから並べるか）には特別な意味はなく、通常、順序を入れ替えて分析を行っても、分析結果に影響はありません。3つの種類のデータの中では最も分析がしやすいデータだと言え、多くのデータが横断面データになります。

　これに対して、**時系列データ**とは時間の経過とともに観測されるデータのことです。典型的なものとして、株価や為替のデータなどがあります。これらは時間の経過とともに1つ、また1つと順番に観測されていきます。

　時系列データでは、この「観測される順番」が重要になってきます。時系列データ分析の手法は観測される順番を考慮したものとなっており、順番を入れ

替えてそれらの手法を適用すると、分析結果が全く異なってしまうことがあり得ます。後ほど詳しく述べますが、この「順番を考慮しないといけない」というのが、時系列データ分析を横断面データの分析よりも難しくしている1番の要因だと言えるかもしれません。

図1.1.2 時系列データの特徴

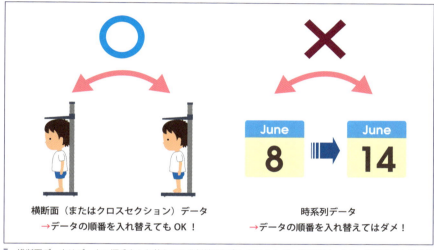

横断面データはデータの順番を入れ替えても分析結果は変わりませんが、時系列データは、順番を入れ替えると分析結果が大きく変わる可能性があります。

そして**パネルデータ**とは、横断面データと時系列データの2つを組み合わせたデータのことで、多数の個体の複数の時点のデータから成ります。例えば、先ほど横断面データの例であげた小学生の男の子の身長、体重のデータ（多数の個体）も、それらの男の子たちについて複数年（複数の時点）で観測されたとしたら、それらはパネルデータになります。

パネルデータは個体間の異質性をとらえるのに有用で、パネルデータによって、横断面データ、時系列データではできない分析も可能になります。またパネルデータについても様々な分析手法が発達してきており、そこでは時系列分析の手法をもとにしたものも多数あるため、パネルデータの分析手法の勉強にも時系列分析の理解は非常に役に立つでしょう。

図1.1.3　データの種類

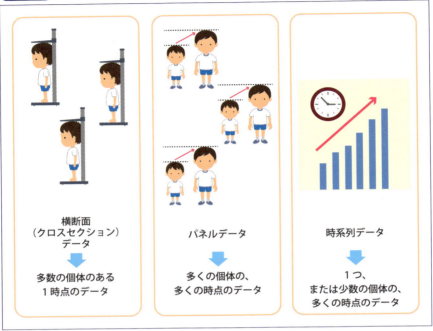

横断面データはデータの順番を入れ替えても分析結果は変わりませんが、時系列データは、順番を入れ替えると分析結果が大きく変わる可能性があります。

　これらのデータのうち、本書で主に扱うのは時系列データです。そして時系列分析とは、時系列データを分析することです。時系列分析は横断面データの分析手法と共通する部分もありますが、独自の手法もたくさんあります。先ほども言ったように、データの順番を考慮するというのが時系列分析の重要な特徴の1つです。

1.2 時系列分析の考え方、目的、役割

━━ 過去と現在の繋がりを探る

　時系列分析の基本的な考え方や、その目的と役割について簡単に述べておきましょう。

　本書で紹介する（ほとんどの）時系列分析の背後にある基本的な考え方とは、「過去と現在、現在と未来は関連している」ということです。ある時点である現象が起きているとしたら、次の時点でもその現象が続いている可能性は、その2つの時点の関連性が強ければ高いと考えるのは自然でしょう。

図1.2.1　過去と現在の関係

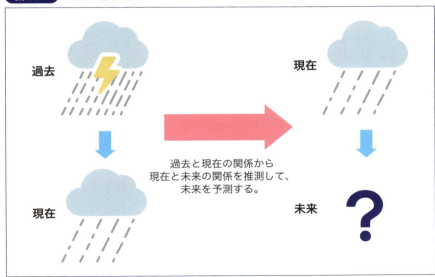

例えば、ある地点のある時点で雨が降っていたら、次の時点でもその地点に雨が降っている可能性は高いでしょう。また、徐々に雨がやんでいくとしても、それぞれ近い時点での降雨量は同じような値になっているでしょう（ある時点では土砂降りで、5秒後は晴天で、10秒後はまた土砂降りというようなことはまず起きないでしょう）。時系列分析とは、過去に起きたことと、現在・未来に起きることとの関連性や連続性（の有無やその強弱）を調べることである、と言えます。

■ 時系列分析の役割

　時系列分析の目的や役割には様々なものがありますが、最も重要なものの1つとして、**将来の予測**があげられます。過去と現在の関係を調べることによって、現在に起こった事から未来に起こることを予測するのです。また予測できたとして、その精度も知りたいところでしょう。このような場合、時系列分析の手法を用いて予測の精度を測ることも可能です。基本的に関連性が強ければ強いほど、予測の精度は上がります。また、使用する手法がいくつかある場合は、より適している手法を用いた方が、より精度の高い予測ができます。さらに、どの手法がその時系列データの分析により適しているかを分析する、というような時系列分析の手法も存在します。

　統計学で言うところの記述統計と同様に、ある時系列データがどのような特徴を持っているのかを要約するというのも、時系列分析の重要な役割の1つです（記述統計については次章で詳しく説明します）。一口に時系列データと言っても、様々な異なる特徴を持った時系列データがあり、それらの特徴をうまく要約するには工夫が必要となります。また、データの特徴をつかむことは予測においても重要です。

　時系列データを取り扱う学問分野の理論の検証などでも、時系列分析の手法は非常に有用です。自然科学や社会科学における理論というのは、データによって裏付けられる前は、あくまでも仮説に過ぎないわけですから、データに

よって理論を検証するというのは科学において非常に大切なプロセスです。

時系列データは非常に多くの学問分野において扱われます。例えば、マクロ経済データやファイナンスのデータはほとんどが時系列データですから、それらに関連した経済学やファイナンスの理論が正しいかどうかを検証したりする場合に、時系列分析の手法は必須になってくるでしょう。また、ある学問分野において、検証の結果高い妥当性を持つと思われる理論と、時系列分析の理論を組み合わせることは、予測の精度をあげることにも繋がります。

図1.2.2 時系列分析の役割

時系列データは様々な分野で観測され、それぞれの分野で、時系列分析は様々な役割を果たしています。

時系列分析の弱点

時系列分析のこのような特徴からは、同時にその弱点も見えてきます。過去に起こったことから（似たようなことが起こると考えて）未来を予測する、というのが基本的なアイデアですから、一度も起こったことがないようなことを予測するのは困難ですし、またほとんど起きないようなことや、時間を通じて

あまり関連性がないような現象を予測するのも苦手です。これらの現象の予測には、時系列分析の手法だけではなく、その現象を扱う研究分野で発展してきたその現象特有の(**理論**)**モデル**が必要になってくるでしょう。

図1.2.3 時系列分析の弱点

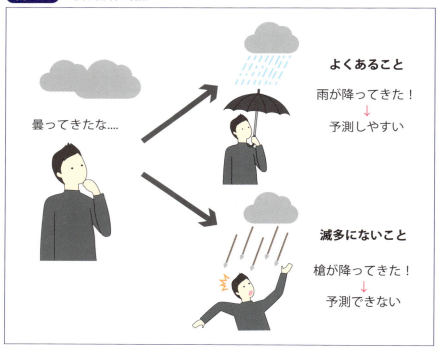

≣ 時系列分析は、起こったことがないことや滅多に起きないことを予測するのが苦手です。

1.3

次章以降の内容について

本書で扱う時系列分析の手法の例

　本書で扱う時系列分析の手法について、ここで少し紹介しておきましょう。時系列分析の手法は多岐にわたり、手法によっては、それを理解するためにかなり統計学や数学の知識の準備が必要なものもあります。本書では直観的な理解を重視し、そこまで統計学や数学の知識を要求しないものに限定していますが、しかしながら、時系列分析の定番の手法から始まり、他の解説書には載っていないような比較的新しい手法も紹介しています。ここではそれらのいくつかについて、少しだけ先回りして紹介しておきましょう。

　本書で扱う時系列分析の手法のいくつかは、以下のようなものです。

- ・時系列データの「水準」の変動の分析
- ・時系列データの「変動性」の変動の分析
- ・直接観測できない時系列データの分析
- ・様々な予測手法の比較

　これらについて、もう少しだけ詳しく述べていきます。

時系列データの「水準」の変動の分析

　時系列データは時間を通じて観測されるデータです。その値は時点ごとに異なり、時系列分析ではその値がどのような動きをしているかを分析します。

　データの動きを分析すると言っても、そこには様々な注目すべき点があります。そのうちの1つが、**水準の変動**です。これは、次章以降に出てくる言葉を

用いてやや乱暴に言うのであれば、**平均（もしくは期待値）の変動**と言うことができます（やや不正確な言い方ですが）。水準の変動の仕方の分析とは、例えば、そのデータの将来の水準がどの程度過去の値から影響を受けているかについて分析することや、さらにその延長線上として、ある時点までに観測されたデータをもとに将来の値の水準（平均）を予測することなどです。

　本書では、時系列分析において水準の変動の分析に用いられる代表的な手法を紹介します。

━━━ 時系列データの「変動性」の変動の分析

　先ほどは、時系列データの水準（平均）の時間を通じての変化を分析するという話をしました。多くの時系列データでは、どの時点、どの期間を取ってきても、水準の変動の仕方はおおむね同じです。ただし、時系列データによっては、水準だけではなくてその変動性も時間を通じて変化するデータがあります。

　これはどういう時系列データのことかというと、ある時点や期間ではデータの値が大きく変わる傾向があるのに対して、他の時点や期間ではそのような傾向がない、もしくは値の変化が小さい傾向がある、というデータのことです。

　このような時系列データは、経済やファイナンスのデータによく見られます。そしてこのような時系列データの場合、水準の変動だけではなく**変動性の変動**も分析する必要が出てきます。ここで言うデータの変動性とは、次章以降に出てくる言葉を用いると、「標準偏差」や「分散」に相当します。

　このように、変動性（標準偏差、分散）が時間を通じて変化するような時系列データに対して、その変動性がどのように変化するかを分析するための手法があります。このような分析は、将来の変動性の変化の予測（これはリスク管理の文脈で重要です）にも役に立ちますし、また変動性は予測の精度の計測にも重要な意味をもつので、予測の精度を正しく評価する際にも大切になってきます。

観測できない時系列データの分析

　時系列データによっては、その時系列データに影響を与えていると考えられる要因となる変数が直接観測されているとは限りません。さらに、その要因となる変数自身も時間を通じて変動している可能性があります。そのような場合、観測された時系列データから、そのような「直接は観測できないデータ」の変動を分析したいという状況が生じます。

　時系列分析には、そのような直接は観測できない時系列データを分析する手法も存在します。これはやや高度な手法ですが、本書の後半ではそのような手法についても解説します。

様々な予測手法の比較

　先ほど述べたように、時系列データの主要な目的の1つは将来の値の予測を行うことです。その際、予測の手法にも様々なものがありますから、分析の目的にとって最も適した予測手法を選択する必要があります。

　しかしながら、時系列データは次章以降に出てくる言葉を用いて言うと確率変数ですから、観測されたデータには確率的に起こる偏りがある可能性があり、予測手法の選択の際にはそれらを考慮して行う必要があります。このような考え方は、従来の時系列分析の予測について解説した本ではあまり扱われてきませんでしたが、近年発達してきており、本書ではこのような手法についても解説します。

1.4
補足：本書で用いる数学について

本書で用いる数学のレベル

次章以降の説明では数式を多く用います。数式での説明に不慣れな方は最初はやや難しく感じるかもしれませんが、時系列分析という数値を扱う分析の性質上、数式での説明は避けられない部分がありますので、徐々に慣れていってもらえればと思います。また本書では、微分積分や線形代数等の数学の知識も用います。これらのほとんどは高校レベルのものですが、トピックによっては大学レベルの知識が必要になる場合もあります。そのような場合、本書ではできる限り簡単な解説をつけていきます。

本書で頻繁に用いる数学的知識および数式記号のいくつかを、ここで簡単に説明します。具体的には微分、積分、対数変換についてです。本書では一般的に用いられている記号を用いますので、すでに知っている読者の方は本節は読み飛ばしていただいても問題ありません。いったん読み進めてみて、これらについて少し復習が必要だと思った場合には、この節を適宜参照するというやり方をお勧めします。

微分について

まずは微分について説明しておきましょう。微分とは、ある変数の値がある点からほんの少し変化した時に、その変数の関数の値がどの程度変化したかを考えるものです。例えば、**微分係数**とは図形的にはその関数のその点における接線の**傾きの値**と等しくなります。また、任意の点に対して、微分係数を返す関数のことを**導関数**と言います。

より数学的に記述すると、変数 x に対して、ある関数 $f(x)$ を考えます。変数 x のある 2 つの点 a と $a+h(h>0)$ におけるこの関数の**傾き**は

$$\frac{f(a+h)-f(a)}{h}$$

と定義されます。これは x が点 a から h だけ値が変化した時に、$f(x)$ がどれだけ変化したかの（h に対する）割合を表わしています。

　この h を限りなく小さくしていった時の値のことを、**微分係数**と言います。数学的には、$h \to 0$ の時の**極限の値**として、

$$\lim_{h \to 0} \frac{f(a+h)-f(a)}{h}$$

と定義されます。また、x の任意の点について関数 $f(x)$ の微分係数の値を与えてくれる関数のことを、**導関数**と言います。

　具体例として、$f(x)=x^2$ を考えてみましょう。この関数の $x=1$ における微分係数を求めてみます。定義より、

$$
\begin{aligned}
\lim_{h \to 0} \frac{f(1+h)-f(1)}{h} &= \lim_{h \to 0} \frac{(1+h)^2-1^2}{h} \\
&= \lim_{h \to 0} \frac{2h+h^2}{h} \\
&= \lim_{h \to 0} (2+h) \\
&= 2
\end{aligned}
$$

となるので、$x=1$ における微分係数は 2 であることがわかります。導関数は任意の x においてこれを求めれば良いので、

$$\lim_{h \to 0} \frac{f(x+h)-f(x)}{h} = \lim_{h \to 0} \frac{(x+h)^2 - x^2}{h}$$
$$= \lim_{h \to 0} \frac{2xh + h^2}{h}$$
$$= \lim_{h \to 0} (2x + h)$$
$$= 2x$$

となります。==導関数を求めることを、関数 $f(x)$ を微分すると言います。また、 $x = a$ における微分係数を求めることを、関数 $f(x)$ を $x = a$ において微分すると言います。==

導関数は、$f'(x)$ や $df(x)/dx$ と書かれ、$x = a$ での微分係数は、その $x = a$ での値なので、$f'(a)$ や $df(x)/dx \mid_{x=a}$ と書かれます。後者の表現は、dx が x の微小な変化を表し、$df(x)$ が dx に対応する $f(x)$ の微小な変化を表わすので、導関数や微分係数は $df(x)$ の dx に対する比、すなわち $df(x)/dx$ （の極限）であることを表わしています。なお、本書では導関数や微分係数について、主に後者の表現を用います。

図1.4.1　微分係数と導関数

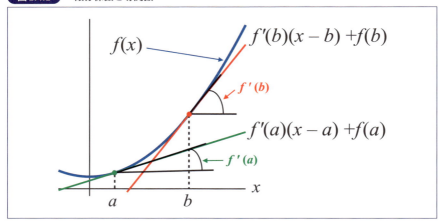

図において、$f(x)$ の点 a と点 b における微分係数は点 a と点 b における $f(x)$ の接線（それぞれ緑の線と赤の線）の傾き、すなわち導関数 $f'(x)$ に対して、$f'(a)$ と $f'(b)$ の値となります。この時、それぞれの接線は、$f'(a)(x-a) + f(a)$ と $f'(b)(x-b) + f(b)$ で与えられます。

1.4 補足：本書で用いる数学について

　以上が、微分についての簡単な復習ですが、微分は常にできるわけではなく、関数や点によってはできない（極限が定まらない）場合があります。微分が可能になるためには、その関数や点がある条件を満たさなくてはならないのですが、本書で登場する関数はほとんどがそのような条件を満たし微分が可能です。

■■ 積分について

　次に、積分について説明します。積分とは、**微分の逆の操作**のことで、ある関数について、導関数がその関数になるような関数を求めることです。例えば、ある関数 $f(x)$ を積分して $g(x)$ という関数が得られたとしましょう。これは、$g(x)$ を微分したら導関数として $f(x)$ が求まるということであり、$f(x)$ と $g(x)$ との間に、$dg(x)/dx = f(x)$ という関係が成り立っているということです。このような関数 $g(x)$ を、関数 $f(x)$ の**原始関数**または**不定積分**と言います。また、関数 $f(x)$ を積分するとは、原始関数 $g(x)$ を見つけるということです。[1]

　関数 $f(x)$ の積分は、積分記号 $\int$ を用いて

$$g(x) = \int f(x)\,dx$$

と表されます。例えば、先ほどの微分の例で出てきた x^2 は、微分すると $2x$ であったので、これは関数 $2x$ の原始関数が x^2 であることを示しています。

　不定積分に対して、**定積分**と呼ばれるものもあります。これは、微分における微分係数のように、（関数ではなく）実際の値を表わすもので、不定積分の2つの点における差になります。例えば、先ほどの $f(x)$ の不定積分 $g(x)$ の区間 $[a, b]$ $(a < b)$ における定積分とは、$g(b) - g(a)$ の値のことです。これは積分記号

---

[1] もう少し厳密には、定数は微分すると0になるので（$f(x) = c, c$ は定数とすると、これは、x がどんな値を取っても $f(x)$ は c という定数を取るということなので、x が変化しても変化は0、よって、その導関数は0になります）、ある原始関数に定数を足したものも、（異なる）原始関数になります。この意味で原始関数は無数にあり、それを考慮して書く場合は、$g(x) + C$ という任意の定数 C を足した表現になります。このような定数を、**積分定数**と言います。不定積分とは、これら無数の原始関数の総称になります。通常、関数 $f(x)$ を積分した結果としては、積分定数を除いたものを書くので（定数項は書かない）、本書でも積分定数は省略します。

を用いて、

$$\int_a^b f(x)dx$$

と表されます。これは図形上では $f(x)$ と x 軸、および点 $x=a$ と $x=b$ における垂線に囲まれた面積を表わしています。

積分は微分よりも直観的に理解がしにくいのですが、確率変数や確率について議論するときに頻繁に登場します。

図1.4.2 関数の定積分

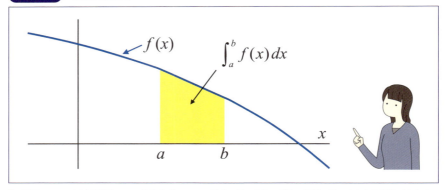

区間 $[a, b]$ における関数 $f(x)$ の定積分 $\int_a^b f(x)dx$ の値は、図の黄色い部分の面積の値、すなわち関数 $f(x)$ と点 a、点 b から垂直に伸びた線と、x 軸で囲まれた部分の面積の値となります。

対数変換について

最後に、対数変換について説明しておきましょう。x を**正の値を取る変数**とすると、x の対数変換は $y = \log_a x$ のように表されます。ここで a は、$a > 0$ かつ $a \neq 1$ の数値とします。この数式は、y と x の間に $a^y = x$ という関係があるということを表しています（つまり、$\log_a x$ は a^x の逆関数です）。[2] log は「ログ」

---

[2] $f(x)$ の逆関数とは $y = f(x)$ と置いて、x を y について解いた時の y の関数です。例えば、$f(x) = 2x + 1$ という関数の逆関数を求めるには $y = 2x + 1$ として、x について解くことによって $x = 0.5y - 0.5$ となりますから、$f(x)$ の逆関数は $0.5x - 0.5$ になります。$f(x)$ の逆関数を、$f^{-1}(x)$ と表記します。この例では、$f^{-1}(x) = 0.5x - 0.5$ です。

1.4 補足：本書で用いる数学について

と読み、数値 a のことを対数の**底**、対数 $\log_a x$ における x のことを**真数**と言います。

対数には以下の性質があります。

(1) $\log_a a = 1$

(2) $\log_a 1 = 0$

(3) $\log_a a^k = k$

(4) $\log_a bc = \log_a b + \log_a c$

(5) $\log_a(b/c) = \log_a b - \log_a c$

(6) $\log_a b^k = k \log_a b$

(7) $\log_a b = \log_d b / \log_d a$

ここで、b, c は正の数値、a, d は 1 でない正の数値、k は任意の数値を表します。[3]

本書では特に断らない限り、対数の底として**ネイピア数** e を用い、底を省略して単に $\log x$ のように表します。ネイピア数を底とした対数を、**自然対数**と言います（自然対数を $\ln x$ と表すこともありますが、本書では $\log x$ を用います）。[4]

ネイピア数 e とは、

$e = 2.718281....$

と無限に続く数のことです。

---

[3] 性質 (1) − (3) は定義から、性質 (4) は対数の定義より $a^{\log_a b} a^{\log_a c} = bc = a^{\log_a bc}$ であることから、また性質 (5) は性質 (3) と (4) を用いて $\log_a b - \log_a c = \log_a b + \log_a c^{-1} = \log_a(b/c)$ と導けます。性質 (6) は $y = \log_a b$ とすると、対数の定義より $a^y = b$ なので、この両辺を k 乗すると $a^{yk} = b^k$ となり、さらにこの等号の両辺について底が a の対数をとると、左辺は性質 (3) より、$\log_a a^{yk} = yk = k \log_a b$、右辺は $\log_a b^k$ となり、性質 (6) が得られます。性質 (7) は $y = \log_a b$ とすると、先ほど同様 $a^y = b$ なので、この等号の両辺について底が d の対数をとると等号の左辺は $\log_d a^y = y \log_d a = \log_a b \times \log_d a$、右辺は $\log_d b$ となるので、この両辺を $\log_d a$ で割ることによって得られます。

[4] 自然対数に対して 10 を底とする対数を、**常用対数**と言います。

029

ネイピアとは対数の研究で有名な数学者ジョン・ネイピアの名前からとられたものです。ネイピア数は以下の性質を持っており、ファイナンスの理論では連続時間における複利計算において重要な役割を果たします。

$$\left(1+\frac{1}{n}\right)^n \xrightarrow[n\to\infty]{} e$$

　ここで、$\overrightarrow{A}$ は A という出来事が起こった時に矢印の左側が右側に収束していくことを表しています。また他にも、e の重要な性質として e のべき乗 e^x を x について微分したものは e^x となるという性質もあります。これは微分の記号を用いて表すと、$de^x/dx = e^x$ です。e^x の接線の傾きは e^x と同じになるということです。e^x は x の部分が長くなると読み取りづらいので、通常 $\exp(x)$ と書かれます。例えば、e^{a+bc} は $\exp(a+bc)$ と書かれます。

図1.4.3 指数関数と対数関数

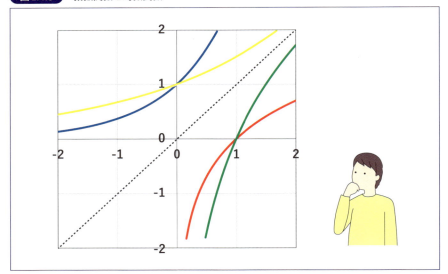

それぞれ、
（指数関数）青線：$f(x) = e^x$　　黄色線：$f(x) = 1.5^x$
（対数関数）赤線：$f(x) = \log_e x$　　緑色線：$f(x) = \log_{1.5} x$
　　　　　　点線：45度線
となっています。指数関数と対数関数はお互いの逆関数なので、45度線で対称になっています。例えば、e^x と $\log_e x$ は45度線で対称です。指数関数は $(0, 1)$ を、対数関数は $(1, 0)$ を必ず通ることにも注意してください。

1.4 補足：本書で用いる数学について

　なお、自然対数の重要な性質として　$\log x$ を x について微分したものは $1/x$ になるという性質があります。これは、微分の記号を用いると $d\log x / dx = 1/x$ と表されます。

　本書では、これらの他にも若干の線形代数の知識なども用いますが、基本的には難しいものは扱いません。若干難しいと思われるものについては、適宜簡単な解説を入れていきます。

|||||||||||||||||||||||||||||||||||| **第1章のまとめ** ||||||||||||||||||||||||||||||||||||

・時系列データとは、時間の経過と共に観測されるデータのことであり、時系列分析とはそのようなデータを分析する手法の総称である。

・個体数と時点という観点からは、データは「横断面（クロスセクション）データ」「時系列データ」「パネルデータ」の3つに分けられる。他にも、データの大きさという観点からは「ビッグデータ」、データの形式という観点からは「質的データ」、「量的データ」などの分け方がある。

・時系列分析では、それぞれの時点のデータの関係性の分析、例えばその連続性や強弱を分析する。

・時系列分析の手法には様々なものがあるが、本書では「時系列データの「水準」の変動の分析」「時系列データの「変動性」の変動の分析」「直接観測できない時系列データの分析」「様々な予測手法の比較」などを取り上げる。

時系列分析への準備 ①

記述統計、データの特徴を調べる

　時系列分析では統計学に基礎を置き、統計学の分析手法を多用するため、統計学についての知識は必須です。そこで本章から第5章まででは、時系列分析を学ぶための準備として統計学、確率、確率変数、確率分布の基礎知識について解説します。本章のテーマは、特に記述統計と呼ばれる統計分野で用いられる手法についてです。記述統計とは与えられたデータそのものが分析対象であり、その特徴を分析したい時に用いる手法です。統計学や確率分布について既に学んだことがある方は復習として、学んだことがない方は、ここで統計学の基礎知識について学んでおきましょう。

2.1 データサイエンス

■ データ分析が容易に

　昨今ではパソコンの計算能力の向上もあり、誰でも気軽にデータ分析を行えるようになりました。このような時代には、データ分析の手法として統計学や時系列分析についての知識はさらに重要になってくるでしょう。

　従来は、データ分析と言えば統計学が王様でしたが、最近はAI（Artificial Intelligence：人工知能）の研究の発展に伴い**機械学習**とよばれるデータ分析の手法も発展してきており、統計学と機械学習を統合した学問分野として**データサイエンス**と呼ばれる新しい学問分野も誕生しました。さらにデータ分析を専門的に行う職業として、**データサイエンティスト**と呼ばれる職業も注目を集めています。

図2.1.1　統計学、時系列分析、機械学習、データサイエンスの関係

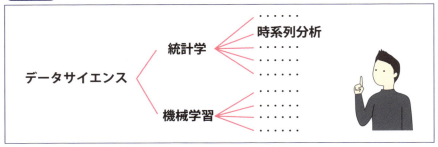

時系列分析は統計学に基礎を置いています。また、最近では統計学と機械学習という2つの学問分野を統合した、データサイエンスという新しい学問分野も誕生しました。

　このように、誰でも気軽にデータ分析を行えるようになったのは喜ばしいことである反面、それとともに間違ったデータ分析が行われることも増えてきて

います。このような間違ったデータ分析は、分析者が意図せずにそうなってしまっている場合がほとんどですが、中には自分たちに都合の良い結果を得るために、分析者が意図的に間違ったデータ分析を行っている場合もあるでしょう。

そのような間違った分析を見抜く目を養うためにも、統計学、ひいては時系列分析の知識を正しく理解することは重要です。本章からの数章では、時系列分析への準備として統計学の基礎知識を解説していきます。

統計学と機械学習

統計学と機械学習は、分析のやり方や分析の際に重要視するものがかなり異なっています。統計学は分析において確率論が背骨にあり、通常、データの背後のデータ生成メカニズムとして確率的なモデルを想定し、そのモデルに対してどのような方法で分析するのが一番良いのかを考えます。それに対して、機械学習ではそのようなモデルは基本的には想定せず、また確率論も（統計学に比べると）あまり使用しません。

機械学習の分析の多くにおいては、与えられたデータがどのように生成されているかについてはあまり関心がなく、与えられたデータの一部を用いて「学習」を行い、その結果得られる残りのデータに対する「予測の精度」が良いかどうかを重要視します。

このように、特徴がかなり違う統計学と機械学習ですが、与えられたデータの分析にどちらがより適しているかは、分析するデータや分析の目的などによるでしょう。また、これらを組み合わせて用いることもできます。

2.2

記述統計

━━ データを要約する

第1章でも解説したように、データというものは数値の集まりのことを指し、様々な種類のデータがあります。最も分析が簡単なデータの種類として、ここでは横断面（クロスセクション）データ（多数の個体の1時点におけるデータ）を考えます。さらに、まずは**1変数**のデータの分析について解説をしていきましょう。

データが1変数であるとは、そのデータはある1つの事柄についてのデータであるということです。例えば、身長のデータというと、身長というある1つの事柄についてのデータですから、これは1変数のデータです。また身長と体重のデータというと、これは身長と体重という2つの事柄についてのデータですから、2変数のデータということになります。本章の後半では、2変数データの分析手法の1つである、**相関係数**による分析も取り上げます。同様に、n 個の事柄についてのデータは、n 変数のデータと言います（ここで、n は適当な正の整数を表わします）。n 変数のデータは、**n 変量**または **n 次元**のデータとも呼ばれます。

データは数値の集まりですので、それをただぼーっと眺めているだけではそのデータの特徴は捉えられません。データ分析の最初の一歩として、与えられたデータの特徴を要約する（記述する）、という分析があります。これは統計学では**記述統計**と呼ばれる分野です。これに対して、与えられたデータについて、そのデータを生成した背後のメカニズムについて推測することを**推測統計**と言います。本章では主に記述統計について解説し、推測統計については次章以降でより詳しく解説します。

2.2 記述統計

図 2.2.1 記述統計と推測統計

記述統計と推測統計は、目的・分析対象は違いますが分析手法の多くは共通しており、実際の分析においては特に区別することなく使われています。

ところで、記述統計と推測統計は違う種類の統計学のことかと思われるかもしれませんが、実際には記述統計と推測統計の分析手法の多くは共通しており、単にその分析対象や分析の目的が違うだけということがほとんどです。分析手法的には、この2つに実質的な違いはあまりありません。

度数分布表とヒストグラム

データの特徴を要約する手法として、度数分布表があります。これは、与えられたデータについてどの範囲に何個のデータが観測されたかを表にしたものです。度数分布表において、データの値の範囲を**階級**と言い、その階級に属しているデータの数を**度数**と言います。階級は範囲の下限値と上限値によって決まり、それらを足して2で割ったものを**階級値**と言います。

また、それぞれの階級の度数を全ての観測数で割ったものを、**相対度数**と言います。そして、度数を足していって累積したものを**累積度数**、相対度数を足

していって累積したものを**累積相対度数**と言います。度数分布表を用いると、データが持ついくつかの情報が要約され、データの特徴が見えてきます。

図2.2.2 令和3年の所得世帯の年間所得の度数分布表

以上、未満 （単位：万円）	階級値 （単位：万円）	度数 （単位：1,000世帯）	累積度数	相対度数	累積相対度数
0 − 200	100	10,645	10,645	0.196	0.196
200 − 400	300	14,718	25,363	0.271	0.467
400 − 600	500	10,156	35,519	0.187	0.654
600 − 800	700	7,332	42,851	0.135	0.789
800 − 1,000	900	4,616	47,467	0.085	0.874
1,000 − 1,200	1,100	2,824	50,291	0.052	0.926
1,200 − 1,400	1,300	1,521	51,812	0.028	0.954
1,400 −		2,498	54,310	0.046	1.000

出所：厚生労働省、2022年国民生活基礎調査の概況―結果の概要、「I　世帯数と世帯人員の状況」、「II 各種世帯の所得等の状況」に掲載のデータをもとに筆者作成。

　例として、令和3年の日本の所得の度数分布表を考えてみましょう。図2.2.2は令和3年の日本の年間所得の度数分布表です。ここでは、度数は世帯数となります（単位は1,000世帯）。1番左の列が、階級を表しています。

　図2.2.2より、様々なことが読み取れます。例えば、累積相対度数を見ると、全世帯の約65%（79%）の年間所得が600（800）万円以下であることや、年間所得が1,400万円以上の世帯は全世帯の約5%であることなどがわかります。

　度数分布表を可視化したものは、**ヒストグラム**と呼ばれます。ヒストグラムとは度数分布表を図にしたもので、図2.2.3のような図のことを言います。ヒストグラムを用いることによって、データの分布を視覚的にとらえることができます。図2.2.3は、図2.2.2の度数分布表をヒストグラムにしたものです。ほとんどの世帯の所得が800万円以下であるということが、より視覚的に捉えられます。

図2.2.3 図2.2.2の度数分布表のヒストグラム

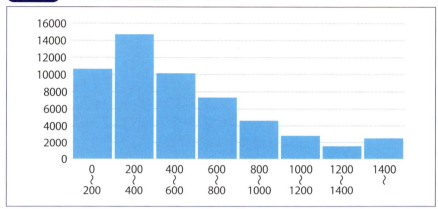

ヒストグラムは度数分布表を視覚化したものです。書き方に一定のルールがあるので、ヒストグラムからの情報を正確に理解するにはそれらを知っておく必要があります。

データの表し方

　データは数値の集まりですが、分析手法を説明する際の1回1回に実際に数値を書いていては大変です。通常、分析手法の説明の際にはデータの数値を何らかの別の表現に置き換えて説明します。特に、統計学ではデータの数値をアルファベットに置き換えて表現するということがよく行われます。

　例えば、あるデータは

$$\{1, 3, 5, 6, 32, 2\}$$

という6つの数値として得られたとし、また違うデータとして

$$\{2, 4, 2, 5, 2, 4\}$$

という6つの数値が観測されたとしましょう。これらのデータに適用する手法を説明する際に、それぞれの数値を表す記号があれば大変便利です。そこで、x_i, $i=1,...,6$ をそれぞれのデータで i 番目に観測された値を表すものとしましょう。つまり、最初のデータで x_i は

$$x_1 = 1, x_2 = 3, x_3 = 5, x_4 = 6, x_5 = 32, x_6 = 2$$

であり、2つめのデータでは

$$x_1 = 2, x_2 = 4, x_3 = 2, x_4 = 5, x_5 = 2, x_6 = 4$$

となります。この x_i というのは、なんらかの数値を表しているということです。また、このような数値の集まりとして、以後は、N 個の $x_i, i = 1, ..., N$ からなるデータのことを単に $\{x_i\}_{i=1}^{N}$ と表記することにします。

　このような表記法を導入すると、例えば観測されたデータの3つめと4つめの数字を足すという分析手法を表現する際、その結果を $x_3 + x_4$ というように、非常にシンプルに表すことができ大変便利です（ちなみにこれは、最初のデータについては $5 + 6$ を、後のデータについては $2 + 5$ を表しています）。

　複雑な分析手法も、適切な表記法を用いることによって理解が容易になることは往々にしてあります。本書では、分析手法を説明するために様々な表記方法が使われます。処理すべき情報量が多い場合など、最初は少し難しく感じるかもしれませんが、慣れると非常に便利ですので、慣れるまでは少し頑張ってお付き合いいただければと思います。

図2.2.4　データの表記

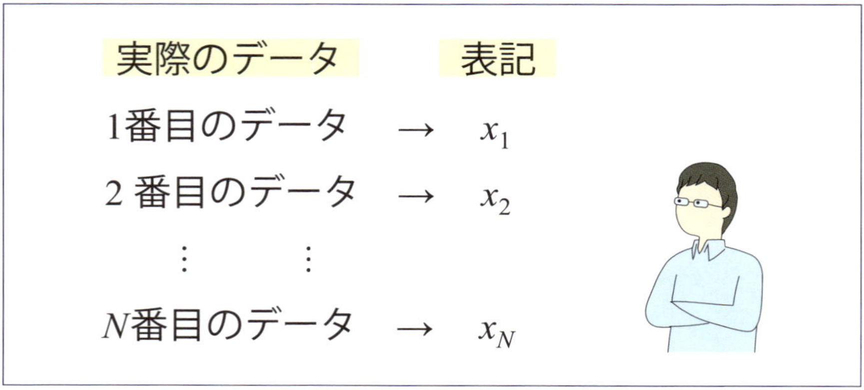

≡　データの表記に慣れると理解の幅が広がります。データの表記に慣れることは、分析の第1歩です。

データの特徴を表す統計量を計算する

データを要約する最も効果的な方法の1つは、**統計量**を計算することです。統計量とはデータの関数のことです。例えば、先ほど出てきた $x_3 + x_4$ も統計量の1つと見ることができます。[1] このように、統計量は好きなように定義できますし、無数に考えることができますが、何らかの役に立ち意味のある統計量を作ろうとすると、適当に作るわけにはいきません。

そこで次節以降では、データの「中心を見る」ための統計量と、「ばらつきを測る」ための統計量を紹介します。

図2.2.5 統計量からわかること

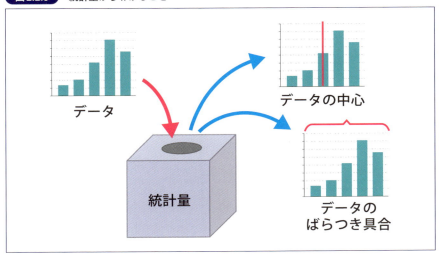

記述統計における統計量は、主にデータの特徴を要約するために用いられます。統計量を通して「データの中心」や「ばらつき具合」など、いろいろな特徴がわかりやすくなります。

---

1) 正確には、統計量とは標本の関数のことですが、本書では「標本」と「データ」という言葉を特に区別はせず、同じものを表すものとします（ややルーズな使い方です）。標本については次章で少し説明します。

2.3

データの中心を見る

データの中心を見るための3つの統計量

ここでは、「データの中心を見る」ための統計量を考えてみましょう。通常、データは様々な数値からなり広がりを持っていますが、大体どこを中心にデータが分布しているかを見るのは、分析の最初のステップとして有用です（もちろん、これだけでは言えることは多くはないですが）。

そのような目的のための統計量として統計学でよく用いられるものに、**平均**、**中央値**、**最頻値**と呼ばれる3つの統計量があります。それぞれ長所、短所がありますので、分析の目的に応じて使い分けるか、あるいは組み合わせることが必要です。まずは平均から見ていきましょう。

平均 - 最もよく知られた指標

平均は平均点や平均気温などが日常生活の中で一般的に使われているので、既にご存じの方も多いでしょう。少し正確に定義すると、データ $\{x_i\}_{i=1}^{N}$ に対して、平均は和記号を用いて

$$\bar{x} = \frac{1}{N}\sum_{i=1}^{N} x_i$$

のように定義されます。ここで和記号 $\sum_{i=1}^{N} x_i$ は x_i を $i=1$ から $i=N$ まで足し合わせたもの、すなわち

$$\sum_{i=1}^{N} x_i = x_1 + x_2 + \cdots + x_N$$

を表しています。和記号は今後の章で頻繁に登場します。

平均はデータの中心を表す統計量として非常に適したものですが、異常値の影響を受けやすいという短所もあります。異常値とは、データの中で他のデータと比べて非常に異なった値をとっているデータのことです。

例えば、年収300万円の人が2人、400万円の人が4人、500万円の人が3人、700万円の人が1人というデータを考えてみましょう。このグループの全員の年収の総額（これは上記の平均の定義において、$\sum_{i=1}^{N} x_i$ に相当します）は

$$300（万円）\times 2 + 400（万円）\times 4 + 500（万円）\times 3 + 700（万円）\times 1$$
$$= 4,400（万円）$$

であるのに対して、グループの人数（これは上記の平均の定義において N に相当します）は次のようになります。

$$2（人）+ 4（人）+ 3（人）+ 1（人）= 10（人）$$

ですから、このグループの年収の平均は次のようになります。

$$4,400（万円）/ 10（人）= 440（万円）$$

この440万円という数字は、このグループの年収の中心を表す数字として悪くないでしょう。例えば、「このグループの平均年収は440万円です」という情報によって、グループの構成メンバーについて何となく想像ができます。

このように、平均はデータが均質的である場合、データの中心を表す統計量として妥当性が高い統計量です。

しかしながら、もしこのグループに年収109億5600万円の大富豪が加入したらどうなるでしょうか？

この場合、このグループの平均年収は10億円になります。グループには1人加わっただけで他の10人には何ら変化がないにもかかわらず、平均から得られる情報が大幅に変わってしまいました。「このグループの平均年収は10億円です」という情報は、このグループの実際の構成員についてかなり間違った印

象を与えてしまうでしょう。

このように、平均には「異常値に引きずられて値が大きく変わってしまう」という欠点があります。

━━ 中央値 - 異常値に強い

データの中心を表す統計量として、平均のこのような欠点を持たないものに中央値（メディアン）があげられます。中央値は、値を小さい方（もしくは大きい方）から順に並べていって、データの数が奇数の場合はその真ん中の数、偶数の場合は真ん中の2つの値の平均の値になります。中央値を計算するために、先ほどの例に出てきたグループについて、大富豪加入前の年収についてデータを小さい方から順に並べると次のようになります。

300, 300, 400, 400, 400, 400, 500, 500, 500, 700
＊万円は省略

中央値は真ん中2つの値（5番目と6番目の値）である400と400の平均ですので、この場合の中央値は400となり、このグループにおいて平均と中央値の値は異なっていることがわかります（通常、平均と中央値は同じ値にはなりません）。この400という数字も、「このグループのデータにおけるデータの中心」という特徴をよく捉えているといっても良いでしょう。

次に、大富豪加入後のデータについては以下のようになります。

300, 300, 400, 400, 400, 400, 500, 500, 500, 700, 1095600
＊万円は省略

この場合データの総数は11個ですので、真ん中は6番目の数字です。よって、中央値は400になります。大富豪加入にも関わらず、中央値の値は変わっていません。このように中央値は、異常値の影響を受けにくいという長所があります。

2.3 データの中心を見る

図2.3.1 平均と中央値の違い

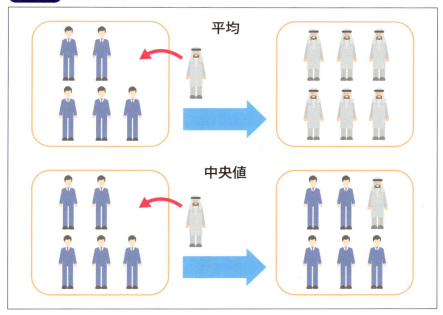

平均は異常値の影響を受けやすいので、平均だけを見ていると、グループの各要素について間違った解釈をする可能性があります。

　ちなみに、今回は真ん中2つが加入前と加入後で同じ値だったので、加入前と加入後で中央値の値が同じになりましたが、データによってはこの値は同じ値になるとは限りません。また、平均と中央値は一般的には異なる値を取ることに注意しましょう。

最頻値

　データの中央を表す統計量として、最後の3つめとして、最頻値を紹介しておきます。最頻値とは文字通り、最も頻繁に観測された値、すなわち、与えられたデータの中で一番多く観測された値のことです。先ほどのグループの例では、年収が400万円の人が4人と最もたくさんいました。よって、最頻値は400万円となります。

最頻値は、データによっては2つ以上あったり、または1つもない可能性もあります。例えば、先ほどのグループから年収400万円の人が1人抜けたとすると、年収400万円と500万円の人が3人ずつと、最も頻繁に観測される値が2つ出てきます。この場合、最頻値は400万と500万の2つになります。

　また、データ内の全ての数値が異なっている場合も、全ての数値が1回ずつ観測されているので、定義によって最頻値は全ての数値となります（または、この場合は最頻値はなしと定義しても良いでしょう）。最頻値も、存在するなら異常値の影響を受けにくい統計量になっています。

データの中心を表す統計量	特徴	異常値の影響
（標本）平均	最も標準的な指標	受けやすい
（標本）中央値	データを半分に分ける値	受けにくい
（標本）最頻値	最も観測されたデータの値	受けにくい

━━ 3つを組み合わせて用いる

　平均、中央値、最頻値はそれぞれから得られる情報が異なっており、データの中央を表す統計量として、どれが一番良いというものではありません。それぞれ長所と短所があり、それらを組み合わせて用いることが望ましいでしょう。

　例えば、平均と中央値の値が非常に離れている場合、異常値の存在が疑われます。また、平均と中央値はヒストグラムがほぼ対称である場合、両者はほぼ等しくなるので、平均と中央値が近い場合はヒストグラムがほぼ対称であること（逆に平均と中央値の値が違う場合は、ヒストグラムが非対称であること）、等を意味していると考えることができます。

2.4 データのバラつき具合を見る

「中心」以外のデータの特徴

平均や中央値によってデータの中心を捉えることができますが、これだけではデータの特徴についての情報として十分ではありません。「データの中心」とは、あくまでデータの特徴の1つに過ぎないからです。データには他にも様々な特徴があり、それらを適切に捉えることが重要です。複数のデータを比較する場合、それぞれのデータの様々な特徴を比較することによって、どのような点が似ているか、または異なっているかなどを分析することができます。

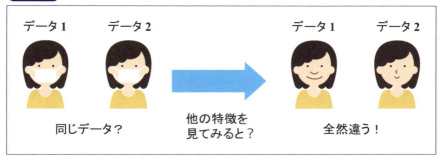

図2.4.1　異なった統計量は異なった特徴を捉える

データの中心（平均や中央値）は、データの特徴の1つに過ぎません。その他にも様々な特徴があります。

データの特徴の1つとして重要なものに、「中心」以外にも「データのばらつき具合」があります。これは「データの中心からどれくらいデータがばらついているか」を示す指標です。

例えば、2人の中学生の5教科（英語、国語、数学、理科、社会）の試験の点数が、1人目の中学生は5教科全て50点であり、また2人目の中学生はそれ

ぞれ 10 点、30 点、50 点、70 点、90 点であったとしましょう。両者の平均点は共に 50 点となり、平均点だけを見るとこの 2 人には全く違いがありません。しかしながら、全体のデータを見ると、2 人目の中学生はより点数がばらついており、この中学生は得意・不得意がかなりあることが推察されます（その場合、指導方法もそれぞれで異なってくるでしょう）。このようなデータの特徴（データのばらつき）は、平均や中央値だけを見ていてもつかめません。データのばらつきを捉える統計量としてよく用いられるものに、**分散**と**標準偏差**と呼ばれるものがあります。

━━━ 分散 - データのばらつきを捉える統計量

分散とは、データの中心からのばらつき具合を捉える統計量です。より具体的には、それぞれのデータの平均との差を 2 乗したものの平均です。

データ $\{x_i\}_{i=1}^{N}$ に対して、先ほどと同様に平均を $\bar{x}$ と表しましょう。この時、各データ x_i に対して、平均との差とは $x_i - \bar{x}$ であり、またその 2 乗は $(x_i - \bar{x})^2$ になります。分散はこの平均からの差の 2 乗の平均として、次のように定義されます。

$$v_x^2 = \frac{1}{N} \sum_{i=1}^{N} (x_i - \bar{x})^2$$

より正確には、これは**全標本分散**と呼ばれるもので、記述統計のように分析対象が与えられたデータそのものである場合に用いられます。第 5 章で説明する推測統計では、与えられたデータの背後の生成メカニズムが分析対象であり、その場合は分散の定義として、

$$s_x^2 = \frac{1}{N-1} \sum_{i=1}^{N} (x_i - \bar{x})^2$$

が用いられます。これは、**標本分散**（または、文献によっては**標本不偏分散**）と呼ばれます。なお、両者の違いは和を N で割るか、$N-1$ で割るかだけですが、5.2 節で見るように、この違いが重要な意味を持ってきます。本章では、記

2.4 データのバラつき具合を見る

述統計で主に用いられる前者の分散の定義を使用しましょう。

　分散の直観的な意味は明らかです。2乗をすることによって符号の影響をなくしているため、平均から離れれば離れるほど $(x_i - \overline{x})^2$ は大きくなります。そして分散とは、その大きさの平均と定義されますから、データが平均から平均的にどれくらい離れているのか（ばらついているのか）を表しているということになります。先ほどの中学生の5教科の点数の例では、1人目の中学生は全ての点数が50点ですから、平均からの差は全て0となり、この場合は

$$v_x^2 = \frac{1}{N}\sum_{i=1}^{N}(x_i - \overline{x})^2$$
$$= \frac{1}{5}[(50-50)^2 + (50-50)^2 + (50-50)^2 + (50-50)^2 + (50-50)^2] = 0$$

となり、分散は0になります。

　それに対して、2人目の中学生については

$$v_x^2 = \frac{1}{N}\sum_{i=1}^{N}(x_i - \overline{x})^2$$
$$= \frac{1}{5}\left[(10-50)^2 + (30-50)^2 + (50-50)^2 + (70-50)^2 + (90-50)^2\right]$$
$$= \frac{1}{5}\left[1600 + 400 + 0 + 400 + 1600\right] = 800$$

となり、分散は800となります。

　図2.4.2は共に平均は50ですが、分散が異なるデータのヒストグラムです。左のヒストグラムのデータの分散は25、右のヒストグラムのデータの分散は4です。左のデータの方がデータの（平均からの）ばらつき具合が大きいことが視覚的にも確認できます。

第2章　時系列分析への準備①

049

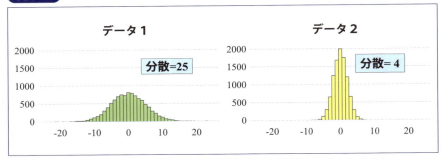

図2.4.2 　平均は同じだがばらつき具合の異なる2つのデータ

分散はデータのばらつき具合を示す指標で、ばらつき具合が大きいほど分散の値は大きくなります。

■ 標準偏差 – 元のデータの単位と揃える

　先ほど見た分散はデータを2乗しているため、分散の値の単位が元のデータの単位の2乗になってしまうという問題があります。この問題に対して、分散の（正の）平方根を取ることによって、単位を元のデータの単位に揃えたものが**標準偏差**と呼ばれるものです。これも分散同様、ばらつき具合を見る統計量ですが、標準偏差の方がばらつき具合の大きさをより直観的に理解しやすくなっています。

　先ほどの中学生の例では、1人目の標準偏差は0で分散の値と変わりませんが、2人目の標準偏差は $800^{1/2} \approx 28.3$ となります。標準偏差の単位はもとのデータの単位と同じですから、標準偏差は28.3点ということになり、こちらの方がデータの平均からのばらつき具合の平均としてより直観的に大きさを把握しやすくなっています。ちなみに、図2.4.2ではデータ1の標準偏差は5、データ2の標準偏差は2になります。直観的にデータ1はデータ2より約2.5倍ちらばっていると言えるでしょう。

図2.4.3　分散と標準偏差の関係

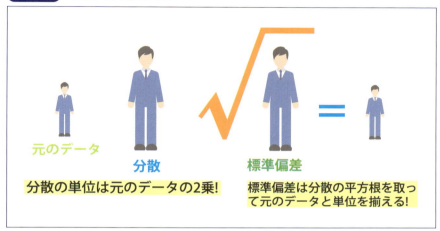

標準偏差の単位はもとのデータと同じなので、直観的にその大きさの意味が理解しやすいです。ただし、測っているものは分散と同じくデータのばらつき具合です。

　ただし、分散も標準偏差も値が大きくなれば、ばらつき具合が大きくなるという意味で同じものを測っている指標であることに注意してください。また2つのデータにおいて、片方の分散がもう片方より大きければ、その標準偏差ももう片方より大きくなるので、その意味で単純にばらつきの比較が目的であれば、どちらを用いても結果は変わらないことにも注意しましょう。

2.5

2変数の分析

━━ 相関係数による線形関係の分析

ここまでは、1変量のデータの特徴をどのように捉えるかという話をしてきました。しかしながら実際のデータ分析においては、様々なデータ（変数）間の**関係性**を分析したい場合も多くあります。

関係性とは、例えばある変数が大きくなったとき、他の変数も大きくなる傾向があるのか（または小さくなる傾向があるのか）などのことです。このような関係の中で特に重要なのが、**線形関係**と呼ばれるものです。線形関係とは、2つの変数 x と y の間に $y = a + bx$ という関係が成り立っているという関係のことです。以下では、2つの変数の線形関係の強さを測る指標として代表的な指標である相関係数を紹介します。

今、2つの横断面データ $\{x_1, ..., x_N\}$ と $\{y_1, ..., y_N\}$ があるとしましょう。相関係数とは、これら2つの変数の間の線形の関係の強さを測る指標です。線形の関係とは、片方が大きくなったときに、もう片方も大きくなる（または小さくなる）という関係が、ある1つの直線に沿っている関係のことです。言い換えると、ある片方の変数の値が増えた時の、もう片方の変数の増分（減少）の割合が一定であるということです。

そのような関係が正の場合（片方が増えるともう片方も増える場合）に、この2つの変数の間には**正の相関**があると言います。例えば、所得と消費を考えると、所得が増えれば消費も増える傾向がありますので、この場合、所得と消費には正の相関があると言えます。また、気温とおでんの販売量というように、一方が増えたときにもう一方は減る傾向がある場合（気温が下がると、温かい

おでんが食べたくなると考えられます)、2つの変数の間には**負の相関**があると言います。

相関係数を数式を用いて表わすと、次のように定義されます。

$$r_{xy} = \frac{\sum_{i=1}^{N}(x_i - \bar{x})(y_i - \bar{y})}{\sqrt{\sum_{i=1}^{N}(x_i - \bar{x})^2}\sqrt{\sum_{i=1}^{N}(y_i - \bar{y})^2}} = \frac{v_{xy}}{v_x v_y}$$

ここで、$\bar{x}$ および $\bar{y}$ は $\{x_i\}_{i=1}^{N}$ と $\{y_i\}_{i=1}^{N}$ の標本平均、v_x と v_y は x_i と y_i の(全標本)標準偏差、v_{xy} は次のように計算されます。

$$v_{xy} = N^{-1}\sum_{i=1}^{N}(x_i - \bar{x})(y_i - \bar{y})$$

この v_{xy} という統計量は(全標本)**共分散**と呼ばれる統計量で、$\{(x_i - \bar{x})(y_i - \bar{y})\}_{i=1}^{N}$ というデータにおいて、正の値が多い時は正の値を、負の値が多い時は負の値を取る傾向がある統計量です。

図2.5.1 相関と散布図

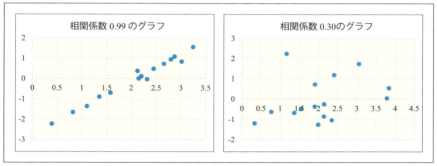

相関係数は、2つの変数の線形関係の強さを表す指標です。図を見ると、相関係数の値が大きいほど、2つの変数の線形の関係性が強くなっているのがわかります。

相関係数の値は -1 以上 1 以下の値を取ります。正の相関があれば、r_{xy} は 0 より大きい値をとり、負の相関があれば r_{xy} は 0 より小さい値をとります。相関

係数は絶対値が 1 に近ければ近いほど関係性が強いことを示唆しており、$r_{xy} = 1$ のときは**完全な正の相関**があると言い、$r_{xy} = -1$ のときは**完全な負の相関**があると言います。完全な（正または負の）相関があるということは、2 つの変数の間に完全な線形の関係がある、すなわち $x_i = a + b y_i$ のように片方がもう片方の線形の関数として表せることを意味しています。ここで、a と b は任意の定数です。このとき、b が正であれば $r_{xy} = 1$ となり、b が負であれば、$r_{xy} = -1$ となることは簡単に確かめられます。また、r_{xy} が 0 のとき、2 つの変数は**無相関**であると言います。

━━ 相関係数の注意点

　相関係数を用いて変数間の関係性を見ることは非常に有用ですが、いくつか注意する点もあります。

　1 つ目は、相関関係と因果関係は異なるということです。因果関係とは、ある変数の変化が他の変数の変化の原因となるような関係のことです。これに対して、相関関係は単に 2 つの変数が同時に動く傾向があるかどうかという関係を表しているに過ぎません。因果関係があれば通常、相関関係もありますが、逆は必ずしも正しくありません。

　例えば、降水量が上がると歩いて出かける人が少なくなり、タクシーの利用率が上がると考えられます。この場合、降水量とタクシーの利用率の間には正の相関関係があり、また降水量からタクシー利用率への関係は因果関係でもあると見なすことができるでしょう。他方、降水量が上がると、外食に出かける人も少なくなるでしょうから、出前を取る人が増えると考えられます。この場合、降水量と出前数の間にも正の相関関係があると考えられます。これも因果関係と見なせるでしょう。さらにこの場合、タクシー利用率と出前数は両方とも降水量と正の相関があるため、この 2 つ間にも正の相関が出てきます。

　しかしながら、タクシー利用率と出前数の間には何の因果関係もないことは明らかでしょう。このように相関関係があるからといって、必ずしも因果関係がある訳ではないことには注意が必要です。

2つ目の注意点は、相関係数はあくまでも線形関係の強さを表す指標だということです。2つの変数の関係性は必ずしも線形の関係性に限りませんので、相関係数が0に近い（無相関に近い）からといって、必ずしもその2つの変数の間に何の関係もないことを意味しません。

例えば、図2.5.3に載せた2つの変数xとyの間には、$y=x^2$というような2次式の関係がありますが、この2つの変数間の相関係数を計算すると、約0.038と非常に0に近い値になります。

図2.5.2 相関関係と因果関係の違い

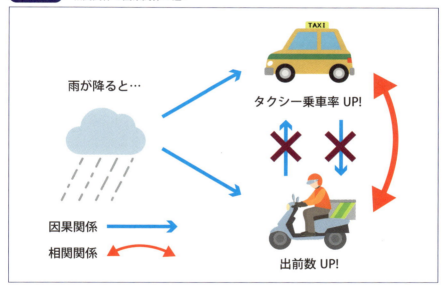

因果関係と相関関係は異なる関係です。相関関係があっても因果関係があるとは限りません。

しかしながら、実際にはこの2つの変数の間には$y=x^2$という確定的な関係があり、片方の値が決まればもう片方の値も確定的に決まるという非常に強い関係があります。線形関係でないこのような関係性を**非線形の関係**と言いますが、相関係数はこのような非線形の関係性の強さは捉えられないということに注意が必要です。

ただし、次章以降で詳しく説明しますが、2つの変数間に何の関係もない（これを2つの変数は**独立**であると言います）場合には、相関関係もなく、相関係数は0になります。つまり、「相関関係がないなら何の関係もない」は、非線形の関係がある可能性があるため断言できませんが、「何の関係もないなら相関関係もない」は断言できるということです。

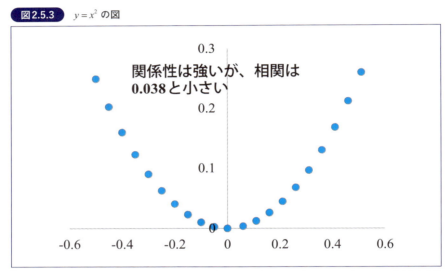

図2.5.3　$y = x^2$ の図

相関係数は線形関係の強さを測る指標なので、非線形の関係性の強さは測れません。図のように確定的な非常に強い関係がある場合でも、非線形である場合は、相関係数の値は必ずしも大きくなりません。

　相関係数による分析は、時系列分析でも非常に有用です。ここでは2つの変数 x_i と y_i の間の関係性を調べましたが、時系列分析は、ある時系列変数の異なる時点の間の関係性を調べることですから、ここでの手法をうまく使えば「異なる時点間の（線形の）関係性も測れそうだ」ということは、直観的にも想像できるでしょう。

2.5 2変数の分析

相関係数についての注意点

・相関関係と因果関係は異なる関係
・相関係数はあくまで線形の関係を測る指標
・相関関係がなくても（無相関でも）、非線形の関係性がある可能性はある
・ただし、何も関係性がない（独立）場合は、相関関係もない

2.6

様々な相関係数

3つの相関係数

　ここまで相関係数について話をしてきましたが、実は相関係数は1つではありません。前節までで話をした相関係数は、正確には**ピアソンの相関係数**と呼ばれるものです。ピアソンの相関係数の他にもよく知られた相関係数として、**ケンドールの相関係数**（またはケンドールの順位相関係数）と**スピアマンの相関係数**（またはスピアマンの順位相関係数）と呼ばれるものが存在します。

　これらは厳密には、ピアソンの相関係数が測定している関係とは異なった関係についての指標なので、本来はピアソンの相関係数の代替をするものではありませんが、ピアソンの相関係数にはない良い特徴を持っており、ピアソンの相関係数に次いでよく用いられます。ここでは、これらについて簡単に紹介しておきましょう。

単調関係を測る相関係数

　ピアソンの相関係数が「線形関係の強さ」を測る指標だったのに対して、スピアマンの相関係数とケンドールの相関係数はもう少し緩い関係、いわゆる単調（増加もしくは減少）関係の強さを測る指標です。

　単調関係とは、「片方の変数が大きくなった時、もう片方の変数が**常に大きくなる（小さくなる）**」という関係のことです。これは先ほどの線形の相関関係と似ていますが、単調関係は、必ずしも線形関係であるとは限りません。

　例えば、非常に強い単調関係として2つの変数 y と x の間に、$y = \log x \, (x > 0)$ という関係があるとしましょう。これは片方の値が決定すればもう片方の値も

完全に決定する確定的な関係で、非常に強い単調関係です。

この場合、後述するケンドールの相関係数とスピアマンの相関係数は、その最大値である 1 を取りますが、ピアソンの相関係数は 1 をとりません。なぜなら、この関係は確定的、つまり非常に強い関係ではあるのですが、線形の関係ではないからです。

逆に、y と x の間に $y = a + bx\,(b > 0)$ という完全な正の相関関係があったとしましょう。この場合、ピアソンの相関係数はその最大値である 1 の値をとりますが、この関係は確定的な単調関係なので、スピアマンの相関係数とケンドールの相関係数も共に 1 をとり、これら 3 つの相関係数は全て 1 の値をとります。また、ケンドールの相関係数とスピアマンの相関係数は、値の相対的な傾向はどちらもほぼ同じであるため、どちらを使用しても分析結果はあまり変わりません。

非線形関係と単調関係も、一般的には異なる関係を表しています。例えば、$y = x^2$ という関係は単調関係ではありません。なぜなら、$x = -10$ から $x = -9$ のように x が負の領域で大きくなった場合には、y は $y = 100$ から $y = 81$ に減少しますが、$x = 9$ から $x = 10$ のように x が正の領域で大きくなった場合は、$y = 81$ から $y = 100$ と増加し、全体として見れば x が大きくなると y は増加する場合もあれば減少する場合もあるからです。

よって、単調関係における「常に」という部分が満たされず、全体として見れば単調な関係ではありません。ただし、$x < 0$ もしくは $x > 0$ の領域に限定した場合は、それぞれの領域において y は常に減少もしくは増加するので、それぞれの領域に限定すれば単調関係です。

図 2.6.1 は、2 変数 y と x についての 3 つの確定的な関係（y が x の関数）について、それぞれの関係を表にしたものです。

図2.6.1 3つの関係式について

2変数の関係	$y = a + bx$ $(b > 0)$	$y = \exp(x)$	$y = x^2$
線形関係	○	×	×
単調関係	○	○	×
非線形関係	×	○	○
ピアソンの 相関係数の値	1	1より小さい (0より大きい)	1より小さく、 −1より大きい
ケンドールの 相関係数の値	1	1	1より小さく、 −1より大きい
スピアマンの 相関係数の値	1	1	1より小さく、 −1より大きい

表の2～4行目はそれぞれ、1行目の2変数 y と x の関係が線形関係であるか、単調関係であるか、非線形関係であるか、を表しています。また、5～7行目はそれぞれ1行目の関係に対するピアソンの相関係数の値、ケンドールの相関係数の値、スピアマンの相関係数の値です。

ケンドールの相関係数とスピアマンの相関係数

今、N 個の組 $\{(x_i, y_i)\}_{i=1}^{N}$ があるとします。これら N 個の組のうち、ある2つの組 (x_j, y_j) と (x_k, y_k) $(j \neq k)$ について、$(x_j - x_k)(y_j - y_k) > 0$ である組を**調和ペア**、そうでない組（つまり $(x_j - x_k)(y_j - y_k) < 0$ である組）を**不調和ペア**と呼ぶことにしましょう。

このとき、ケンドールの相関係数 r_K は以下のように定義されます。

$$r_K = \frac{(\text{調和ペアの数}) - (\text{不調和ペアの数})}{\text{全てのペアの数}}$$
$$= 1 - 2\frac{\text{不調和ペアの数}}{N(N-1)/2}$$

次に、先ほどのデータの $\{x_1, \ldots, x_N\}$ と $\{y_1, \ldots, y_N\}$ について、x_i のランク（上から数えて何番目かのこと）を $r_{x,i}$ とし、同様に y_i のランクを $r_{y,i}$ とします。これより $\{(r_{x,i}, r_{y,i})\}_{i=1}^{N}$ という N 個のランクの組ができます。このとき、スピアマンの相関係数は、この N 個のランクの組のピアソンの相関係数、すなわち

$$r_S = \frac{s_{r,xy}}{\sqrt{s_{r,x}^2 s_{r,y}^2}}$$

と定義されます。ここで、$s_{r,x}^2$, $s_{r,y}^2$, $s_{r,xy}$ はそれぞれ $\{r_{x,i}\}_{i=1}^N$ の標本分散、$\{r_{y,i}\}_{i=1}^N$ の標本分散、$\{(r_{x,i}\, r_{y,i})\}_{i=1}^N$ の標本共分散です。

　スピアマンとケンドールの相関係数もピアソンの相関係数同様、-1 以上 1 以下の値をとり、正の単調関係があるときには正の値を、負の単調関係があるときには負の値を取ります。また、スピアマンとケンドールの相関係数は、完全な正の単調関係（例えば $y = \exp(x)$ などのように x が決まれば y も一意に決まる関係）のときには 1 を、完全な負の単調関係の時には -1 をとります。

　スピアマンの相関係数とケンドールの相関係数は、定義を見るとわかりますが、それぞれの値そのものではなく、それぞれの値の全体の中での相対的な順位に依存して値が決まっています。これは何を意味しているのかと言うと、これらの相関係数は異常値の存在に強いということです。異常値のように他の値から大きく外れた値があった場合、ピアソンの相関係数は異常値の影響を大きく受けるため、そのような値があるかないかで、それ以外の他の値が同じでも値が大きく変わってしまいますが、スピアマンの相関係数とケンドールの相関係数は、そのような値がある場合とない場合で、他の変数の値が同じであれば、値が大きく変わることはありません。ちょうど平均が異常値の影響を受けやすいのに対して、中央値はあまり受けないのと同じような関係です。

図2.6.2 3つの相関の特徴

相関係数の種類	何を見る指標か？	異常値の影響
ピアソンの相関係数	線形関係の強さ、方向	受けやすい
ケンドールの相関係数	単調関係の強さ、方向	受けにくい
スピアマンの相関係数	単調関係の強さ、方向	受けにくい

線形関係は単調な関係ですが、単調な関係は必ずしも線形関係を意味しません。よって、線形関係が強くピアソンの相関係数が大きいときには、スピアマンやケンドールの相関係数も大きくなる傾向がありますが、この逆は必ずしも成り立ちません。すなわち、スピアマンやケンドールの相関係数が大きくても、ピアソンの相関係数は必ずしも大きくなりません（同様に、ピアソンの相関係数が小さくても、スピアマンやケンドールの相関係数は必ずしも小さくなるわけではありません）。これらの相関係数は異なる関係性の強弱を測っていることに注意しましょう。

2.6 様々な相関係数

:: **第2章のまとめ** ::

- 統計学には「記述統計」と呼ばれる分野と「推測統計」と呼ばれる分野がある。記述統計の分析対象は与えられたデータそのものであり、推測統計の分析対象はデータを生み出す背後のメカニズムという違いがある。

- 度数分布表によってデータの特徴をまとめ、ヒストグラムによってそれを可視化する。

- 「平均」「中央値」「最頻値」はデータの中心を表す代表的な統計量。平均は異常値の影響を受けやすく、中央値、最頻値は異常値の影響をあまり受けない。

- 「分散」「標準偏差」はデータの散らばり具合を表す代表的な統計量。分散の単位はデータの単位の2乗、標準偏差の単位はデータと同じ。

- 2変数の関係の分析には「相関係数」と呼ばれる統計量がよく用いられる。様々な相関係数があるが、代表的なものとして、「ピアソンの相関係数」「ケンドールの相関係数」「スピアマンの相関係数」の3つがある。

- ピアソンの相関係数は「線形関係の強さ」を測るもので、ケンドールの相関係数とスピアマンの相関係数は「単調関係の強さ」を測るものである。ピアソンの相関係数は異常値の影響を受けやすく、ケンドールの相関係数とスピアマンの相関係数は異常値の影響をあまり受けない。

時系列分析への準備 ②

確率についての基礎知識

　前章では与えられたデータそのものが分析対象であり、そのデータの特徴を分析することを主な目的としていました（記述統計）。統計学では分析対象として、与えられたデータそのものではなく、そのデータを発生させた背後のメカニズムを分析することが目的である推測統計と呼ばれる分野が存在します。そして、推測統計の分野では「確率」「確率分布」「確率変数」という概念が重要になってきます。本章では、その中でも特に「確率」について解説していきます。

3.1

確率とは

━━ ある現象が起こる、確からしさの程度を表すもの

　確率という言葉は、日常生活の中でもたくさん出てきます。例えば、降水確率という言葉を日常的に耳にする機会は多いでしょう。お出かけ前に今日の降水確率をチェック！という方もたくさんいると思います。他にも、競馬である馬がトップでゴールする確率、宝くじの1等が当たる確率など、確率という言葉は日常生活の様々な場面で出てきます。

　確率とは、簡単に言うと「ある出来事が起きる確からしさを表す数値」です。もう少し詳しく言うと、物事が起きる確からしさを0から1の間の数値で表し、1に近いほどその現象が起きる確からしさが大きく、0に近いほどその現象が起きる確からしさが小さいことを意味する数値のことです。ちなみに、その現象が起きる確率が1であるとは、その現象が必ず起こることを意味し、またその現象が起きる確率が0であるとは、その現象は必ず起きないことを意味しています。

　確率は「%」を用いて表すこともあり、そして%で表す場合は、もとの確率の数値を100倍した数値に直して表します。例えば、確率0.1は確率10%と同じ意味です。

　先ほど、「降水確率」という言葉が出てきましたが、気象庁による「降水確率」という言葉の定義は、「指定された区域の、指定された時間帯に1ミリ以上の降水がある確率」となっています。例えば、東京都の 9:00 - 10:00 の降水確率が30%であるとは、9:00-10:00 の間に東京都に1ミリ以上の降水がある確率は、30%であるということです。降水確率の定義は、「降水が（1ミリ以上）あ

るかないか」ということの確率であり、降水量とは関係のない定義になっています。

　他にも、世の中には確率的に起こる現象がたくさんあります。例えば、病気の検査薬の結果は確率的に陽性や陰性になります。皆さんの中には、検査薬は病気なら必ず陽性（確率1で陽性）になり、病気でないなら必ず陰性（陽性になる確率は0）になると考えておられる方もいるかもしれませんが、実は検査薬の結果というものは、様々な要因が影響を与えうるため、そのようなものではないのです。
　もちろん、普通の検査薬は病気であれば陽性を示す確率は非常に高いのですが、実はその確率は100％ではありません。

図3.1.1　確率的な現象の例

現実の様々な現象は、確率的に起こっているものと考えることができます。

病気の検査結果が、「実は実際に病気でも、100%の確率では陽性にならない」ということを知っている人は多いでしょう。ですが、次の事実については多くの方が驚かれるようです。

　以下の問題を考えてみてください。

　今、ある病気に対して、ある検査薬を用いると、病気であれば99%で陽性反応が出るとします。では、この検査薬を用いて病気の検査をした時に、検査結果が陽性であった場合に、実際に病気である確率は何%なのでしょうか？

　病気であれば99%で陽性となるとのことですから、この検査薬で陽性であれば、実際にも99%の確率で病気と言えるような気がしてしまいますよね。

　はたして、この考え方は正しいのでしょうか？

　答えは、（非常にまれな場合を除いて）Noです。さらに驚くことに、この検査薬で陽性であったとしても、場合によっては実際に病気である確率は10%以下ということもあり得るのです。なお、この現象を理解するには、本章で後ほど説明する「ベイズの定理」を理解する必要があります。

　確率は、多くの人が日常生活の中で認識している言葉で、かつ（概ね）正しいイメージを持っている言葉ですが、実は非常に奥が深く、たまに驚くべき結果を導いたりします。本章では、この奥深い「確率」というものについて説明していきましょう。

━━ 確率の用語

ここでは確率の用語をいくつか紹介しましょう。

> ・事象
>
> 　確率的に起こる現象や出来事のことを、**事象**と言います。例えば、6つの目からなるサイコロを1回振ったときに起こる事象の例としては、「1の目が出る」が該当します。同様に、「3の目が出る」や「6の目が出る」

も事象です。もう少し複雑な事象としては、「1 か 2 の目が出る」や「1 か 3 か 6 の目がでる」も事象と考えられます。

・根元事象

最も根元的な事象であり、他の事象は全てこの事象の組み合わせで表現できるものを、**根元事象**と言います。サイコロの例では、「1 の目が出る」「2 の目が出る」「3 の目が出る」「4 の目が出る」「5 の目が出る」6 の目が出る」の、6 つの事象が根元事象になります。

他の事象は、これらの事象の組み合わせになっています。例えば、「1 か 2 の目が出る」という事象は、「1 の目が出る」または「2 の目が出る」ということなので、この 2 つの根元事象の組み合わせになっています。

・全事象

全ての根元事象を「または」で組み合わせたものです。サイコロの例では、「 『1 の目が出る』または『2 の目が出る』または『3 の目が出る』または『4 の目が出る』または『5 の目が出る』または『6 の目が出る』」が**全事象**になります。

では、最後にもう 1 つ、確率の用語を紹介しましょう。

・排反

ある事象とある事象が、同時には起こりえないとき（同時に起こりえる事象を含んでいないとき）、それらの事象は**排反**であると言います。サイコロの例では、「1 の目が出る」という事象と「2 の目が出る」という事象は同時には起こりえないですから、これは排反です。また、「1 か 2 の目が出る」と「3 か 4 の目が出る」というのも、同時には起こりえない（同時に起こりえる事象を含んでいない）ので排反です。これに対して、「1 か 2 の

目が出る」と「2か3の目が出る」は、「2の目が出る」という同時に起こりえる事象を含んでいるので、この2つの事象は排反ではありません。

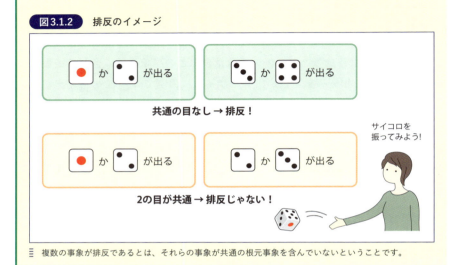

図3.1.2　排反のイメージ

複数の事象が排反であるとは、それらの事象が共通の根元事象を含んでいないということです。

■ 確率のルール（確率の公理）

先ほどは「事象とは何か」について説明しましたが、次はそれら事象が起こる（事象に付与される）確率とは何かについてです。確率は一言で言うと、次の3つのルールに従う数値のことです。このルールは、少し難しい言い方で**確率の公理**と呼ばれます。たった3つのルールから、確率についての全ての性質が導かれるのです。

確率の公理	
公理1	確率は0以上1以下である。
公理2	全事象の確率は必ず1になる。
公理3	排反な2つの事象について、どちらかの事象が起こる確率は、それぞれの事象が起こる確率の和になる。

公理 1 については、特に説明は必要ないでしょう。付与された確率が 0 に近いほどその事象は起きにくく、1 に近いほど起きやすいことを表しています。

公理 2 について少し説明しましょう。サイコロの例を考えると、全事象は「1、または 2、または 3、または 4、または 5、または 6 の目が出る事象」を表しています。この事象の確率が必ず 1 になるというのは、サイコロを振れば、サイコロの目のどれかが出る（という事象の）確率は必ず 1 になるということです。これは確率の満たすべき性質として自然な要請です。感覚的には当たり前すぎてわざわざ言わなくてもいいんじゃないかと思ってしまいますが、何事も正確にやろうとすると面倒くさくなるものです。

最後に、公理 3 についても説明しておきます。再びサイコロの例をとりあげます。排反な 2 つの事象とは、例えば「1 の目が出る」や「2 の目が出る」というような事象です。ここでは、「1 の目が出る」と「2 の目が出る」というそれぞれの事象に付与された確率を 1/6 としましょう。この場合、どちらかの事象が起こるというのは、「『1 の目が出る』または『2 の目が出る』」という事象のことですが、公理 3 が言っていることは、この事象の確率は 1/6 + 1/6 = 1/3 にならなければならないということです。つまり、サイコロを振ったときに、1 もしくは 2 が出る確率は、それぞれが出る確率の和になっているということです。この要請も確率が満たすべき性質として、直観的に非常に自然と言えるでしょう。

確率の記号

さらに、確率に関する記号をいくつか導入しましょう。これによって今後の説明が非常に明確になります。

まずは、ある事象（事象は英語で Event と言います）を、E を用いて表しましょう。事象が複数ある場合は、E_1, E_2, E_3, ... というように下付文字を書いて表します。例えば、サイコロの「1 の目が出る」と言う事象を E_1 として表したい場合は、E_1 :「1 の目が出る」のように書くことにします。また全事象を S と

表し、ある事象 E の（S に対する）余事象（事象 E が「起こらない」という事象、つまり S に含まれる事象のうち、事象 E 以外の「どれかが起こる」という事象）を、E^C と書くことにします。

次に、ある事象 E の確率を表す記号として、$\Pr(E)$ を導入します。$\Pr(E)$ は、事象 E が起きる確率を表しています（この $\Pr$ は、確率を表す英語の Probability から来ています）。例えば、E：「1 の目が出る」とした場合、$\Pr(E) = 1/6$ はサイコロを振って 1 の目が出る確率が 1/6 であることを意味しています。

これらの記号を使えば、先ほどの確率の公理は非常にコンパクトに表現することができます。

確率の公理	
公理1	$0 \leq \Pr(E) \leq 1$
公理2	$\Pr(S) = 1$
公理3	E_1 と E_2 が排反の時、 $\Pr(E_1$ または $E_2) = \Pr(E_1) + \Pr(E_2)$ となる。

では、サイコロの例を用いて、これらの表記法を少し練習してみましょう。$E_i, i =1, \ldots ,6$ を

$$E_i: サイコロで\ i\ の目が出る$$

という事象であるとします。

そして今、$\Pr(E_i) = 1/6, i =1, \ldots ,6$ とすると、次のようになります。

$$\Pr(E_1^C) = \Pr(E_2\ または\ E_3\ または\ E_4\ または\ E_5\ または\ E_6)$$
$$= 1/6 + 1/6 + 1/6 + 1/6 + 1/6$$
$$= 5/6$$

また公理 3 を利用すると、E_1 と E_1^C は、その定義より必ず排反であることから

$$\Pr(E_1 \text{ または } E_1^C) = \Pr(E_1) + \Pr(E_1^C)$$

となりますが、「E_1 または E_1^C」という事象は全事象 S のことですから、

$$\begin{aligned}
&\Pr(E_1 \text{ または } E_1^C) = \Pr(E_1) + \Pr(E_1^C) &&（公理 3 より）\\
\Leftrightarrow\ &\Pr(S) = \Pr(E_1) + \Pr(E_1^C) &&（E_1^C \text{ の定義より}）\\
\Leftrightarrow\ &1 = \Pr(E_1) + \Pr(E_1^C) &&（公理 2 より）\\
\Leftrightarrow\ &\Pr(E_1^C) = 1 - \Pr(E_1)
\end{aligned}$$

という関係式を導くことができます。導出課程から推察されるように、この式は E_1 を一般の事象 E に置きなおしても成り立ちます。

図 3.1.3 確率の公理

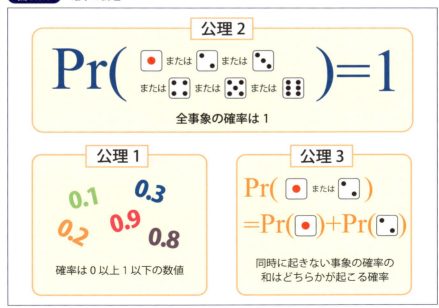

確率の性質は、全て 3 つの公理から導かれます。

3.2
条件付き確率と独立

ある事象が起こったもとでの、他の事象の起こる確率

ここでは、確率の重要な概念である**条件付き確率**について説明します。そして条件付き確率を理解した後は、いよいよ 3.1 節で話したベイズの定理について、そしてそれを用いて検査薬の不思議な現象について説明していきます。

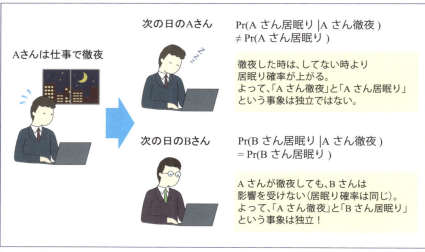

図3.2.1　条件付き確率と独立

ある事象が起こっても他の事象に影響を与えないなら、2つの事象は独立と言い、その時は条件付き確率と無条件確率が同じになります。

条件付き確率とは読んで字のごとし、ある事象が起こったという条件のもとでの、他の事象が起こる確率です。例えば、「ある株価が上がった場合、他の関

連する株価が上がる確率」、あるいは「ある日に雨が降った場合に、次の日も雨が降る確率」などのことです。条件付き確率は、定義自体は非常に理解しやすいと言えます。

ある事象 E_1 が起こったときの、他の事象 E_2 が起こる条件付き確率は、

$$\Pr(E_2 \mid E_1)$$

と表されます。これに対して、特に条件がない場合の E_2 が起こる確率 $\Pr(E_2)$ は、**無条件確率**とも呼ばれます。

条件付き確率と無条件確率が等しいとき、つまり

$$\Pr(E_2 \mid E_1) = \Pr(E_2)$$

が成り立つとき、この2つの事象 E_1 と E_2 は**独立である**と言います。2つの事象が独立であるとは、直観的には「片方が起こっても、もう片方が起こる確率に何の影響も与えない」ということですから、この2つの事象の間には**何の関係もない**ということです。

条件付き確率の計算公式

条件付き確率は、以下の公式によって計算することができます。

$$\Pr(E_2 \mid E_1) = \frac{\Pr(E_2 \text{ かつ } E_1)}{\Pr(E_1)}$$

右辺の分子 $\Pr(E_2 \text{ かつ } E_1)$ は、E_2 と E_1 の両方がともに起こる確率です。このような確率を、**結合確率**とも呼びます（次章以降で詳しく説明します）。右辺の分母は E_1 が起こる確率です。この公式は、$\Pr(E_1) > 0$ である場合、つまり E_1 が起こる確率が0ではない場合を前提としています。このとき、両辺に $\Pr(E_1)$ を掛けて

$$\Pr(E_2 \text{ かつ } E_1) = \Pr(E_2 \mid E_1)\Pr(E_1)$$

と書き直すことができます。この式は、E_1 と E_2 が2つとも起こる確率は、まず E_1 が起こる確率を考え、それに E_1 が起こったという条件付きでの E_2 が起こる確率を掛け合わせたものと等しいことを表しています。

また E_1 と E_2 が独立であれば、独立の定義より $\Pr(E_2 \mid E_1) = \Pr(E_2)$ ですから、上記の式においてこれを代入すると、

$$\Pr(E_2 \text{ かつ } E_1) = \Pr(E_2)\Pr(E_1)$$

というように、E_1 と E_2 がともに起こる確率はそれぞれが起こる確率の積になることがわかります。

このように、条件付き確率の公式をうまく用いることによって様々な確率の計算が容易になります。

図3.2.2 条件付き確率の公式の使用例

トランプ52枚から、2枚カードを引いたときに
♠13と♥13を引く確率はいくつかな？

Pr(「♠13を引く」かつ「♥13を引く」)
＝Pr(♠13を引く ｜ ♥13を引く) × Pr(♥13を引く)
　　　　　(＝ 1/51)　　　　　　　　(＝ 1/52)

＝ (1/51) × (1/52) ＝ 1/2652

♥13を引くと残りは51枚になるから、
Pr(♠13を引く ｜ ♥13を引く) は1/51になるのか。

≡ 少し複雑な問題も、条件付き確率の公式をうまく使うことによって簡単になることがあります。

3.3 ベイズの定理

結果が起こったもとでの原因の確率

　ベイズの定理は、18世紀の統計学者である**トーマス・ベイズ**が発見したもので、ある事象 E_1 が起こったときの、他の事象 E_2 が起こる条件付き確率を求めるための公式です。ここでは詳しい導出はしませんが、通常の条件付き確率の公式を書き代えることによって求められます。

　ここでは、事象は E_1 と E_2 の2つのケースを考えますが、2つ以上の事象についてのケースにも簡単に拡張できます。

図3.3.1　ベイズの定理

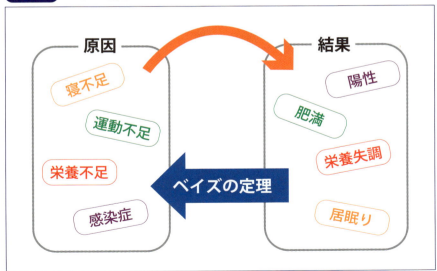

ベイズの定理を使えば、起こった結果を観察して可能性のある複数の原因について、どの原因が本当の原因かについての確率を求めることができます。

今、2つの事象 E_1 と E_2 について、E_1 を結果の事象、E_2 と $E_2{}^C$ を原因の事象と考えます。例えば、E_2 は「病気である」、$E_2{}^C$ は「病気でない」という事象、E_1 は「ある検査薬で陽性反応が出る」という事象、などが考えられます。

この場合、事象 $E_2, E_2{}^C$ は（検査結果の）原因、事象 E_1 は（検査の）結果を表していると考えられます。「病気 かつ 陽性」や「病気 かつ 陰性」というように、E_1 と E_2 および E_1 と $E_2{}^C$ は同時に起こりえるので、E_1 と E_2 および E_1 と $E_2{}^C$ は排反でないことに注意してください。

ベイズの定理は、Pr（結果 | 原因）から Pr（原因 | 結果）を求める公式です。原因の事象が2つである場合のベイズの定理は、次のようになります（後ほど、原因の事象が複数ある場合についても説明します）。

ベイズの定理（原因の事象が2つの場合）

今、$\Pr(E_2)$、$\Pr(E_2{}^C)$、$\Pr(E_1|E_2)$、$\Pr(E_1|E_2{}^C)$ がわかっているとします。このとき、$\Pr(E_2 \mid E_1)$ は

$$\Pr(E_2 \mid E_1) = \frac{\Pr(E_1 \mid E_2)\Pr(E_2)}{\Pr(E_1 \mid E_2)\Pr(E_2) + \Pr(E_1 \mid E_2{}^C)\Pr(E_2{}^C)}$$

で与えられ、これをベイズの定理（公式）と言います。

ベイズの定理の応用

それではベイズの定理を応用して、3.1 節のところで少し触れた検査薬の問題について考えてみましょう。

以下の問題を考えます。

ある病気を検査するための検査薬があるとしましょう。

その検査薬を用いた場合、もし実際に病気であれば 99% の確率で陽性反応、1% の確率で陰性（偽陰性）反応が出ます。そして、実際には病気

でなくても 2% の確率で間違って陽性（**偽陽性**）反応が出るとします（実際には感染していないのに検査が陽性反応を示すことを偽陽性、実際に感染しているのに検査が陰性反応を示すことを偽陰性と言います）。

　まとめると、次のようになります。

	陽性反応	陰性反応
病気であるとき	99 %	1 %
病気でないとき	2%	98%

　ここで、全人口の 0.002% がこの病気にかかっているとします（大体、500 人に 1 人）。もし、この検査薬によって陽性反応が出た場合、実際に病気である確率はいくつになるでしょうか？

　ここで求めたいのは、検査で陽性反応が出たときに「実際に病気である確率」、つまり、Pr(病気 | 陽性) です。これを求めるために、「E_1: 陽性反応、E_2: 病気である、E_2^C: 病気でない」とします。また上記の表より、

$$Pr(E_1 \mid E_2) = Pr(陽性 \mid 病気) = 0.99$$
$$Pr(E_1 \mid E_2^C) = Pr(陽性 \mid 健康) = 0.02$$
$$Pr(E_2) = Pr(病気) = 0.002$$
$$Pr(E_2^C) = Pr(健康) = 0.998$$

となるので、先ほどのベイズの定理の公式を用いると、Pr(病気 | 陽性) は

$$Pr(病気 \mid 陽性) = \frac{Pr(陽性 \mid 病気)Pr(病気)}{Pr(陽性 \mid 病気)Pr(病気) + Pr(陽性 \mid 健康)Pr(健康)}$$
$$= \frac{0.99 \times 0.002}{0.99 \times 0.002 + 0.02 \times 0.998}$$
$$\approx 0.09$$

となります。これは、この検査薬で陽性になったとしても、実際に病気である確率は約 9% ということです。これでは、この検査薬の結果はほどんと信頼できないでしょう。

このような結果になった理由の1つに、検査を無差別に行ってしまったということが挙げられます。ここでは、実際には500人に1人くらいしかいない病気に対して、特に検査対象を絞ることなく検査をした場合の結果を想定しています。通常の検査では、何らかの症状が出て病気が疑わしい人々に対して検査をするわけですから、検査を受ける人の中で病気である人の確率は500分の1より高くなるでしょう。その場合、どうなるでしょうか？

　では、先ほどと異なり、症状が出てこの病気にかかっていると疑わしい人にのみこの検査を行うとします。例えば、この病気にかかっていると疑わしい人のグループでは、実際に病気である人は20人に1人くらい、つまり Pr(病気) = 0.05 であるとしましょう。このとき、同様の計算を行うと

$$\Pr(病気 \,|\, 陽性) = \frac{\Pr(陽性 \,|\, 病気)\Pr(病気)}{\Pr(陽性 \,|\, 病気)\Pr(病気) + \Pr(陽性 \,|\, 健康)\Pr(健康)}$$
$$= \frac{0.99 \times 0.05}{0.99 \times 0.05 + 0.02 \times 0.95}$$
$$\approx 0.723$$

となり、この場合はこの検査薬によって陽性になった人の約72%が実際に病気であり、信頼性が一気に高まったことになります。

　2020年から始まった Covid19 のパンデミックの際、PCR 検査を感染症状が出ていない人にも行うべきかという議論が出ましたが、上記の結果は「そのような無差別な検査はいたずらに偽陽性を増やすだけの結果になる可能性が高い」ということを示しています。Covid19 に限らず、病気の検査をする際は、その病気の発生率や検査薬の性能などを慎重に吟味し、検査の信頼性を担保しつつ行わないといけないでしょう。

　ここで、一般に原因の事象が N 個の場合の、ベイズの定理について述べておきましょう。

3.3 ベイズの定理

図3.3.2 ベイズの定理の応用

無差別な検査は偽陽性を増やす可能性が高く、検査の信頼性に問題を起こす可能性があります（ただし、検査の精度にもよります）。

ベイズの定理（原因の事象が複数の場合）

今、$E_1, \ldots, E_N$ を原因の事象、E^* を結果の事象とします。また $\Pr(E_i)$、$\Pr(E^* | E_i), i = 1, \ldots, N$ はわかっているとします。

このとき、$\Pr(E_i | E^*)$ は

$$\Pr(E_i | E^*) = \frac{\Pr(E^* | E_i)\Pr(E_i)}{\sum_{i=1}^{N}\Pr(E^* | E_i)\Pr(E_i)}$$

で与えられます。

ベイズの定理によって、E^* という結果が起こった場合に、その原因が E_i である確率が求まります。

3.4

補論：
ベイズの定理のその他の応用例

━━ モンティ・ホール問題

　先ほど見たように、ベイズの定理を応用すると、何となく考えた場合の直観に反するような例が得られることが多々あります。ここではそのような問題のうち、よく知られた例をいくつか紹介していきましょう。

　1つ目は、**モンティ・ホール問題**として知られる問題です。これはアメリカのゲームショー番組で行われたゲームについての問題で、その番組の司会者の名前がモンティ・ホールであったことから、このように呼ばれます。

　具体的には、以下のようなゲームです（実際のゲームからは少し内容を変更しています）。

・商品当てゲーム

　3つの扉があり、そのうち2つの扉の向こうには牛が、1つの扉の向こうには景品の車が置いてある。挑戦者は1つだけ扉を開くことができ、扉の向こうの商品を獲得することができる。ゲームは以下のように進行する。

(1) まず、挑戦者が扉を1つ選択する（ここではまだ開かない）。
(2) それを受けて、司会者は残りの2つの扉のうち、牛がある方の扉を1つ開けて見せてくれる（もし、残り2つの扉が両方とも牛である場合は、どちらかを無作為で選ぶ）。
(3) それを受け、挑戦者は最初に選んだ扉のままにするか、もう1つの扉の方へ変更するかを選ぶことができる。

ここでの問題は、「挑戦者は扉を変更すべきかどうか」ということです。

ステップ (1) で挑戦者が最初に扉を選んだ段階では、景品の車を獲得する確率は 1/3 です。次にステップ (2) で司会者が残りの 2 つの扉のどちらかを開けるのですが、ここで注意すべき点は、挑戦者がどのような扉を選んだとしても、(2) で司会者が選んだ扉には必ず牛がいるということです（なぜなら、景品の車がある方の扉は絶対に開けないからです。開けてしまうと、どこに景品の車があるのかわかってしまいます）。

つまり、このときにわかるのは「挑戦者が選ばなかった 2 つの扉のうち、どちらに牛がいるか」だけです。またこれが明らかになったとしても、司会者が開けなかった残った 2 つの扉のうち、どちらに景品の車があるかはわからないため、何となく考えると、景品の車がある確率はどちらの扉も 1/2 で同じような気がします。

でも実は、この考えは間違っているのです。

ここではベイズの定理を用いて、「最初に選んだ扉を変更すれば、景品を獲得できる確率は 2/3 に倍増する」ことを確かめましょう。

3 つの扉を A, B, C とします。また、それぞれの扉の後ろに車がある確率は、Pr(A車) = 1/3, Pr(B車) = 1/3, Pr(C車) = 1/3 であるとします。ここで言う「A車」は、扉 A の後ろに車があるという事象を意味し、Pr(A車) とは扉 A の後ろに車がある確率という意味です。そして、他も同様とします（このときに扉 A の後ろに牛がいる確率は、Pr(A牛) = 1 − Pr(A車) = 2/3 です。これは B, C についても同様です）。

ここで挑戦者は扉 A を選んだとします。このとき、司会者が B と C の扉を開く条件付き確率は

$$\Pr(\text{C を開く} \mid \text{A車}) = \Pr(\text{B を開く} \mid \text{A車}) = 1/2$$
$$\Pr(\text{C を開く} \mid \text{B車}) = 1 \ (\ \Pr(\text{B を開く} \mid \text{B車}) = 0 \ )$$
$$\Pr(\text{C を開く} \mid \text{C車}) = 0 \ (\ \Pr(\text{B を開く} \mid \text{C車}) = 1 \ )$$

となりますので、ベイズの定理により、司会者が扉 C を開けたときに扉 B の後ろに車がある確率は

$$
\begin{aligned}
\Pr(\text{B車} \mid \text{Cを開く}) &= \frac{\Pr(\text{Cを開く} \mid \text{B車})\Pr(\text{B車})}{\left[\begin{array}{l}\Pr(\text{Cを開く} \mid \text{B車})\Pr(\text{B車}) + \Pr(\text{Cを開く} \mid \text{A車})\Pr(\text{A車}) \\ + \Pr(\text{Cを開く} \mid \text{C車})\Pr(\text{C車})\end{array}\right]} \\
&= \frac{1 \times \dfrac{1}{3}}{1 \times \dfrac{1}{3} + \dfrac{1}{2} \times \dfrac{1}{3} + 0 \times \dfrac{1}{3}} \\
&= \frac{1/3}{1/2} \\
&= \frac{2}{3}
\end{aligned}
$$

となります。また、扉 A の後ろに車がある確率は

$$
\begin{aligned}
\Pr(\text{A車} \mid \text{Cを開く}) &= \frac{\Pr(\text{Cを開く} \mid \text{A車})\Pr(\text{A車})}{\left[\begin{array}{l}\Pr(\text{Cを開く} \mid \text{B車})\Pr(\text{B車}) + \Pr(\text{Cを開く} \mid \text{A車})\Pr(\text{A車}) \\ + \Pr(\text{Cを開く} \mid \text{C車})\Pr(\text{C車})\end{array}\right]} \\
&= \frac{\dfrac{1}{2} \times \dfrac{1}{3}}{1 \times \dfrac{1}{3} + \dfrac{1}{2} \times \dfrac{1}{3} + 0 \times \dfrac{1}{3}} \\
&= \frac{1/6}{1/2} \\
&= \frac{1}{3}
\end{aligned}
$$

となります。

　これより、挑戦者が扉 A を選んだときに司会者が扉 C を開いた場合は、最初に選択した扉を変更することによって、景品を獲得できる確率が当初の倍になることがわかります。これは直観に反する結果だと言えるでしょう。なお、どの扉を選んでも、同じようになることが確かめられます。

3.4 補論：ベイズの定理のその他の応用例

3囚人問題

ベイズの定理を用いると直観と反する結果が得られるような問題としては、モンティホール問題の他にも、**3囚人問題**と呼ばれる問題が知られています。以下のような問題です。

　A, B, C の3人の囚人のうち2人は処刑され、1人は釈放されることになっている。囚人は誰が釈放されるか知らないが、看守は既に知っているとする。囚人 A は看守に「B か C のどちらかが処刑されるのは確実なので、どちらが処刑されるかを教えて欲しい。私については教えないので問題ないはずだと」と尋ねたところ、看守は「B が処刑される」と答えた。
　このとき、A が釈放される確率はいくつになるだろうか。

　これも直観で考えると、残った囚人 A と囚人 C の2人とも、1/2 の確率で釈放されるような気がします（聞く前は 1/3 の確率でしたが）。ですが、実はそうではなく「囚人 A が釈放される確率は結局 1/3 のまま」になるのです。

　この問題についても、ベイズの定理を使って考えてみましょう。考え方は、基本的にはモンティホール問題と同じです。まず、それぞれの囚人が釈放される確率をそれぞれ

$$\Pr(\text{A釈放}) = 1/3, \ \Pr(\text{B釈放}) = 1/3, \Pr(\text{C釈放}) = 1/3$$

とします。ここで、「A 釈放」は囚人 A が釈放されるという事象を表しています（「B 釈放」「C 釈放」についても同様です）。また、看守はもし囚人 A が処刑される場合は、囚人 B と囚人 C のうち処刑される方を答え、もし A が釈放される場合（この場合、囚人 B と囚人 C は2人とも処刑されることになります）、どちらを答えるかは無作為であるとしましょう。

　このとき、求めたいのは

$$\Pr(\text{A釈放} \mid \text{B看守})$$

です。ここで「B 看守」は、「看守が、B が処刑されると言う」という事象を表

085

しています（「C 看守」についても同様です）。条件から、

$$\Pr(\text{B看守} \mid \text{A釈放}) = 1/2$$
$$\Pr(\text{B看守} \mid \text{B釈放}) = 0$$
$$\Pr(\text{B看守} \mid \text{C釈放}) = 1$$

ですから、ベイズの定理より

$$\Pr(\text{A釈放} \mid \text{B看守})$$
$$= \frac{\Pr(\text{B看守} \mid \text{A釈放})\Pr(\text{A釈放})}{\left[\begin{array}{l}\Pr(\text{B看守} \mid \text{A釈放})\Pr(\text{A釈放}) + \Pr(\text{B看守} \mid \text{B釈放})\Pr(\text{B釈放}) \\ + \Pr(\text{B看守} \mid \text{C釈放})\Pr(\text{C釈放})\end{array}\right]}$$
$$= \frac{(1/2)(1/3)}{(1/2)(1/3) + 0(1/3) + 1(1/3)}$$
$$= (1/6)/(3/6)$$
$$= 1/3$$

となり、確率は 1/3 のままであることがわかります。

このような問題は大変興味深いのですが、答えを導出する際にいろいろと前提条件を置いているという点には注意する必要があります。3 囚人問題も、いろいろと前提を変えることにより答えが変わります。

例えば、囚人 A, B, C が釈放される確率をそれぞれ 1/3, 1/6, 1/2 に変更すると、他の条件は同じでも（途中の計算は全く上記と同様に行えるので省きます）、答えは次のようになります。

$$\Pr(\text{A釈放} \mid \text{B看守}) = 1/4$$

また例えば、質問を少し変えて「囚人 B が処刑されるかどうかを教えて欲しい」とし、このときに看守が「B は処刑される」と答えたとします。他の条件 $(\Pr(\text{A釈放}) = \Pr(\text{B釈放}) = \Pr(\text{C釈放}) = 1/3)$ は変えません。このとき、A が釈放される場合は

$$\Pr(\text{B処刑} \mid \text{A釈放}) = 1$$

となり、B が釈放される場合は

$$\Pr(\text{B処刑} \mid \text{B釈放}) = 0$$

となり、C が釈放される場合は

$$\Pr(\text{B処刑} \mid \text{C釈放}) = 1$$

となるので（ここで「B処刑」は、看守が B が処刑されると答える事象を表します）、ベイズの定理より

$$
\begin{aligned}
&\Pr(\text{A釈放} \mid \text{B処刑}) \\
&= \frac{\Pr(\text{B処刑} \mid \text{A釈放})\Pr(\text{A釈放})}{\left[\begin{array}{l}\Pr(\text{B処刑} \mid \text{A釈放})\Pr(\text{A釈放}) + \Pr(\text{B処刑} \mid \text{B釈放})\Pr(\text{B釈放}) \\ + \Pr(\text{B処刑} \mid \text{C釈放})\Pr(\text{C釈放})\end{array}\right]} \\
&= \frac{1(1/3)}{1(1/3) + 0(1/3) + 1(1/3)} \\
&= (1/3)/(2/3) \\
&= 1/2
\end{aligned}
$$

となり、確率は 1/2 になります。

　看守の答えは「B が処刑される」という意味では同じなのですが、もとになる質問が異なっているため、結果も異なるということです。

　このように、ベイズの定理を用いると直観的な想像に反するような（ただし、確率的には正しい）事実を発見することができます。非常に興味深いと言えるでしょう。

############################ **第3章のまとめ** ############################

・確率とは事象が起こる確からしさを表す数値であり、0以上1以下の値をとる。確率が1とは、その事象が必ず起きることを意味し、確率が0とはその事象が必ず起きないことを意味する。

・確率の公理とは、確率についての3つのルールであり、確率の性質は全てこの3つのルールから導かれる。

・条件付き確率とは、ある事象が起こった場合に他の事象が起こる確率である。2つの事象が独立であるとは、条件付き確率と条件が特に付いていない確率（無条件確率）が同じであることを意味する。独立であれば、その2つの事象は互いに影響を及ぼさないと言える。

・条件付き確率は、結合確率と無条件確率から計算される。条件付き確率を用いると、いろいろな計算が簡単になる。

・ベイズの定理はある条件付き確率を求める公式だが、これを用いるとある結果が起こったときに、その原因について、どの原因が実際の原因なのかについての確率を求めることができる（結果に対する原因の確率）。

・ベイズの定理を用いると、直観で考えると間違ってしまうような事象の確率を正しく求めることができる。

時系列分析への準備 ③

確率変数と確率分布について

　本章では、次章で説明する推測統計で重要な概念である「確率変数」と「確率分布」について解説します。確率変数とは一言で言うと、取りうる値があるルールに従って決まるが、値自体は決まっていない変数のことです。そして、このルールというのが確率分布です。推測統計では確率分布を「データを生成する背後のメカニズム」として考え、その特徴を分析します。時系列分析では、この確率分布をさらに発展させた確率過程というものをデータ生成の背後のメカニズムとしますが、その理解のためにも確率分布の知識は必須です。ここでしっかりと感覚をつかんでおきましょう。

4.1

確率変数と確率分布

確率変数について

　ここまでは確率について話をしてきましたが、ここからは確率変数と確率分布について話をしていきましょう。推測統計では、確率変数と確率分布はデータを生成する背後のメカニズムを分析する際に非常に重要な概念であり、これらについての知識は必要不可欠です。

　確率変数について多くの方はすでに漠然としたイメージをお持ちだと思います。確率変数について一言で説明するのはなかなか難しいのですが、1つの表現の仕方として、確率変数とは（多くの場合、取り得る値の範囲はわかっているけれども）、どのような値をとるのか実際に実現するまでわからないような変数のことだと言っていいでしょう。もう少し専門的な言葉で言うと、確率変数とは事象を数値で対応させたもの（または事象が数値そのものの場合）です。例えば、降水確率や株価収益率などは代表的な確率変数ですが、天気でも「晴れ」には1、「雨」には2、「雪」には3など適当に数値を割り振っていけば、その数値は（天気が確率的に変化するので）確率変数となります。

　確率変数は、**離散型確率変数**と**連続型確率変数**と呼ばれる2種類に分けられます（またこれらの組み合わせもあります）。離散型確率変数とは、サイコロの目のように離散的に値を取る確率変数のことで、連続型確率変数とは降水量や株価収益率などのように、連続的な値をとる確率変数のことです。離散型確率変数の方が直観的に理解しやすいので、まずは離散型確率変数について見ていきましょう。

離散型確率変数の確率分布

離散型確率変数の**確率分布**とは、その確率変数の取り得る値（数値）のそれぞれに付与された確率のことです。サイコロの例で言うと、通常のサイコロの場合それぞれの目は 1/6 の確率で出ますが、この「それぞれの目が 1/6 の確率で出る」というのがサイコロの目の確率分布になります。

確率変数はよく X や Y などのアルファベットを用いて表されます。例えば、サイコロの目を表す確率変数を X とすると、X の取り得る値は $\{1, 2, 3, 4, 5, 6\}$ であり、その確率分布は

$$\Pr(X=1) = 1/6, \ \Pr(X=2) = 1/6, \ \Pr(X=3) = 1/6,$$
$$\Pr(X=4) = 1/6, \ \Pr(X=5) = 1/6, \ \Pr(X=6) = 1/6$$

になります。これはもう少しコンパクトに、$\Pr(X=k) = 1/6, k = 1, \ldots, 6$ と表すこともできます。

図 4.1.1 離散型確率変数

離散型確率変数とは、とりうる値が離散的な確率変数のことです。天気にも番号を付ければ、それは離散型確率変数になります。

上記のような、全ての目の出る確率が 1/6 であるようなサイコロは、**公平な**
サイコロと呼ばれます。ここでは、公平なサイコロとは違い、奇数の目が出や
すく偶数の目が出にくくなるように細工をしたサイコロを考えてみましょう。
具体的には、このサイコロでは奇数は 1/4 の確率で、偶数は 1/12 の確率で出る
とします。このサイコロの目を表す確率変数を Y とすると、このサイコロの確
率分布は

$$\Pr(Y = k) = 1/4, k = 奇数、\Pr(Y = k) = 1/12, k = 偶数、$$

と表すことができます。確率の和が、1/4 + 1/4 + 1/4 + 1/12 + 1/12 + 1/12 = 1 と、
ちゃんと 1 になっている事に注意してください。

確率関数

このように、（離散型確率変数における）確率分布とは、確率変数が取り得る
全ての値と、それらの値に付与された確率の値とのセットのことです。ただし、
確率の値を表現するのに、毎回毎回「$\Pr(X = k)$」と書くのは若干面倒ですので、
より簡潔に確率分布を表現できるように**確率関数**というものを考えます。

これは確率変数の取り得る値に対して、その値に付与された確率を返す関数
のことです。確率変数 X の確率関数を、$p_X(k)$ としましょう。ここで、k は確率
変数 X の取り得る値を表します。先ほどの 2 番目のサイコロの例では、$p_X(k) =$
$1/4, k = 奇数$、$p_X(k) = 1/12, k = 偶数$、となります。表記が（ここでは若干です
が）簡略化されたことがわかるでしょう。確率関数は確率ですので、全ての取
りうる値の確率を足すと 1 になることに注意してください。

確率関数

ある値 k は、確率変数 X の取り得る値の 1 つとします。
確率関数 $p_X(.)$ は

$$p_X(k) = \Pr(X = k)$$

を満たす関数です。

一般に、確率関数は取り得る値 k の関数として定義されます。例えば、4.2 節で登場する、離散型確率変数の確率分布としてよく知られるポアソン分布の取り得る値 k は非負の整数 $(0, 1, 2, ...)$ であり、その確率関数は

$$p_X(k) = \frac{e^{-\lambda} \lambda^k}{k!}, (k = 0, 1, 2, ...)$$

で与えられます。ここで、$\lambda > 0$ はパラメーターと呼ばれる所与の数値で、e は自然対数の底、$k!$ は階乗です（階乗とは、$k! = k(k-1)(k-2)\ldots3 \times 2 \times 1$ という計算のことです。ここで、$0!$ は $0! = 1$ と定義します）。例えば、$k = 0$ となる確率は、$p_X(0) = (e^{-\lambda} \times 1) / 0! = e^{-\lambda}/1 = e^{-\lambda}$ となります。

━━ 離散型確率変数の期待値（平均）と分散

第 2 章では、与えられたデータに対して、そのデータの中心を見るために**標本平均**、散らばり具合を見るために**標本分散**というものを定義しました。ここでは、確率分布の中心、確率分布の散らばり具合を見るために、（確率分布の）平均と（確率分布の）分散を定義します。

確率分布の平均は**期待値**とも呼ばれます。本書では、標本平均と区別するために確率分布の平均は期待値と呼ぶことにします。また、確率分布の分散については単に分散と呼びます（または、後述する理由により母分散と呼ぶこともあります）。

離散型確率変数 X に対して、期待値と分散は次のように定義されます。

（離散型確率変数 X の期待値）

$$E(X) = \sum_{i=1}^{m} k_i p_X(k_i)$$

（離散型確率変数 X の分散）

$$\mathrm{var}(X) = \sum_{i=1}^{m} [k_i - E(X)]^2 p_X(k_i)$$

ここで、$k_i, i=1, \ldots, m$ は確率変数 X のとりうる値を表しており、$p_X(.)$ は X の確率関数です。m は X のとりうる値の個数を表しています。本書では、分散を表す記号として var(X) を用います。分散を表す記号は、この他にも $V(X)$ や $Var(X)$ などがよく用いられます。また、ポアソン分布のように m が無限大の場合もあり得ますが、その場合は $m = \infty$ と書きます（∞ は無限大を意味する数学記号です）。

　期待値は**確率分布の中心**を表わしています。期待値はだいたい X の取り得る範囲の真ん中くらいになるのですが、確率の値によってはより右や左の位置をとることもあります。また分散は期待値からの乖離の 2 乗の期待値になっており、これは分布の**期待値からのばらつき具合**を表わしていると見なすことができます。分散の値が大きければ大きいほど、X は期待値から離れた値を取る可能性が高いということです。

標本平均と期待値および標本分散と、確率分布の分散の違い

・標本平均
　確率変数 X が実際に取った N 個の観測値（実現値）のそれぞれに、$1/N$ の重みをつけて足したもの。

・期待値
　確率変数 X が取り得る値を、それぞれの取り得る値に付与された確率で重み付けして足したもの。

・標本分散
　確率変数 X が実際に取った N 個の観測値（実現値）の標本平均との差の 2 乗に、$1/(N-1)$ の重みを付けて足したもの。

・確率分布の分散
　確率変数 X の取り得る値と期待値との差の 2 乗を、それぞれの取り得る

> 値に付与された確率で重み付けして足したもの。

先ほどのサイコロの例を考えてみましょう。

公平なサイコロでは、その期待値と分散は

$$E(X) = \sum_{i=1}^{m} k_i \, p_X(k_i)$$

$$= 1 \times \frac{1}{6} + 2 \times \frac{1}{6} + 3 \times \frac{1}{6} + 4 \times \frac{1}{6} + 5 \times \frac{1}{6} + 6 \times \frac{1}{6}$$

$$= \frac{21}{6} = 3.5$$

および、

$$\mathrm{var}(X) = \sum_{i=1}^{m} [k_i - E(X)]^2 \, p_X(k_i)$$

$$= (1-3.5)^2 \times \frac{1}{6} + (2-3.5)^2 \times \frac{1}{6} + (3-3.5)^2 \times \frac{1}{6}$$

$$\quad + (4-3.5)^2 \times \frac{1}{6} + (5-3.5)^2 \times \frac{1}{6} + (6-3.5)^2 \times \frac{1}{6}$$

$$= \frac{17.5}{6} \approx 2.92$$

となります。そして、細工をした不公平なサイコロでは

$$E(X) = \sum_{i=1}^{m} k_i \, p_X(k_i) = 1 \times \frac{1}{4} + 2 \times \frac{1}{12} + 3 \times \frac{1}{4} + 4 \times \frac{1}{12} + 5 \times \frac{1}{4} + 6 \times \frac{1}{12}$$

$$= \frac{39}{12} = 3.25$$

および、

$$\mathrm{var}(X) = \sum_{i=1}^{m} [k_i - E(X)]^2 \, p_X(k_i)$$

$$= (1-3.25)^2 \times \frac{1}{4} + (2-3.25)^2 \times \frac{1}{12} + (3-3.25)^2 \times \frac{1}{4}$$

$$+ (4 - 3.25)^2 \times \frac{1}{12} + (5 - 3.25)^2 \times \frac{1}{4} + (6 - 3.25)^2 \times \frac{1}{12}$$

$$= \frac{34.25}{12} \approx 2.85$$

となります。不公平なサイコロは、公平なサイコロと比べて期待値が若干小さくなっています。

期待値と分散の重要な性質

期待値には、「線形変換の期待値は、期待値の線形変換になる」という重要な性質があります。つまり、

$$E(a + bX) = a + bE(X)$$

という性質です。また、より一般的なものとして、

$$E[g_1(X) + g_2(X)] = E[g_1(X)] + E[g_2(X)]$$

という性質もあります。

ここで、$g_1(X)$ と $g_2(X)$ は確率変数 X の任意の関数です（これらの性質は、期待値の定義からすぐ確かめられます）。さらに、上記の性質を繰り返し適用することによって、任意の n 個の関数 , $g_1(.), \dots, g_n(.)$ について、

$$E[g_1(X) + \dots + g_n(X)] = E[g_1(X)] + \dots + E[g_n(X)]$$

が成り立つこともわかります。この性質は例えば、$g_1(X) = a$（これは、X の値が何であっても a という値を取る関数です）、および $g_2(X) = X$ と置けば、一番最初に述べた「線形変換の期待値は期待値の線形変換」という性質に帰着します。さらに、$g_3(X) = cX^2$ と置けば、

$$E(a + bX + cX^2) = a + bE(X) + cE(X^2)$$

が成り立つこともわかります。これらの性質は、期待値に関する様々な計算を簡単にするのに非常に役に立ちます。

また、分散には

$$\mathrm{var}(a + bX) = b^2\, \mathrm{var}(X)$$

という重要な性質があり、これは次のように確かめられます。

図4.1.2 期待値と分散の性質

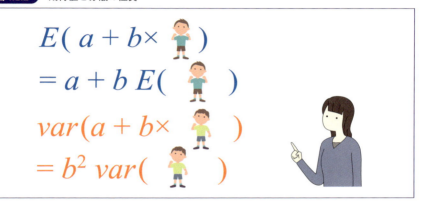

線形変換の期待値は期待値の線形変換になり、線形変換の分散は係数が2乗されます。

まず分散の定義より、

$$\mathrm{var}(a + bX) = E\{\,[a + bX - E(a + bX)]^2\,\}$$

ですが、先ほど見た期待値の性質より右辺は

$$\begin{aligned}
\mathrm{var}(a + bX) &= E(\{a + bX - [a + bE(X)]\}^2) \\
&\quad (E(a + bX) = a + bE(X) \text{ であるため}) \\
&= E\{\,[bX - bE(X)]^2\,\} \\
&= E\{\,b^2\,[X - E(X)]^2\,\} \\
&= b^2\, E\{\,[X - E(X)]^2\,\} \\
&= b^2\, \mathrm{var}(X) \quad (E\{[X - E(X)]^2\} \text{ は } \mathrm{var}(X) \text{ の定義})
\end{aligned}$$

となり、上記の分散の性質が成り立つことがわかります。

さらに、表記の簡単化のために $\mu = E(X)$ と置くと、期待値と分散の重要な関

係として、

$$\begin{aligned}
\mathrm{var}(X) &= E\left[(X-\mu)^2\right] &&（分散の定義より）\\
&= E\left(X^2 - 2X\mu + \mu^2\right) \\
&= E(X^2) - 2\mu E(X) + E(\mu^2) \\
&= E(X^2) - 2\mu^2 + \mu^2 &&（\mu^2 \text{ は定数}）\\
&= E(X^2) - \mu^2 \\
&= E(X^2) - [E(X)]^2 &&（\mu = E(X) \text{ なので}）
\end{aligned}$$

という関係があることがわかります。これは、分散は「2乗の期待値 − 期待値の2乗」と等しいと覚えておきましょう。

　上記の期待値と分散の性質は。標本平均と（全）標本分散でも成り立ちます。標本の世界における標本平均と標本分散は、確率分布の世界における期待値と分散に対応しています。後に見るように、これらはただ対応関係にあるというだけではなく、推測統計において、これらは切っても切れない関係にあります。

4.2 代表的な離散型確率分布

── ベルヌーイ分布

ベルヌーイ分布は、結果が2つの場合の確率の分布として知られています。例えば、コインを投げたときに「表が出るか裏が出るか」の確率の分布、何らかの試行が「成功するか失敗するか」の確率の分布、何かの勝負に「勝つか負けるか」の確率の分布等です。ベルヌーイ分布に従う確率変数 X を、**ベルヌーイ確率変数**と言います。

ベルヌーイ分布を数学的により正確に述べると、以下のようになります。
確率変数 X は、ベルヌーイ確率変数とします、このとき、X の取り得る値は 0 と 1 の2つであり、$\Pr(X=1)=p$, $0<p<1$ となります。またこのとき、確率の性質より、$\Pr(X=0)=1-\Pr(X=1)=1-p$ となります。

図 4.2.1　ベルヌーイ分布

コイントス　　成功 or 失敗　　勝ち or 負け

ベルヌーイ分布は、結果が2つの場合の確率分布です。

さらに、ベルヌーイ分布の確率関数は

$$p_X(k) = \begin{cases} p & (k=1 \text{ の時}) \\ 1-p & (k=0 \text{ の時}) \end{cases}$$

となります。

次に、ベルヌーイ分布の期待値と分散を導出しましょう。これは期待値と分散の定義より、それぞれ以下のようになります。

・ベルヌーイ分布の期待値

$$\begin{aligned} E(X) &= 1 \times p_X(1) + 0 \times p_X(0) \\ &= p_X(1) \\ &= p \end{aligned}$$

・ベルヌーイ分布の分散

$$\begin{aligned} \mathrm{var}(X) &= (1-p)^2 \, p_X(1) + (0-p)^2 \, p_X(0) \\ &= (1-p)^2 p + p^2(1-p) \\ &= p\,(1-p)\,[(1-p)+p] \\ &= p\,(1-p) \end{aligned}$$

ベルヌーイ分布は非常に単純な分布ですが、様々な分析に応用することができ、また確率分布の基本的な性質を理解するのにも非常に役に立ちます。

━━━ 二項分布

二項分布は、ある成功確率 p の試行を n 回行ったときの、成功回数 k の分布です（それぞれの試行は独立であると仮定します）。このとき、成功回数 k の数は、1度も成功しなかった場合に最小値 $k=0$ を取り、全ての試行が成功した場合に最大値 $k=n$ を取ります。二項分布の例としては、コイントスを n 回行った場合の表が出る回数や、n 回試合を行った場合の勝つ回数などが考えられます。

図 4.2.2 二項分布

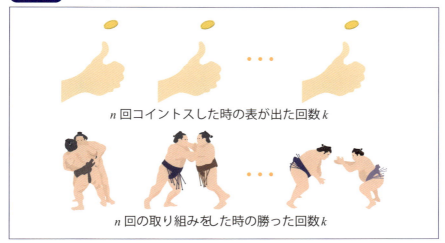

二項分布は複数回の試行のうち、成功回数の分布として解釈できます。

確率変数 X_i を、i 回目の試行で成功したら 1、失敗したら 0 を取る確率変数としましょう（X_i は、成功確率 p のベルヌーイ分布であることに注意してください）。また、この試行はそれぞれ独立であるとします。このとき、この X_i を使って、二項分布に従う確率変数 Y を X_i の $i=1$ から n までの和、すなわち

$$Y = \sum_{i=1}^{n} X_i = X_1 + X_2 + ... + X_n$$

と表すことができます。なぜなら、この場合 Y は成功確率 p の試行を n 回したときの成功した回数、すなわち X_i が 1 であった個数の数と等しくなるからです。

二項分布に従う確率変数（以後、これを二項確率変数と呼びます）Y の確率関数、および期待値と分散は、以下のようになります。

（確率関数）　$p_Y(k) = \dfrac{n!}{k!(n-k)!} p^k (1-p)^{n-k}$

（期待値）　　$E(Y) = pn$

（分散）　　　$\mathrm{var}(Y) = np(1-p)$

例えば、$n = 2$ のとき、Y は $0, 1, 2$ の 3 つの値のどれかを取りますが、それぞれの値の確率は上記の確率関数より（定数 c の 0 乗は、$c^0 = 1$ となることに注意して）、次のようになります。

・$Y = 0$ の確率

$$p_Y(0) = \frac{2!}{0!(2-0)!} p^0(1-p)^2 = \frac{2 \times 1}{1 \times (2 \times 1)} \times 1 \times (1-p)^2 = (1-p)^2$$

・$Y = 1$ の確率

$$p_Y(1) = \frac{2!}{1!(2-1)!} p^1(1-p)^{2-1} = \frac{2 \times 1}{1 \times 1} \times p \times (1-p) = 2p(1-p)$$

・$Y = 2$ の確率

$$p_Y(2) = \frac{2!}{2!(2-2)!} p^2(1-p)^0 = \frac{2 \times 1}{2 \times 1 \times 1} \times p^2 = p^2$$

二項確率分布の確率関数を求めるのは、場合の数などの数学的知識がないとやや難しいのですが、期待値と分散については後ほど出てくる**期待値の線形性と和の分散の公式**を用いると、非常に簡単に求めることができます（これについてはまた 4.5 節で説明します）。

━━ ポアソン分布

ポアソン分布は非負の整数の分布であり、様々なものがポアソン分布として表現されます。例えば、ある野球選手の年間のホームラン数、あるラーメン屋が 1 ヶ月に売り上げたラーメンの杯数、ある都市で 1 日に起こる交通事故の件数などは、取り得る値が自然数なのでポアソン分布で表現できます。

なお、ポアソン分布の取りうる値には上限がありません。そして厳密に言えば、上記の例には上限があります。例えばある選手のホームラン数の取り得る

102

値の上限は、その選手が年間に立つことが可能な打席数と等しいでしょう。よって、ホームラン数は厳密にはポアソン分布ではありませんが、近似的にポアソン分布で表現できるということになります。

ポアソン分布の確率関数は、4.1 節に出てきたように定義されます。このとき、ポアソン分布の期待値と分散は次のようになります。

（期待値）　$E(X) = \lambda$
（分散）　　$\mathrm{var}(X) = \lambda$

期待値と分散が等しいことが、ポアソン分布の特徴の 1 つです。

図4.2.3　ポアソン分布のイメージ

ポアソン分布は非負の整数の確率分布です。0 も取ることに注意してください。

ポアソン分布の期待値は、以下のように求められます。
まず、期待値の定義より

$$E(X) = \sum_{i=1}^{m} k_i p_X(k_i) = \sum_{i=0}^{\infty} i \frac{e^{-\lambda} \lambda^i}{i!} = \sum_{i=1}^{\infty} i \frac{e^{-\lambda} \lambda^i}{i!} = \lambda \sum_{i=1}^{\infty} \frac{e^{-\lambda} \lambda^{i-1}}{(i-1)!}$$

と表せます。また、確率関数は $\sum_{i=1}^{m} p_X(k_i) = 1$ を満たすことにより、この場合は、

$$\sum_{i=1}^{\infty} \frac{e^{-\lambda}\lambda^{i-1}}{(i-1)!} = \sum_{k=0}^{\infty} \frac{e^{-\lambda}\lambda^{k}}{k!} = 1$$

となるので、

$$E(X) = \lambda$$

となることがわかります。

　また、ポアソン分布の分散は以下のように求めることができます。まずは先ほど同様、ポアソン分布の確率関数の定義から、$E(X^2)$ は次のように書き換えられます。

$$
\begin{aligned}
E(X^2) &= \sum_{i=0}^{\infty} i^2 \frac{e^{-\lambda}\lambda^{i}}{i!} \qquad \text{（定義より）}\\
&= \lambda \sum_{i=0}^{\infty} i \frac{e^{-\lambda}\lambda^{i-1}}{(i-1)!} \qquad (\lambda^i = \lambda \cdot \lambda^{i-1} \text{より})\\
&= \lambda \sum_{i=1}^{\infty} i \frac{e^{-\lambda}\lambda^{i-1}}{(i-1)!}
\end{aligned}
$$

（和記号の中身は $i=0$ の時は 0 なので $i=1$ からに書き直しても値は変わらない）

$$= \lambda \sum_{i=0}^{\infty} (i+1) \frac{e^{-\lambda}\lambda^{i}}{i!} \quad (i=1 \text{から始まっていたのを} i=0 \text{からに書き直す})$$

$$= \lambda \sum_{i=0}^{\infty} i \frac{e^{-\lambda}\lambda^{i}}{i!} + \lambda \sum_{i=0}^{\infty} \frac{e^{-\lambda}\lambda^{i}}{i!}$$

　このとき、1番下の等式の右側は、第1項が

$$\lambda \sum_{k=0}^{\infty} k \frac{e^{-\lambda}\lambda^{k}}{k!} = \lambda E(X) = \lambda \times \lambda = \lambda^2$$

となり、第2項は

$$\lambda \sum_{k=0}^{\infty} \frac{e^{-\lambda}\lambda^{k}}{k!} = \lambda \times 1 = \lambda$$

となるので、結局のところ $E(X^2)$ は

$$E(X^2) = \lambda^2 + \lambda$$

となります。よって、先ほどの分散と期待値の関係より、ポアソン分布の分散
は

$$\begin{aligned} \mathrm{var}(X) &= E(X^2) - [E(X)]^2 \\ &= \lambda^2 + \lambda - \lambda^2 \\ &= \lambda \end{aligned}$$

となることがわかります。

4.3 連続型確率変数について

連続型確率変数は慣れが必要

　株価収益率や降水量などが連続型確率変数の代表例ですが、他にも現実の多くの変数が連続型確率変数であると考えられます。

　連続型確率変数は、慣れないうちは若干取り扱いが難しく感じられるかもしれません。その理由として、連続型確率変数は取りうる値が連続的に変化するため、取り得る1つ1つの値に確率を割り振ることができず、1点を取る確率は0であると定義されるという点が挙げられます。

　では、確率はどのように定義されるのかというと、連続型確率変数の場合は、**その連続型確率変数がある区間内の値を取る確率**として定義されます（これについては、後でより詳しく説明します）。

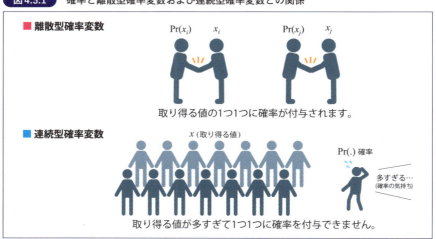

図4.3.1　確率と離散型確率変数および連続型確率変数との関係

4.3 連続型確率変数について

なお本節では、基本的に連続型確率変数についての重要な事実や性質を網羅的に述べるにとどめておきます。

連続型確率変数の期待値、分散

先ほど、連続型確率変数には離散型確率変数のように1つ1つの値に確率を付与することができないため、$\Pr(X=k)$ というような1点の確率は0と定義すると言いました。では、連続型確率変数では、どのように確率分布を定義するのでしょうか？

連続型確率変数では、任意の実数 a, b に対して X が区間 $[a, b]$ に入る確率 $\Pr(a \leq X \leq b)$ を定義することによって、確率分布を定義します。より具体的には、連続型確率変数では**密度関数**と呼ばれる関数 $f_X(x)$ によって、区間 $[a, b]$ に入る確率を以下のように、この密度関数の区間 $[a, b]$ での**積分**として定義します。

$$\Pr(a \leq X \leq b) = \int_a^b f_X(x)dx$$

連続型確率変数の分布と密度関数は1対1の関係にあり、密度関数が連続型確率変数の分布の形状を決定します。密度関数は、<u>離散型確率変数の確率関数に相当するもの</u>だと思ってください。$\Pr(a \leq X \leq b)$ は、図4.3.2 の橙色の部分の面積の値に相当します。

図4.3.2 密度関数と確率の関係

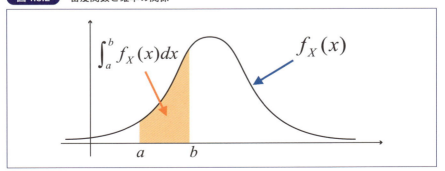

連続型確率変数がある区間の値を取る確率は、密度関数のその区間での積分で定義されます。また、その積分の値は、その区間における密度関数とx軸の間の面積に相当します。

このように確率を定義したときには、連続型確率変数がある 1 点 a を取る確率は

$$\Pr(X = a) = \Pr(a \le X \le a) = \int_a^a f_X(x)dx$$

と表すことができますが、積分の性質より

$$\int_a^a f_X(x)dx = 0$$

となりますから、このことが連続型確率変数において 1 点を取る確率が 0 であることと対応しています（グラフ上では、$\int_a^a f_X(x)dx = 0$ の値は $(a, f_X(a))$ と $(a, 0)$ を結ぶ直線の面積に対応しますが、直線の面積は 0 なので 0 となります）。

ある連続型確率変数 X の取り得る範囲を、(c, d) としましょう。このとき、この連続型確率変数 X の期待値と分散は次のようになり、やはり積分を用いて定義されます。

・**連続型確率変数 X の期待値**

$$E(X) = \int_c^d x f_X(x)dx$$

・**連続型確率変数 X の分散**

$$\mathrm{var}(X) = \int_c^d (x - \mu)^2 f_X(x)dx$$

離散型確率変数のときと同じく、これら期待値と分散は分布の中心と散らばり具合を表しています。

このように、連続型確率変数の期待値を定義すると、4.1 節で説明した期待値と分散の重要な性質が連続型確率変数の場合にも成り立つことが、積分の性質から確かめられます。

4.4

代表的な連続型確率分布

正規分布

ここでは、連続型確率分布の代表的なものとして正規分布（英語では Normal distribution）を紹介します。

正規分布の取り得る値の範囲は $(-\infty, \infty)$ です。つまり、全ての値を取ります。正規分布は本書でも頻繁に出てきますので、ここでその定義といくつかの重要な性質を覚えておきましょう。

先ほど述べたとおり、連続型確率変数の確率は密度関数がわかれば一意に決定されるので、密度関数は連続型確率変数の分布の特徴についての情報を全て含んでいると言えます。正規分布についても、その密度関数が正規分布の全ての特徴を表しています。

確率変数 X は、正規分布に従うとしましょう。正規分布の密度関数は以下のように与えられます。

$$f_X(x) = \frac{1}{\sqrt{2\pi\sigma^2}} \exp\left[-\frac{(x-\mu)^2}{2\sigma^2} \right]$$

この密度関数には、2つのパラメーター μ と σ^2 が含まれていますが、実はこれらのパラメーターはそれぞれ正規分布の期待値と分散に等しくなります。つまり、この密度関数から連続型確率変数の期待値と分散の定義にそって、その期待値と分散を計算すると（正規分布の取り得る値が $(-\infty, \infty)$ であることに注意して）、それぞれ

$$E(X) = \int_{-\infty}^{\infty} x \frac{1}{\sqrt{2\pi\sigma^2}} \exp\left[-\frac{(x-\mu)^2}{2\sigma^2}\right] dx = \mu$$

および、

$$\mathrm{var}(X) = \int_{-\infty}^{\infty} (x-\mu)^2 \frac{1}{\sqrt{2\pi\sigma^2}} \exp\left[-\frac{(x-\mu)^2}{2\sigma^2}\right] dx = \sigma^2$$

となるということです(実際には、この積分はすぐには解けないので、途中の計算を省略して結果のみを書いています)。この密度関数を図示すると、図4.4.1のようになります。

図4.4.1 正規分布の密度関数の形状

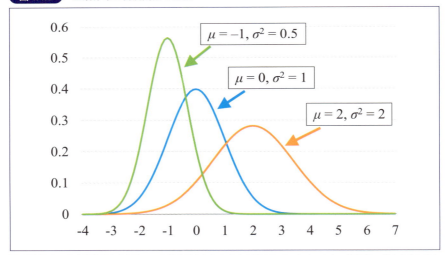

正規分布の密度関数は左右対称で、お椀を逆さにしたような形をしています。また、期待値 μ が大きくなると全体が右へシフトし、分散 σ^2 が大きくなると広がり具合が大きくなります。

期待値 μ、分散 σ^2 の正規分布を、$N(\mu, \sigma^2)$ と表記します。また、ある確率変数 X が期待値 μ、分散 σ^2 の正規分布に従うことを、$X \sim N(\mu, \sigma^2)$ と表記します。

正規分布には様々な良い性質があります。以下では、それらのうち代表的なものを証明なしで挙げておきます。これらの性質は様々な分析で暗に使用され

ていることが多いですし、今後の章での分析手法の解説の際にも用いられますので覚えておきましょう。

正規分布の代表的な性質

・性質1

　正規分布の線形変換は、正規分布です。すなわち、$X \sim N(\mu, \sigma^2)$ であるとき、

$$aX + b \sim N(a\mu + b, a^2\sigma^2)$$

となります。

・性質2

　正規分布に従う確率変数の和も正規分布です。すなわち、$X_i \sim N(\mu_i, \sigma_i^2)$, $i = 1, \dots, N$ であるとき、これら N 個の確率変数が互いに無相関であれば、

$$\sum_{i=1}^{N} X_i \sim N\left(\sum_{i=1}^{N}\mu_i, \sum_{i=1}^{N}\sigma_i^2\right)$$

となります（無相関でない場合も正規分布に従いますが、その場合は分散の値が違うものになります）。

・性質3

　正規分布に従う 2 つの確率変数 X と Y が無相関であれば、独立でもあります。

　性質 1 において期待値が $a\mu + b$、分散が $a^2\sigma^2$ となるのは、4.1 節、4.3 節で説明した期待値と分散の性質から導かれるもので、正規分布だけではなく全ての分布で成り立ちます。ですので、性質 1 で重要なのは分布が正規分布になるという点です。

　性質 2 において、期待値と分散がそのようになるのは（4.5 節で議論しますが）、これも正規分布に限らず成り立ちます。よって、性質 2 で重要なのもやはり、分布が正規分布になるという点です。

性質3については、連続型確率変数の相関や独立性の意味については4.5節で確認しますが、一般的には2つの確率変数が無相関だからといって独立とは限りません。しかしながら、正規分布については無相関イコール独立になります。

性質1〜3は、いくつかの例外を除いて一般の確率分布では成り立たない性質ですが、正規分布はその例外の1つです。これらの性質が正規分布を応用上、大変便利な分布にしています。

図4.4.2 正規分布の便利な性質

正規分布は応用上、様々な良い性質をもっています。確率分布界の便利屋のような存在です。

標準正規分布

正規分布において平均が0、分散が1の場合を**標準正規分布**と言います。正規分布の性質より、$X \sim N(\mu, \sigma^2)$であれば、$Z = (X - \mu)/\sigma$の分布は標準正規分布になります。これは次のように確認できます。まず、Zの期待値と分散がそれぞれ0と1になるのは、期待値と分散の性質より簡単に確かめられます。このように、期待値を引いて標準偏差で割ることを、**基準化**または**標準化**と言います（基準化された変数の期待値と分散は、必ず0と1になります）。また、これ

は線形変換なので（線形変換 $aX+b$ において、$a=1/\sigma, b=-\mu/\sigma$ と置いてください）、正規分布の性質より Z は正規分布に従います。この逆に、$Z \sim N(0, 1)$ の場合、$X = \mu + \sigma Z$ は $X \sim N(\mu, \sigma^2)$ になることは容易に確かめられるでしょう。

図4.4.3 標準正規分布と普通の正規分布の関係の図

正規分布(期待値 μ、分散 σ^2)から μ を引いて σ で割ると

標準正規分布(期待値 0、分散 1 の正規分布)になる！

標準正規分布は非常に重要な分布で、その性質は既に徹底的に調べられています。その中でも特に重要なものが、標準正規分布の分布表と呼ばれるもので、これはほぼ全ての標準的な統計学の教科書に載っています（以降、誤解の恐れがない場合には単に分布表と呼びましょう）。

分布表には、標準正規分布について、与えられた値 c に対して

$$\Pr(Z \leq c) = p$$

となる確率 p の値が載っています。ただし、通常は小数点以下 3 桁か 4 桁までしか載っていません。大抵の場合、p の値は小数点以下何桁も続きますので、この場合は分布表の値は実際の p の値の近似値になります。

通常、$c > 0$ の値に対してのみ、p の値が載っています。これは標準正規分布が 0 で対称であるため、$c > 0$ に対して値がわかれば全ての c の値に対して p が

わかるためです。またこれとは逆に、所与の p に対しての c の値を見つけることもできます。

　次章で説明する仮説検定と呼ばれる分析手法などでは、Z を標準正規分布に従う確率変数としたときに、ある値 p^* に対して

$$\Pr(|Z| \le c^*) = p^*$$

となるような c^* の値が必要になることがよくあります（Z の絶対値についての確率であることに注意してください）。標準正規分布は 0 で対称な分布であるため、この c^* は $\Pr(Z \le c^*) = 0.5 + p^*/2$ を満たすことがわかりますが、この関係と分布表より、c^* の値を求めることができます。p^* としてよく用いられる値は $p^* = 0.90, 0.95, 0.99$ であり、それらに対する c^* の値はそれぞれ、$c^* = 1.64, 1.96, 2.58$ です。

4.5

多変数の確率分布

2変数の確率分布

ここまでは 1 変数の確率変数について見てきましたが、実際の分析において
は 2 変数以上の確率変数間の関係を分析することがたくさんあります。2 変量
以上の確率変数を、**多変量確率変数**と言います。以下では、主に 2 変数の確率
変数について基本的な性質を見ていきます。

まずは、離散型確率変数の場合を考えていきましょう。第 2 章で 2 変数の
データの分析手法として相関係数を用いることを説明しましたが、それに対応
するものとして、2 つの確率変数の間に**相関係数**を定義することができます。
先ほどの期待値、分散の場合と全く同様に、（標本の）相関係数が 2 つのデータ
の間の線形関係の強さを測る指標だったのに対して、確率変数間の相関係数も 2
つの確率変数の間の**線形関係の強さを測る指標**です。これを見ていきましょう。

2 変数の確率変数の確率分布のことを、**結合分布**（または同時分布）と呼び
ます。結合分布は**結合確率**によって定義されます。2 つの確率変数 X と Y がそ
れぞれ、$x_i, i=1, \ldots, m$ と $y_i, i=1, \ldots, n$ という値を取る場合に、$X=x_j, Y=y_k$ と
なる結合確率とは、

$$\Pr(X=x_j \text{ かつ } Y=y_k)$$

という確率のことです（以降は、単に $\Pr(X=x_j, Y=y_k)$ とします）。この場合、
X と Y の値の組み合わせは $m \times n$ 個あるので、この確率は $m \times n$ 個定義され
ます。

この結合確率に対して、前章で見たような1変数の確率は、特に**周辺確率**と言って区別します（また、その分布も**周辺分布**と呼び区別します）。結合確率と周辺確率の間には、

$$\Pr(X = x_j) = \sum_{k=1}^{n} \Pr(X = x_j, Y = y_k)$$

という関係があります。これは、例えば $m = 2, n = 2$ の場合を考えると、$X = x_1$ となるのは $X = x_1, Y = y_1$ の場合と、$X = x_1, Y = y_2$ の2つの場合が考えられるので（どちらの場合も、$X = x_1$ であることに注意してください）、$X = x_1$ となる確率はこのどちらかが起こる確率、つまり

$$\Pr(X = x_1) = \Pr(X = x_1, Y = y_1 \text{ または } X = x_1, Y = y_2)$$
$$= \Pr(X = x_1, Y = y_1) + \Pr(X = x_1, Y = y_2)$$

となることがわかります（最後の等式は、$X = x_1, Y = y_1$ という事象と $X = x_1, Y = y_2$ という事象が背反であることから導けます）。これを、一般の m, n の場合に拡張するのは簡単でしょう。

結合確率に対しても、それぞれの取りうる値に対してその確率を返す関数を定義すると便利です。そのような関数は、**結合確率関数**と呼ばれます。すなわち、2つの確率変数の結合確率関数 $p_{XY}(,)$ は

$$p_{XY}(x_j, y_k) = \Pr(X = x_j, Y = y_k), \ j = 1, \dots, m, k = 1, \dots, n$$

と定義されます。

また、第3章では事象の独立性について定義しましたが、2つの確率変数が独立であるとは、全ての取りうる値について条件付き確率は無条件確率に等しい、すなわち

$$\Pr(X = x_j \mid Y = y_k) = \Pr(X = x_j), \ j = 1, \dots, m, k = 1, \dots, n$$

が成り立つことです。このとき、条件付き確率関数は

図 4.5.1　周辺確率関数と結合確率関数

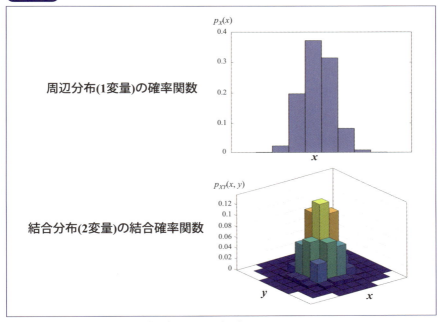

1変量の分布は周辺分布、2変量(以上)の分布は結合分布になります。

$$p_{X|Y}(x_j \mid y_k) = \Pr(X = x_j \mid Y = y_k)$$

と定義されます。

離散型確率変数の間の相関係数

　結合確率を定義すると、いよいよ確率変数の間の相関係数を定義することができます。表記の簡単化のため、確率変数 X と Y の取り得る値はそれぞれ、x_i, $i = 1, \ldots, n$, $y_j = 1, \ldots, m$ とし、X と Y の期待値をそれぞれ、$\mu_X\ (= E(X))$ および $\mu_Y (= E(Y))$ としましょう。このとき、離散型確率変数の間の相関係数は次のように定義されます。

$$\rho_{XY} = \frac{\mathrm{cov}(X,Y)}{\sqrt{\mathrm{var}(X)}\sqrt{\mathrm{var}(Y)}}$$

またここで、

$$\mathrm{cov}(X,Y) = E[(X - \mu_X)(Y - \mu_Y)]$$
$$= \sum_{i=1}^{n}\sum_{j=1}^{m}(x_i - \mu_X)(y_j - \mu_Y)p_{XY}(x_i, y_j)$$

とします。ρ_{XY} の分母は、X と Y の標準偏差を掛け合わせたものになっています。ρ_{XY} の分子の $\mathrm{cov}(X,Y)$ は、（確率変数間の）**共分散**と呼ばれる指標です。確率分布において、標本データの共分散に対応するものと解釈できます。

　確率変数の間の相関係数も、標本の相関係数の解釈と同様、確率変数間の線形の関係の強さを測るもので、$-1 \le \rho_{XY} \le 1$ であり、絶対値が 1 に近いほど相関関係が強いことを示唆します。さらに、$\rho_{XY} = 1$ の場合は 2 つの確率変数間に完全な正の相関（つまり、$X = a + bY$, $b > 0$ という関係）があることを意味し、また $\rho_{XY} = -1$ の場合は 2 つの確率変数間に完全な負の相関（つまり、$X = a + bY$, $b < 0$ という関係）があることを意味します。また、$\rho_{XY} = 0$ の場合は、その 2 つの確率変数は無相関であると言います。

　相関係数は、あくまで変数間の線形の関係の強さを測る指標だということに注意しましょう。これは、2 つの確率変数が独立であれば、それらの確率変数は無相関（$\rho_{XY} = 0$）ですが、無相関だからといって独立とは限らないことを意味します。また、相関係数はノンパラメトリックな指標です。分布の期待値、分散、および共分散が存在すれば、周辺分布や結合確率分布が何であれ定義でき（この意味でノンパラメトリックです）、線形関係の強さを測る指標として解釈できます。異なる 2 つの確率変数の組に対して、それぞれの組について相関係数の値が同じ値であれば、その 2 つの確率変数の組について線形関係の強さは同じであるということです。

ただし、2つの確率変数の周辺分布が異なる場合には、それらの周辺分布によっては、相関係数の絶対値の取り得る値の上限は1にはならず、通常は1より小さくなります。[1]

2変数の連続型確率変数

次に、2つの連続型確率変数 X と Y を考えましょう。

1変量の場合と同様に、2変数の場合は**結合密度関数** $f_{XY}(x, y)$ を使って、任意の区間に入る確率は

$$\Pr(a \leq X \leq b, c \leq Y \leq d) = \int_c^d \int_a^b f_{XY}(x, y) dx dy$$

と定義されます。1変量の場合と同様に、結合密度関数 $f_{XY}(x, y)$ が分布の特徴を決定します。

X と Y の取り得る値の範囲を、それぞれ (m, n) および (v, w) としましょう。このとき、X と Y の共分散、および相関係数は

$$\text{cov}(X, Y) = \int_m^n \int_v^w (x - \mu_X)(y - \mu_Y) f_{XY}(x, y) dx dy$$

$$\rho_{XY} = \frac{\text{cov}(X, Y)}{\sqrt{\text{var}(X)}\sqrt{\text{var}(Y)}}$$

と定義されます。これらも離散型の場合と同様の意味を持ちます。

2変数の連続型確率変数において、ある関数 $g(X, Y)$ の期待値 $E[g(X, Y)]$ は、その結合分布関数による積分、すなわち

---

[1] 相関係数の値の絶対値の上限が1になるためには、2つの確率変数の周辺分布は同じ位置尺度分布族に属している必要があります。

$$E[g(X,Y)] = \int_m^n \int_v^w g(x,y) f_{XY}(x,y) dx dy$$

と定義されますので、上記の共分散は

$$\mathrm{cov}(X, Y) = E[(X - \mu_X)(Y - \mu_Y)]$$

とも表せます。

　また、連続型確率変数についても離散型確率変数と同様に、その周辺密度関数と結合密度関数の間には

$$f_Y(y) = \int_m^n f_{XY}(x,y) dx, \ f_X(x) = \int_v^w f_{XY}(x,y) dy$$

という関係があります。さらに、連続型確率変数 X, Y について、$Y = y$ という値で条件付けした X の**条件付き密度関数**（これは、$Y = y$ で条件付けしたときの、X の分布の全ての特徴を表す関数です）を $f_{X|Y}(x|y)$ と表記することにすると、$f_{X|Y}(x|y), f_{XY}(x,y), f_Y(y)$ の間には

$$f_{X|Y}(x|y) = \frac{f_{XY}(x,y)}{f_Y(y)}$$

という関係があります。またこれは、

$$f_{XY}(x,y) = f_{X|Y}(x|y) f_Y(y)$$

とも書くことができます。

　最後に、連続型確率変数 X と Y が独立であるとは、X の Y で条件付けした密度関数と X の周辺密度関数が等しい、すなわち

$$f_{X|Y}(x|y) = f_X(x)$$

となることです。

図4.5.2 周辺密度関数と結合密度関数

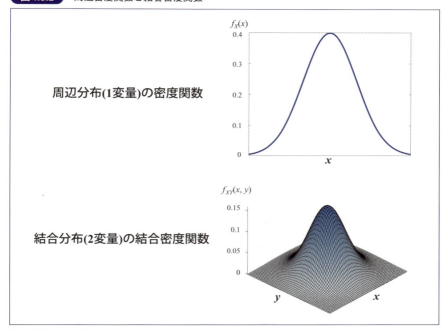

1変数の密度関数は周辺密度関数、2変数(以上)の密度関数は結合密度関数になります。

条件付き期待値と条件付き分散

　2つの確率変数 X と Y について、X の $Y=y$ という条件付き期待値と分散とは、要は確率変数 Y について $Y=y$ という値を取ることがわかっているときの X の期待値と分散ということです。条件となる確率変数の数が、任意の K である場合も同じです（それら K 個の確率変数の値がわかっているときの期待値と分散です）。条件付き期待値や条件付き分散は直観的には非常にわかりやすい概念ですが、以下では2変数の場合について正式な条件付き期待値と条件付き分散の定義を述べることにします。これらは、X が離散型確率変数の場合は条件付き確率関数、X が連続型確率変数の場合は条件付き密度関数を用いて定義されます。

　まず、離散型確率変数の場合は以下のように定義されます。

- **離散型確率変数 X の $Y = y$ という条件付き期待値**

$$E(X \mid Y = y) = \sum_{i=1}^{m} k_i p_{X|Y}(k_i \mid y)$$

- **離散型確率変数 X の $Y = y$ という条件付き分散**

$$\mathrm{var}(X \mid Y = y) = \sum_{i=1}^{m} [k_i - E(X \mid Y = y)]^2 p_{X|Y}(k_i \mid y)$$

　ここで、$k_i, i = 1, \ldots, m$ は $Y = y$ という条件付きで確率変数 X の取りうる値を表しており、$p_{X|Y}(.\mid.)$ は X の $Y = y$ という条件付きの確率関数です。m は X の取りうる値の個数を表しています。

　連続型確率変数の場合は、次のようになります。

- **連続型確率変数 X の $Y = y$ という条件付き期待値**

$$E(X \mid Y = y) = \int_{m}^{n} x f_{X|Y}(x \mid y) dx$$

- **連続型確率変数 X の $Y = y$ という条件付き分散**

$$\mathrm{var}(X \mid Y = y) = \int_{m}^{n} [x - E(X \mid Y = y)]^2 f_{X|Y}(x \mid y) dx$$

　ここでの (m, n) は、$Y = y$ という条件付きで X の取り得る範囲です。

━━ 確率変数の和の期待値と分散

　条件付き期待値、分散に対して、4.1 節および 4.3 節で出てきた、何も条件がない場合の確率関数、密度関数を用いて計算した期待値と分散を、それぞれ**無**

条件期待値および**無条件分散**と言います。条件付き期待値および条件付分散も、本章に出てきた無条件期待値と無条件分散に成り立つ性質を全て満たします。

　以下では、連続型確率変数と離散型確率変数の両方に成り立つ性質を考えます。2つ以上の確率変数の和の期待値を考えてみましょう。今、確率変数 X と Y の期待値をそれぞれ、$\mu_X = E(X), \mu_Y = E(Y)$ と表します。このとき、この2つの確率変数の和の期待値 $E(X + Y)$ について、以下の**期待値の線形性**と呼ばれる性質が成り立ちます。

　　（期待値の線形性）　$E(X + Y) = E(X) + E(Y)$

　これは結合確率（あるいは結合密度関数）の性質を用いて、期待値を直接計算することによって求めることができます。3つの確率変数の和である $X + Y + Z$ についても、$A = X + Y$ を1つの確率変数と見なせば

$$
\begin{aligned}
E(X + Y + Z) &= E(A + Z) = E(A) + E(Z) \\
&= E(X + Y) + E(Z) \\
&= E(X) + E(Y) + E(Z)
\end{aligned}
$$

というように、2つでなり立てば3つの確率変数の和でも同様のことが成り立つことが導けます。これを繰り返せば、任意の数の確率変数の和について、

$$
E(X + Y + Z + \ldots + U) = E(X) + E(Y) + E(Z) + \ldots + E(U)
$$

という線形性が成り立つことがわかります。

　最後に、分散の性質として以下の性質を覚えておいてください。2つの確率変数 X と Y が**無相関**であるとき、

$$
\mathrm{var}(X + Y) = \mathrm{var}(X) + \mathrm{var}(Y)
$$

が成り立ちます。よって、先ほどと同様の議論で、それぞれ互いに**無相関**な N 個の確率変数 $X_1, \ldots, X_N$ の和の分散について、

$$\text{var}(X_1 + X_2 + \ldots + X_N) = \text{var}(X_1) + \text{var}(X_2) + \ldots + \text{var}(X_N)$$

が成り立ちます。期待値の線形性には特に確率変数間の関係性についての条件はありませんでしたが、分散の場合は、無相関というより強い条件が必要なことに注意してください（無相関でない場合は違う式になります。詳しくは 4.6 節の補論を参照してください）。

　ではここで、この期待値の線形性という性質と、無相関な確率変数の和の分散の公式を用いて、4.2 節に出てきた二項分布の期待値と分散を求めてみましょう。まず期待値については、二項確率変数 Y と独立な n 個のベルヌーイ確率変数 $X_i, i = 1, \ldots, n$ との関係より、

$$\begin{aligned}
E(Y) &= E(X_1 + X_2 + \ldots + X_n) \\
&= E(X_1) + E(X_2) + \ldots + E(X_n) \\
&= p + p + \ldots + p \\
&= np
\end{aligned}$$

となります。ここでは、期待値の性質とベルヌーイ分布の期待値が成功確率 p となることを利用しています。また分散についても同様に（独立であれば無相関であることに注意して）、

$$\begin{aligned}
\text{var}(Y) &= \text{var}(X_1 + X_2 + \ldots + X_n) \\
&= \text{var}(X_1) + \text{var}(X_2) + \ldots + \text{var}(X_n) \\
&\quad (X_i, i = 1, \ldots, n \text{ は互いに独立なので}) \\
&= p(1-p) + p(1-p) + \ldots + p(1-p) \\
&= n\,p\,(1-p)
\end{aligned}$$

となります。ここでは、分散の性質とベルヌーイ分布の分散が $p(1-p)$ となることを利用しています。

4.6

補論

無相関でない確率変数の和の分散

ここでは無相関でない、すなわち相関がある確率変数の和の分散の公式を導出します。まずは、2つの場合を考えてみましょう。

この2つの確率変数を、X と Y とします。また、その和を $Z = X + Y$ とします。ここで求めたいのは、この Z の分散の値です。分散と共分散の定義より、

$$\mathrm{var}(Z) = \mathrm{cov}(Z, Z)$$

が成り立ちます。

ところで、A, B, C を任意の3つの確率変数とすると、共分散には

$$\mathrm{cov}(A, B + C) = \mathrm{cov}(A, B) + \mathrm{cov}(A, C)$$

という性質があります。また、$\mathrm{cov}(A, B) = \mathrm{cov}(B, A)$ ですから（これらの性質は共分散の定義より導出でき、離散型でも連続型でも成り立ちます）、

$$\begin{aligned}
\mathrm{cov}(B + C, A) &= \mathrm{cov}(A, B + C) \\
&= \mathrm{cov}(A, B) + \mathrm{cov}(A, C) \\
&= \mathrm{cov}(B, A) + \mathrm{cov}(A, C)
\end{aligned}$$

も成り立ちます。これらの性質を用いると、先ほどの共分散 $\mathrm{cov}(Z, Z)$ は

$$\begin{aligned}
\mathrm{cov}(Z, Z) &= \mathrm{cov}(X + Y, X + Y) \\
&= \mathrm{cov}(X + Y, X) + \mathrm{cov}(X + Y, Y) \\
&= \mathrm{cov}(X, X) + \mathrm{cov}(Y, X) + \mathrm{cov}(X, Y) + \mathrm{cov}(Y, Y) \\
&= \mathrm{var}(X) + 2\,\mathrm{cov}(X, Y) + \mathrm{var}(Y)
\end{aligned}$$

第4章　時系列分析への準備③

125

すなわち、

$$\mathrm{var}(Z) = \mathrm{var}(X) + 2\mathrm{cov}(X, Y) + \mathrm{var}(Y)$$

という 2 つの確率変数の和の分散の公式が導出できます。同様の議論を任意の N 個の確率変数 $X_1, X_2, \ldots, X_N$ の和の分散に対して適用すると、この和の分散に対して

$$\mathrm{var}(X_1 + X_2 + \ldots + X_N) = \sum_{i=1}^{N} \mathrm{var}(X_i) + 2\sum_{i=1}^{N}\sum_{j=i+1}^{N} \mathrm{cov}(X_i, X_j)$$

という確率変数の和の分散の公式が導かれます。共分散が全て 0 の場合、すなわち、$i \neq j$ である全ての i と j に対して $\mathrm{cov}(X_i, X_j) = 0$ である場合は、第 2 項が 0 となりますから、

$$\mathrm{var}(X_1 + X_2 + \ldots + X_N) = \sum_{i=1}^{N} \mathrm{var}(X_i)$$

となり、これは 4.5 節で出てきた無相関な確率変数の和の公式と同じになります。

　また、確率変数の和の分散の公式を用いると、確率変数の**差の分散の公式**も求めることができます。確率変数の差を $X - Y$ とすると、これは $X + (-Y)$ と和の形に書き直せるので、この式に先ほどの和の分散の公式を適用すると、

$$\begin{aligned}\mathrm{var}(X - Y) &= \mathrm{var}[X + (-Y)]\\&= \mathrm{var}(X) + 2\mathrm{cov}(X, -Y) + \mathrm{var}(-Y)\end{aligned}$$

となりますが、ここで $\mathrm{cov}(X, -Y) = -\mathrm{cov}(X, Y)$ および $\mathrm{var}(-Y) = \mathrm{var}(Y)$ であるので、結局は

$$\mathrm{var}(X - Y) = \mathrm{var}(X) - 2\mathrm{cov}(X, Y) + \mathrm{var}(Y)$$

となります。和の公式と似ていますが、共分散の前の符号がマイナスであることに注意してください。

4.6 補論

■■■■■■■■■■■■■■■■■■■■■■■■■■ **第4章のまとめ** ■■■■■■■■■■■■■■■■■■■■■■■■■■

・確率変数とは確率的に起こる事象に対応する数値であり、連続型確率変数と
　離散型確率変数の2種類（およびそれらを合わせたもの）に分類できる。

・離散型確率変数において、確率変数の取りうる値に、その確率を対応させる
　関数を確率関数と言う。確率関数は、取りうる値の全てについて和を取ると
　必ず1になる。

・連続型確率変数において、密度関数とは、密度関数の区間 [a, b] の積分が、
　その確率変数がその区間の間のどれかの値を取る確率を定める関数である。
　密度関数をその確率変数が取りうる領域で積分すると、必ず1になる。

・データに対する「平均」「分散」に対応するものとして、確率分布には「期待
　値」と「分散」がある。期待値や分散は、いろいろな重要な性質を持つ。

・離散型確率変数の代表的な分布として、ベルヌーイ分布、二項分布、ポアソ
　ン分布があり、また連続型確率変数の代表的な分布として正規分布がある。

・多変数の確率分布は1変量の確率分布と考え方は同じだが、確率を考える際
　は結合確率関数と結合密度関数がもとになる。

■■■

第5章

時系列分析への準備 ④

推測統計について

　推測統計ではデータ生成メカニズムとして、確率分布や確率的モデルを想定します。推測統計では、これらデータ生成メカニズムの特徴を表す「パラメーター」と呼ばれる値をデータから推定することを主な目的としています。例えば、期待値などは確率分布の重要な特徴の1つですが、期待値の推定には標本平均が非常に適していることが知られており、よく用いられます。また推測統計の推定以外の重要な目的として、仮説の検定があります。仮説検定は少し複雑に見えるかもしれませんが、ここでしっかりと理解しておきましょう。

5.1

推測統計

推測統計の目的

推測統計では基本的に、与えられたデータをある確率分布（あるいは、ある確率的モデル）から観測されたデータと考えます。もう少し詳しく言うと、$X_1, \dots, X_N$ という N 個の確率変数が同じ確率分布に従っていると考え、X_1 が実際に取った値を x_1、また X_2 が実際に取った値を x_2 とするなどして、N 個のデータ $\{x_i\}_{i=1}^{N}$ が観測されたと考えます（確率変数 X_i が実際に取った値のことを、確率変数 X_i の**実現値**と言います）。

推測統計では、このデータを生成しているメカニズム、すなわち確率分布がどのような特徴を持っているかに興味があります。確率分布の特徴とは、例えばこの確率分布の期待値や分散のことです。ある確率分布からデータが生成されていると考える場合、その確率分布を**母分布**と呼びます。推測統計では、与えられたデータ $\{x_i\}_{i=1}^{N}$ から母分布の特徴を推測することが主な目的となります。

推定量と推定値の違い

推測統計では、データからその興味のある値を推測するための関数を作ります。これは標本の関数ですから統計量です。推測統計では、母分布のある値を推定するために作られた、このような統計量を**推定量**と言います。推定量は統計量、すなわち標本の関数ですから、推定量も確率的に変動します。これはどういうことかというと、確率変数 $X_1, \dots, X_N$ に対して、その標本平均は

$$\bar{X} = N^{-1} \sum_{i=1}^{N} X_i$$

130

と定義されますが、この X_i の１つ１つは確率変数であるため、その関数である $\bar{X}$ も確率変数になるということです。データとは、この確率変数 X_i が実際に何らかの値を取ったものです。例えば、$X_i = x_i$ という値（x_i は実際の何らかの数値を表します）を取ったときに、この標本平均 $\bar{X}$ という確率変数は実現値として、$\bar{x} = N^{-1}\sum_{i=1}^{N} x_i$ というある"値"を取ることになります。これが**推定値**です。これは、（確率変数ではなく）実現値 $x_1, ..., x_N$ の関数になっています。

　推定量か推定値かは、議論の中であまり厳密に区別しないことが多く、同じ記号や表記が用いられるのが慣例となっています（以下では、データの表記として X_i や x_i を特に区別なく用いますが、これらは文脈によって確率変数を表していたり、実現値を表していたりします）。それぞれの議論が推定量についてのものなのか、推定値についてのものなのかは、基本的に文脈から判断することが多いです。本書でも必要性があまりない場合には、これらについて厳密に区別することはしません。

　また、本書では「データ」という言葉と「標本」という言葉をあまり区別して使用していませんが、より正確には標本とは確率変数が並んだものを意味し（つまり、標本は確率変数です）、その実現値がデータということになります。標本が確率変数であるから、その関数である標本平均も確率変数であり、ある確率分布に従っている、ということです。

図 5.1.1　推定量と推定値の違いのイメージ

推定量と推定値は同じ記号で表されることが多く、その場合どちらなのかは文脈で判断することになります。

期待値の推定

母分布の特徴として、ここでは期待値を考えましょう。では、推測統計では
この値をどのように推測するのでしょうか？ 推測統計では、母分布の特徴を表
す値を推測するのに推定量を用います。では、期待値の推定量としてどのよう
なものが考えられるでしょうか？

実は、ここで記述統計でも出てきた標本平均が再び出てきます。標本平均は、
推測統計においては母分布の期待値を推測するために1番よく用いられる推
定量なのです。同じ統計量である標本平均を、記述統計ではデータの中心を記
述するための統計量として用い、推測統計ではデータを生成する確率分布の期
待値を推定するための推定量として用いているということです。

このように、記述統計と推測統計では同じ統計量を、異なった目的（ただし、
ある意味ではほぼ同じ目的）で用いるということが頻繁に起こります。しかし
ながら、後述するように、分散については記述統計では**全標本分散**を、推測統
計では和を $N-1$ で割る**標本分散**が用いられます。この違いは、この2つの統
計が目的としていることが若干違うということに起因しています。それぞれの
目的のために1番良い統計量が（若干ですが）違うということです。次節では、
これらについて詳しく説明します。

5.2

推定量の性質

分散の推定

推測統計において、与えられたデータからそのデータを生み出した背後にある確率分布の分散を推定する際に、最もよく用いられるのが標本分散です。これは、和を N で割る全標本分散 v_x^2 ではなく、$N-1$ で割った分散で s_x^2 と表記されました（第2章参照）。推測統計の観点から見た場合に、この標本分散 s_x^2 と全標本分散 v_x^2 の違いは何でしょうか？

これらの間には、前者は後述する不偏性を満たし、後者は満たさないという違いがあります。以下ではまず不遍性とは何かについて説明し、標本分散は不偏性を満たすが、全標本分散は不偏性を満たさないことを見てみます。

不偏性 - 偏りなく推定する

推測統計の目的は、母分布に関連したある値を推定することですが、推定にも良い推定とそれほど良くない推定があります。そして推定の良さを測る指標の1つが、**不偏性**という性質です。

不偏性とは、一言で言うと推定量の期待値が、その推定量が推定しようとしている本当の値に等しいということです。例えば、母分布の期待値を推定したいとして、確率変数 X_i, $i=1, \ldots, N$ は同じ確率分布を持ち、その期待値の値は $\mu_x = E(X_i)$ であるとしましょう。このとき、この μ_x の推定量として標本平均

$$\bar{X} = N^{-1} \sum_{i=1}^{N} X_i$$

を考えると、期待値の線形性より（やや丁寧に計算すると）

$$E(\bar{X}) = E\left(N^{-1}\sum_{i=1}^{N} X_i\right)$$

$$= N^{-1}\sum_{i=1}^{N} E(X_i)$$

$$= N^{-1}\sum_{i=1}^{N} \mu_X$$

$$= N^{-1} N \mu_X$$

$$= \mu_X$$

となります。これより、$\bar{X}$ は $E(\bar{X}) = \mu_X$ という性質を満たすことがわかります。つまり、標本平均は不偏性を満たすのです。

　一般には、ある推定量 T_N に対して（通常、推定量は標本の大きさ N に依存するため、下付き文字として N を付けるのが慣例です）、T_N が推定しようとしている値を θ とすると、$E(T_N) = \theta$ であるとき、推定量 T_N は不偏性を満たすと言います。

━━ 標本分散の不偏性

　確率変数 X の母分散 $\text{var}(X)$ を、標本分散 s_x^2 で推定することを考えましょう。実は、標本分散 s_x^2 は不偏性を満たします。すなわち、$E(s_x^2) = \text{var}(X)$ が成り立ちます。

　他方、全標本分散 v_x^2 は定義より

$$v_x^2 = [(N-1)/N] \times s_x^2$$

と表現することができるので、

$$E(v_x^2) = [(N-1)/N]E(s_x^2) = [(N-1)/N]\,\text{var}(X)$$

となります。これは、v_x^2 の期待値は推定したい値である $\text{var}(X)$ の値に $(N-1)/N \neq 1$ の値を掛けたものになっていることを意味しており、よって v_x^2 は不偏性を満たさないことがわかります。さらに、$(N-1)/N < 1$ ですから、もし全標本分散によって母分散を推定すると、平均的には実際の分散の値よりも小さく推定

する傾向がある（これを**過少推定**と言います）ことがわかります。ただし、N が十分に大きい場合には $(N-1)/N$ の値はほとんど 1 になるので、その場合はどちらを用いてもほどんど変わりません。

なお、ここでは標本分散の不偏性について説明しましたが、不偏性が満たされるのはあくまで標本分散であり、標本標準偏差（標本分散の正の平方根）は母標準偏差の不偏推定量ではないことに注意してください。

推定量の最も重要な性質 - 一致性

推定量の性質を考えるときに、おそらく最も重要な、一致性と呼ばれる性質について述べておきます。一致性とは、標本の大きさ N が際限なく大きくなったときに、推定量がその推定したい値と異なる確率がどんどん小さくなるという性質です（厳密には数学的に定義されます）。この性質は、どのようなときに満たされるのでしょうか？

今、標本 $\{X_1, X_2, \dots, X_N\}$ において、$X_i, i = 1, \dots N$ は i.i.d. 確率変数であるとし、その分散は $\mathrm{var}(X_i) = \sigma_X^2$ であるとしましょう。このとき、標本平均の分散を計算すると、

$$
\begin{aligned}
\mathrm{var}(\bar{X}) = \mathrm{var}\left(N^{-1}\sum_{i=1}^{N} X_i\right) &= N^{-2}\,\mathrm{var}\left(\sum_{i=1}^{N} X_i\right) \\
&= N^{-2}\sum_{i=1}^{N}\mathrm{var}(X_i) \\
&= N^{-2}N\sigma_X^2 \\
&= N^{-1}\sigma_X^2
\end{aligned}
$$

となります。つまり、標本平均の分散は、もとの X_i の分散 σ_X^2 を N で割ったものになっています。よって、もし N が十分に大きければ、$\mathrm{var}(\bar{X})$ は非常に小さい値になります。さらに N が際限なくどんどん大きくなっていけば、$\mathrm{var}(\bar{X})$ はどんどん小さくなって 0 に近づいていきます。

分散がほぼ 0 ということは、直観的には期待値に非常に近い値しか取らないということです（不偏性がある場合には、期待値は推定したい値と等しいこと

に注意してください）。このように、推定量が不偏性を持つ場合、標本の大きさNが際限なく大きくなり、推定量の分散が限りなく0に近づいていくときには、上記の一致性という性質が満たされます（分散が小さくなるというのは一致性の定義ではなく、一致性が満たされるための1つの条件です）。なお、一致性の厳密な数学的な定義は、次章以降の内容の理解には必要ありませんが、5.4節の補論で述べておきますので、興味のある読者の方は確認してみてください。

一致性を満たす推定量のことを、**一致推定量**と言います。標本平均と標本分散は、母分布の期待値と分散の一致推定量になっています。

図5.2.1　一致推定量の分布

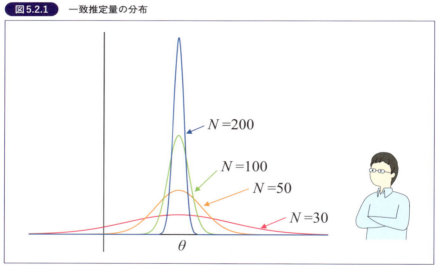

標本の大きさNが大きくなるにつれて、一致推定量はパラメーターの実際の値であるθの周りに集中して分布するようになります。言い換えると、θから離れた値を取る確率がどんどん小さくなるということです。

■ 標本平均の分散の推定

先ほど見たように、標本平均の分散は$\mathrm{var}(\bar{X}) = \sigma_X^2/N$で与えられます。この分散の値は母分散$\sigma_X^2$を含んでいるため、直接は観測できず、正確な値はわかりません。標本平均の分散を推定する際には、この母分散を適切な推定量$\hat{\sigma}_X^2$に

置き換えて推定します。例えば、$\hat{\sigma}_X^2$ として標本分散を用いると、標本平均の分散の推定量は

$$\mathrm{var}(\bar{X}) = \frac{\hat{\sigma}_X^2}{N}, \quad \hat{\sigma}_X^2 = \frac{1}{N-1}\sum_{i=1}^{N}(X_i - \bar{X})^2$$

となります。標本平均の標準偏差の推定量は、この正の平方根をとったもの、すなわち

$$\mathrm{std}(\bar{X}) = \sqrt{\frac{\hat{\sigma}_X^2}{N}}$$

になります（ここで、$\mathrm{std}(X)$ は確率変数 X の標準偏差を表すとします）。

━━━ 確率分布の相関係数の推定

標本平均、標本分散のときと同様に、確率分布の相関係数も標本の相関係数によって推定することができます。確率変数 X と Y について、その母相関係数とは

$$r_{xy} = \frac{\mathrm{cov}(X,Y)}{\sqrt{\mathrm{var}(X)}\sqrt{\mathrm{var}(Y)}}$$

のことです。例えば、X と Y について、$\{(X_i, Y_i)\}_{i=1}^{N}$ という N 個の組のデータが与えられたとすると、相関係数の推定量は母相関係数において、そこに含まれる母分布の値を全て標本の値に置き換えて、

$$\hat{r}_{XY} = \frac{s_{XY}}{\sqrt{s_X^2}\sqrt{s_Y^2}}, \quad s_{XY} = \frac{1}{N-1}\sum_{i=1}^{N}(X_i - \bar{X})(Y_i - \bar{Y})$$

となります。ここで、s_X^2 と s_Y^2 はそれぞれ X_i と Y_i の標本分散です。標本平均や標本分散のときと同様に、標本相関係数も一致性を満たす推定量になっています。

5.3

統計的検定について

仮説の検定

　推測統計において、推定と並んで重要な手法の1つに**仮説検定**と呼ばれる手法があります（単に検定と呼ぶこともあります）。母分布の未知のパラメーターを推定するという、直観的にわかりやすい推定の目的に対して、仮説検定はある**仮説を検定する**ことを目的とします。

　もう少し詳しく言うと、ある（事実かどうかを直接は観測できない）仮説について、（観測された事実をもとに）統計学的にあり得るものとして受け入れる（採択する）か、統計学的にあり得ないものとして受け入れない（棄却する）かを決定します。ここで言う「統計学的に」とは、確率的に起こりうるかどうかを考えるということです。仮説検定はおおまかに言うと、以下の3つのステップから成ります。

① 検定したい仮説を立てる。
② 仮に仮説が正しいとした場合に、実際のデータとして観察されたことが
　起こりえるか（起こりえる確率がどの程度か）を考える。
③ 起こりえない（起こる確率が非常に低い）ときには仮説を棄却し、起こ
　りえる（起こる確率がそこまで低くない）ときには仮説を採択する。

　検定したい仮説のことを**帰無仮説**、帰無仮説が成り立たないときに代わりに成り立つと考える仮説を**対立仮説**と言います。

　仮説検定の考え方は一見すると少し複雑に見えるのですが、わかってみると非常に自然な考え方で、私たちが日常生活の中で行っている物事の判断の仕方とほとんど同じであることがわかります。例えば、帰無仮説として「Aさんは

Bさんに好意を持っている」を考えてみましょう。ここで、「BさんがAさんをデートに5回誘い、5回とも断られた」というデータが観測されたとします。このとき、この仮説は正しいと考えられるでしょうか？

　もし仮説が正しいのであれば、5回も断られるとは考えにくい（その確率は非常に低い）ことから、読者の皆さんはこのデータからは帰無仮説は棄却されると考えるのではないでしょうか。これは仮説検定の考え方と同じです。すなわち、皆さんは日常生活の中でごく自然に仮説検定を行っているのです。

　仮説検定には、いくつか注意が必要な点があります。仮説検定においては、仮説が事実かどうかを直接は観測できません。よって、観測した事実をもとに仮説が事実かどうかを統計学的に判断するわけですが、それはあくまで統計学的に下された判断であって、その判断が実際に正しいとは限りません。

　仮説検定では、観測された事実について、帰無仮説が正しいならばそんなことが起こる確率が低い場合に帰無仮説を棄却しますが、起こる確率が低いからと言って、必ず起きないわけではありません。実際には帰無仮説が正しくて、さらにその低い確率でしか起こりえないことが起こっていることも当然ありえます。先ほどの例で言うと、実はAさんはBさんに好意があるが、たまたま重要な用事が重なってBさんからのデートの誘いを5回とも断ったということも（確率は低いですが）あり得ない話ではないということです。

　また、帰無仮説を採択する場合についても注意が必要です。採択と言いますが、これは帰無仮説が正しい確率が高いから採択するというよりは、帰無仮説を棄却するのに十分な証拠がないからとりあえず現時点では帰無仮説を棄却できない、と言った方がニュアンス的には近いでしょう。

　例えば、先ほどの例で観測したデータが「AさんはBさんからのデートを2回断った」であった場合、このデータからは「AさんがBさんに好意がある」という帰無仮説を棄却まではできなさそうです（2回くらいであれば、好意があっても偶然断ることも十分ありえるでしょう）。この場合、帰無仮説を採択することになります。

　仮説検定では、帰無仮説が棄却できないときには帰無仮説を採択するという

言い方が慣習ですが、採択という言い方は少し語弊があるかもしれません。採択するというよりは、「棄却できない」といった方がより適切でしょう。

図5.3.1 仮説検定の考え方

仮説検定の考え方は、日常生活の中で行っている物事の判断の仕方と同じです。

　このように、仮説検定における結論は（仮説検定に限らず、統計分析全般に言えることですが）、誤っている可能性が常にあるということには留意が必要です。帰無仮説が正しいときに、帰無仮説を間違って棄却することを**第1種の誤り**と言います。これに対して、帰無仮説が正しくないときに、誤って帰無仮説を採択してしまうことを**第2種の誤り**と言います。

　これらの誤りが起こる確率は共に小さい方が良いのですが、残念ながらこれらの誤りの間にはトレードオフの関係があり、これらを同時に小さくすることは難しい問題です。例えば、極端な例ですが、仮説検定において「常に帰無仮説を採択する」という検定方法があったとしましょう。この場合、常に採択するのですから、第1種の誤り、すなわち「帰無仮説が正しいときに間違って帰無仮説を棄却する」確率は0％になります。しかしながら、第2種の誤り、すなわち「帰無仮説が正しくないときに間違って帰無仮説を採択する」確率は高くなってしまいます。逆に、「常に帰無仮説を棄却する」という方法をとれば、

第 2 種の誤りが起こる確率は 0% になりますが、第 1 種の誤りが起こる確率が高くなってしまうでしょう。

図 5.3.2 第 1 種の誤りと第 2 種の誤り

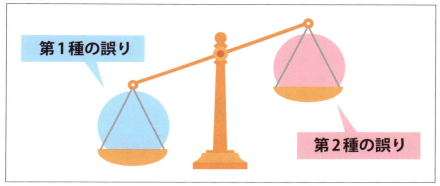

第 1 種の誤りと第 2 種の誤りは、共に小さければ小さいほど良いのですが、これらは片方を小さくしようとするともう片方が大きくなるような、トレードオフの関係にあります。

仮説検定においては、これらの誤りが起こる確率を**有意水準**という数値によってコントロールします。有意水準とは、第 1 種の誤りが起こる確率です。統計学においては通常、第 1 種の誤りが起こる確率を一定にし、その上で第 2 種の誤りをできるだけ小さくするという考えに基づいて検定方法を考えます。また、有意水準を固定したもとで、ある対立仮説が正しいときにその検定が正しく帰無仮説を棄却する確率を、その対立仮説に対する**検出力**と言います。

ある対立仮説に対する検出力と、(その対立仮説に対する)第 2 種の誤りの間には

$$\text{検出力} = 1 - \text{第 2 種の誤りの確率}$$

という関係があります。よって、第 2 種の誤りをできるだけ小さくするというのは、検出力をできるだけ大きくすると言い換えることができます。

有意水準は「分析者が分析の目的に応じて設定する数値」であるのに対して、検出力はそれぞれの検定方法に応じて決まるものなので、その値を分析者が設

定することはできません（ただし、複数の検定方法からなるべく検出力が高い検定方法を選択することはできるという意味では、多少は設定できるとも言えますが、好きな値に設定するということはできません）。

　有意水準の値は、特にどの数値でなくてはならないというものはありませんが、慣習的に 1%, 5%, 10% がよく用いられています。有意水準 $100\,\alpha\,\%$ $(0 < \alpha < 1)$ の検定で、帰無仮説を採択する場合、その帰無仮説は（有意水準 $100\,\alpha\,\%$ で）有意である、という言い方をします。

■■ 仮説検定の具体的な方法

　ここで、統計的仮説検定をどのように行うかについて具体的に説明しましょう。まずは、帰無仮説を立てる必要があります。

　例として、ここではある薬を患者 N 人に投薬した結果、それらの患者の腫瘍の大きさがどのように変化したかについての、変化幅のデータ $\{X_i\}_{i=1}^{N}$ があるとします。また、この変化幅はそれぞれ共通のある（未知の）確率分布に従い、また互いに独立であるとし、その期待値は μ、分散は σ^2 であるとします。ここで興味があるのは、この薬に腫瘍を小さくする効果があったかどうかです。ここでは、帰無仮説として $H_0 : \mu = 0$ を考えます。

　仮説検定では、帰無仮説を H_0 と表すことが一般的です（H は英語で仮説を表す単語 Hypothesis の H）。この帰無仮説は腫瘍の平均的な変化幅が 0 であることを意味し、この薬には平均的には効果がないことを意味しています（平均的に腫瘍を小さくさせる効果があるのであれば、μ は何らか負の値を取るでしょう）。さらに、ここでは話を簡単にするため、この薬は実は腫瘍を増大させ病気を悪化させる可能性もあるとします。この場合、対立仮説は $H_1 : \mu \neq 0$ になります（悪化の可能性が 0 の場合は、$H_1 : \mu < 0$ になります。後で、このケースについても考えます）。

　では、この帰無仮説をどのように検定すれば良いでしょうか？　仮説検定ではデータから何らかの統計量を計算し、その値をもとに仮説を棄却するか採択す

142

るかを決定します。このような統計量のことを、**検定統計量**と言います。検定
統計量はデータの関数なので確率変数になりますが、仮説検定では、この検定
統計量（確率変数）の値が、帰無仮説が正しいときには取りえない値（取る確
率が非常に小さい値）を取った場合に、帰無仮説を棄却するという手順で行い
ます。

　検定統計量は様々なものが考えられ、その問題の分析に適していると考えら
れるものが使われますが、この例では検定統計量として標本平均を、その標準
偏差の推定量（これを**標準誤差**と言います）で割った以下のような統計量を考
えましょう。

$$T_N = \frac{\bar{X}}{\sqrt{\hat{\sigma}_X^2 / N}},$$

　ここで、$\hat{\sigma}_X^2$ は σ^2 の何らかの推定量です（5.2 節で見たように、標本平均の分
散は σ^2/N であったことを思い出してください）。実はこのとき、帰無仮説が正
しい場合に、N が大きくなるにつれて、もとの X_i の分布が何であれ（ここが重
要です）、T_N の分布は標準正規分布に従う（より正確には、標準正規分布でよ
く近似できる）ことを示すことができます。ここではその詳細については述べ
ませんが、この結果は**中心極限定理**と呼ばれる確率論の有名な定理によって示
すことができます。[1] T_N が標準正規分布に従うのであれば、4.4 節で説明したよ
うに、T_N の絶対値が 1.96 以下になる確率は 95%、すなわち

$$\Pr(|T_N| \leq 1.96) = \Pr(-1.96 \leq T_N \leq 1.96) = 0.95$$

です。これは言い換えると、

$$\Pr(|T_N| > 1.96) = \Pr(T_N < -1.96 \text{ または } 1.96 \leq T_N) = 0.05$$

です。すなわち、帰無仮説が正しいときに、T_N の絶対値が 1.96 より大きくなる
確率は 5% であるということです。これは大体、20 回に 1 回ほどで起きること

---

1)　中心極限定理に興味がある方は、例えば、『統計学への確率論, その先へ』（清水泰隆、内田老鶴圃）などを参
　照するといいでしょう。

になります。これを「めったに起きない、ありえないほど小さい確率」と考えるのであれば、T_N が 1.96 より大きな値を取ったときに帰無仮説を棄却する、ということになります。このとき、実際には帰無仮説が正しい場合には 5% の確率で 1.96 より大きくなるので、この検定では 5% の確率で帰無仮説が正しいにもかかわらず棄却することになります。これが有意水準 5% の検定です。

　20 回に 1 回ほどで起きるのは、人によっては「結構頻繁に起きている」と考えるでしょう。その場合には、「めったに起きない、あり得ないほど小さい確率」というのを 100 回に 1 回くらい、すなわち有意水準を 1% とすれば良いでしょう。その場合は、4.4 節で見たように

$$\Pr(|T_N| \leq 2.58) = 0.99 \quad つまり \quad \Pr(|T_N| > 2.58) = 0.01$$

であるので、T_N の絶対値が 2.58 より大きい場合に帰無仮説を棄却するとなります。仮説検定では分析者が有意水準を設定する必要があり、よく用いられる有意水準は 1%, 5%, 10% です。ただし、これはあくまで慣例で、これらの値が適切であるという何らかの理論的な根拠があるわけではありません。帰無仮説を間違って棄却する確率をもっと小さくしたいのであれば、有意水準を 0.1% にすることも可能です。

　ある検定統計量 T_N を用いて、母分布のあるパラメーター θ（上記の例では $\theta = \mu$）に対して、有意水準 100α %（$0 < \alpha < 1$）で仮説検定を行うやり方をまとめると、次のようになります。

検定統計量 T_N を用いた仮説検定の手順

①帰無仮説と対立仮説を設定する（例えば、帰無仮説を $H_0 : \theta = 0$、対立仮説を $H_1 : \theta \neq 0$ とする）。

②帰無仮説の元での検定統計量 T_N の分布を導出し、T_N がその範囲（領域）の値を取る確率が α であるような範囲（領域）を設定する。

5.3 統計的検定について

③上記で設定した範囲（領域）に T_N の値が入る場合は帰無仮説を棄却し、T_N の値が入らない場合には帰無仮説を採択する。

　この手順の中で注意するべき点として、ステップ②において、この範囲（領域）の選び方は対立仮説（や帰無仮説の下での検定統計量の分布）に依存する点です。例えば、先ほどの例では T_N の絶対値が 1.96 や 2.58 より大きい範囲（このような範囲を、**棄却域**と言います）の値を取ったら棄却するとしましたが、このように範囲を設定したのは、対立仮説として $H_1 : \theta \neq 0$ としたからです（以降で、この点について詳しく説明します）。

■ 両側検定と片側検定

　先ほどの腫瘍の変化幅についての仮説検定の例では、T_N の棄却域を、ある定数 $c^* > 0$ に対して T_N の値が $|T_N| > c^*$ である場合、すなわち T_N の値が $T_N < -c^*$、または $c^* < T_N$ の場合、と設定しました（このような c^* の値を、**棄却点**または**臨界値**と言います）。これは 0 で対称な分布の両側を棄却域として設定しているということですが、なぜこのように設定するのでしょうか？ これは、もし帰無仮説が正しくない場合（この場合、帰無仮説を棄却したいわけですが）、T_N の値は N が大きくなるにつれて正もしくは負の方向に発散していくので、どちらの方向に発散しても必ず棄却できるように両側に設定する必要があるからです。

　もう少し詳しく説明すると、T_N の分子の標本平均は μ の値の一致推定量なので、もし対立仮説が正しく、μ が 0 でない定数ならば、その値に収束します。また、T_N の分母の標本平均の標準偏差（の推定量）は、標本平均は一致推定量なので、N が大きくなるとどんどん 0 に収束します。よって、対立仮説が正しい場合、N が大きくなるにつれて、T_N は μ の真の値が正であれば正の無限大に、負であれば負の無限大に発散するということになります。

　ただし、ここでは対立仮説の下で μ の真の値が正なのか負なのかはわからないとしているため、どちらに発散しても棄却できるように棄却域を両側に設定

第5章　時系列分析への準備④

145

する必要があるのです。このように、帰無仮説の下での検定統計量の分布の両側に、棄却域を設定して行う検定のことを**両側検定**と言います。

　しかしながら、実際の検定問題では対立仮説が正しい場合に、検定統計量がどちらに発散するのかを想定できる場合があります。例えば、先ほどの腫瘍の変化幅の例では、例え薬に効果がない場合でも、腫瘍を大きくさせる（病気を悪化させる）とは考えづらいですから、そのような可能性はないと考えても良さそうです。であれば、対立仮説が正しい場合、μ の値は何らかの負の値（腫瘍を小さくするので）ですから、この場合、T_N は対立仮説の下では負の方向に発散する（正の方向には発散しない）と考えられ、棄却域は正の側に取る必要はなく、負の側だけにとれば良いと考えられます。このように棄却域を片側だけに設定する検定を、**片側検定**と呼びます。

　片側検定の具体的な手順は、両側検定とほとんど同じです。片側検定では、先ほどの「検定統計量 T_N を用いた仮説検定の手順」において、ステップ①での対立仮説の設定、およびステップ②で棄却域の設定を片側検定の物にするだけです。例えば、先ほどの腫瘍の幅の例においては、薬に効果がない（$H_0 : \mu = 0$）という帰無仮説に対して、効果がない場合でも悪化させる可能性は 0 であると考えられるなら、対立仮説としては効果がある（$H_1 : \mu < 0$）と設定するということです。この場合、棄却域は負の側だけに設定すれば良いので、有意水準 100α ％ $(0 < \alpha < 1)$ に対して、

$$\Pr(T_N < d) = \alpha$$

となる d の値を見つければ良いということになります（この例における d の値は負になります）。

━━ 片側検定のメリット

　片側検定では、対立仮説が正しい場合のパラメーターの値について追加的な情報を用いて検定を行いました。では、このようにすることによって、どのよ

うなメリットがあるのでしょうか？

　有意水準はどちらの場合も好きな値に決定することができるので、第1種の誤りの確率は変わりません。それでは、（有意水準を等しくした下での）第2種の誤りの確率はどうなるでしょうか？　実は、もし実際に対立仮説の下でのパラメーターの値についての想定が正しいのであれば、両側検定ではなく片側検定をやることによって、第2種の誤りの確率を小さくすることができます。言い換えれば、検出力を上げることができます。以下では、このことについて説明していきます。

　検定統計量 T_N は帰無仮説のもとで標準正規分布に従う、すなわち、$T_N \sim N(0, 1)$ であるとしましょう。また、ある対立仮説の下では、$T_N \sim N(b, 1)$ であるとします。通常、b の値は標本の大きさ N が大きくなっていくにつれて正、もしくは負の方向に発散していきます。どちらの方向に発散していくかわからない場合には両側検定を行う必要があり、この場合、有意水準5％で検定を行うのであれば、$|T_N| > 1.96$、すなわち $T_N < -1.96$、もしくは $1.96 < T_N$ のときに帰無仮説を棄却するということになります。このように棄却域を設定したときの、この対立仮説に対する T_N の検出力は、対立仮説が正しいときの T_N の分布（ここでは $N(b, 1)$）の下での $|T_N| > 1.96$ となる確率で与えられ、

$$
\begin{aligned}
\text{両側検定の検出力} &= \Pr(|T_N| > 1.96) \\
&= \Pr(T_N < -1.96 \text{ もしくは } T_N > 1.96) \\
&= \Pr(T_N < -1.96) + \Pr(T_N > 1.96)
\end{aligned}
$$

となります。N が大きくなり、b が正の方向に発散していけば、第1項は0に収束していきますが、第2項はどんどん1に近づいていくので、最終的には帰無仮説を必ず棄却できるようになります。同様に、b が負の方向へ発散する場合は、第2項は0に収束していきますが、第1項は1に近づいていくので、この場合も最終的には必ず帰無仮説を棄却できるようになります。よって、対立仮説が正しいときに b がどちらの方向に発散しても、最終的には帰無仮説を棄却することができるのです。

さて、ここで追加的な情報として、対立仮説が正しければ b は正の方向へ発散していくことがわかっているとしましょう。この場合、T_N が負の値を取る確率はどんどん小さくなりますから、負の側に棄却域を設ける必要はありません。よって、正の側だけに棄却域を設けるとすると、有意水準 100α % に対して、

$$\Pr(T_N > d) = \alpha$$

となる d の値が、棄却域を決定する値となります。先ほどと同じく 5% 有意水準で考えると、帰無仮説の下では $T_N \sim N(0, 1)$ ですから、この d の値は正規分布の分布表より、$d = 1.64$ となることがわかります。すなわち、帰無仮説は $T_N > 1.64$ であれば棄却されます。このとき、先ほどと同様に対立仮説 $T_N \sim N(b, 1)$ に対する検出力を計算すると、その値は

$$片側検定の検出力 = \Pr(T_N > 1.64) \quad （ただし T_N \sim N(b, 1)）$$

となります。両側検定と片側検定の検出力を比べてみると、対立仮説のもとで b が正の方向に発散するという想定が正しい場合には、b が十分大きいときには両側検定の第 1 項、$\Pr(T_N < -1.96)$ の値はほぼ 0 であると考えられるので、両側検定の検出力はほぼ第 2 項の値に等しい、すなわち

$$両側検定の検出力 \approx \Pr(T_N > 1.96) \quad （ただし T_N \sim N(b, 1)）$$

となります。これと、先ほどの片側検定の検出力を比較すると、$\Pr(T_N > 1.64) > \Pr(T_N > 1.96)$ なので、片側検定の方の検出力が高いことがわかります。

5.4

補論

標本分散の不偏性の証明

ここでは標本分散の不偏性を証明します。i.i.d. 標本 $\{X_1, \ldots, X_N\}$ について、$E(X_i) = \mu_X$, $\mathrm{var}(X_i) = \sigma_X^2$ であるとします。このとき、標本分散を

$$s_X^2 = \frac{1}{N-1}\sum_{i=1}^{N}(X_i - \bar{X})^2, \quad \bar{X} = \frac{1}{N}\sum_{i=1}^{N}X_i$$

と定義します。標本分散が不偏性を満たすとは、$E(s_X^2) = \sigma_X^2$ が成り立つことです。

まず、標本分散の定義に出てくる和において、$\bar{X}$ を μ_X に置き換えた $\sum_{i=1}^{N}(X_i - \mu_X)^2$ を考えます。これを、

$$\sum_{i=1}^{N}(X_i - \mu_X)^2 = \sum_{i=1}^{N}(X_i - \bar{X} + \bar{X} - \mu_X)^2$$
$$= \sum_{i=1}^{N}(X_i - \bar{X})^2 + 2\sum_{i=1}^{N}(X_i - \bar{X})(\bar{X} - \mu_X) + \sum_{i=1}^{N}(\bar{X} - \mu_X)^2$$

と書き直します。ここで、

$$\sum_{i=1}^{N}(X_i - \bar{X}) = \sum_{i=1}^{N}X_i - \sum_{i=1}^{N}\bar{X}$$
$$= N\frac{1}{N}\sum_{i=1}^{N}X_i - N\bar{X}$$
$$= N\bar{X} - N\bar{X}$$
$$= 0$$

であることに注意すると、先ほどの式の右辺の第 2 項は、

$$2\sum_{i=1}^{N}(X_i - \bar{X})(\bar{X} - \mu_X) = 2(\bar{X} - \mu_X)\sum_{i=1}^{N}(X_i - \bar{X})$$
$$= 0$$

となります（最初の等式は、$\bar{X} - \mu_X$ が i に依存しないことより得られます）。また先ほどの式の第 3 項は、$\sum_{i=1}^{N}(\bar{X} - \mu_X)^2 = N(\bar{X} - \mu_X)^2$ と書き直せます。よって、$\sum_{i=1}^{N}(X_i - \mu_X)^2$ は

$$\sum_{i=1}^{N}(X_i - \mu_X)^2 = \sum_{i=1}^{N}(X_i - \bar{X})^2 + N(\bar{X} - \mu_X)^2$$

となります。これにより、

$$\sum_{i=1}^{N}(X_i - \bar{X})^2 = \sum_{i=1}^{N}(X_i - \mu_X)^2 - N(\bar{X} - \mu_X)^2$$

が得られます。この両辺の期待値を取って、

$$E\left[\sum_{i=1}^{N}(X_i - \bar{X})^2\right] = E\left[\sum_{i=1}^{N}(X_i - \mu_X)^2\right] - NE\left[(\bar{X} - \mu_X)^2\right]$$
$$= \sum_{i=1}^{N}E\left[(X_i - \mu_X)^2\right] - NE\left[(\bar{X} - \mu_X)^2\right]$$

を得ます。$E[(X_i - \mu_X)^2] = \text{var}(X_i) = \sigma_X^2$, $E[(\bar{X} - \mu_X)^2] = \text{var}(\bar{X}) = \sigma_X^2/N$ であるので、

$$E\left[\sum_{i=1}^{N}(X_i - \bar{X})^2\right] = N\sigma_X^2 - N\frac{\sigma_X^2}{N} = (N-1)\sigma_X^2$$

となります。両辺を $N-1$ で割ると

$$E\left[\frac{1}{N-1}\sum_{i=1}^{N}(X_i - \bar{X})^2\right] = \sigma_X^2$$

となり、これは標本分散が不偏性を満たしていることを示しています。

5.4 補論

■■■ 一致性の数学的定義

ここでは、一致性の数学的定義を述べておきます。ある推定量 M_N は、大きさが N の標本の関数であるとしましょう。この推定量が母数 θ に対して一致性を持つとは、$N \to \infty$ のとき、すなわち標本の大きさが際限なくどんどん大きくなっていくときに、任意の（どんなに小さな）定数 $\varepsilon > 0$ に対して

$$\Pr(|M_N - \theta| > \varepsilon) \to 0$$

が成り立つ、すなわち確率 $\Pr(|M_N - \theta| > \varepsilon)$ が、N が大きくなるにつれて 0 に収束することを意味します。

絶対値 $|M_N - \theta|$ は M_N と θ との「距離」を表していますが、上記の定義は、どんな小さな ε を取ってきても、N が十分大きければ M_N と θ の距離がそれより大きくなることがほとんどなくなる（そのようなことが起きる確率は 0 に近づく）ということを意味しています。M_N が θ に対して一致性を持つとは、このような（確率的な）意味で、M_N が θ にどんどん近づいているということです。

上記のように、M_N が θ に近づいていくことを、M_N が θ に**確率収束**すると言います。M_N が θ に確率収束することは、

$$M_N \xrightarrow{p} \theta$$
$$\mathrm{plim}\, M_N = \theta$$

のように書き表します。ここで、plim は probability limit の略です。M_N が θ に対して一致性があるとは、言い換えると、M_N が θ に確率収束するということです。

第5章 時系列分析への準備④

151

|||||||||||||||||||||||||||||||||||||||||||||| **第5章のまとめ** ||||||||||||||||||||||||||||||||||||||||||||||

・推測統計はデータを生み出すもととなるメカニズムについての推測を目的と
　し、そのようなメカニズムにおける重要な値（パラメーター）を推定する。

・推定を行うための統計量は、推定量と呼ばれる。様々な推定量が存在するが、
　それらを比べるための基準にも様々なものがある。代表的なものとして、不
　偏性と一致性がある。

・標本平均と標本分散は共に、不偏性および一致性を満たす。

・推測統計のもう1つの代表的な手法として、仮説検定がある。

・仮説検定では、検定統計量をもとに仮説を棄却するか採択するかを決定する。

・仮説検定では検定したい仮説を帰無仮説、帰無仮説が成り立たない場合に代
　わりになり立つ仮説を対立仮説と呼ぶ。

・帰無仮説が正しいときに間違って棄却することを第1種の誤りと言い、帰無
　仮説が間違っているときに誤って採択することを第2種の誤りと言う。これ
　らの間には、トレードオフの関係がある。

・第1種の誤りの確率を有意水準、1から第2種の誤りの確率を引いたものを
　検出力と言う。よって、検出力は帰無仮説が間違っているときに正しく棄却
　する確率となる。

・仮説検定には両側検定と片側検定があり、片側検定は対立仮説についての追
　加的な情報を用いて行う。

時系列分析の基礎

まずは時系列分析の基礎的な部分に触れてみる

　時系列分析についての本格的な解説は次の第 7 章からとなりますが、その前に本章では、時系列分析でよく用いられる表記法や変数の変換法など基礎的な部分を学んでいきます。また、時系列データの特徴を捉える重要な指標の 1 つである標本自己相関係数についても紹介し、その特徴および実際のデータに対してどのように使用するかを解説します。この指標は過去と現在の線形の関係性の強さを測る指標であり、時系列分析における初期段階の分析の 1 つとして非常によく用いられます。

6.1 時系列データの表記と変換

時系列データの表記の仕方について

第2章では横断面データの表記の仕方について説明をしました。時系列データの表記の仕方も基本的には同じですが、データに付く下付き文字の意味が異なってきます。横断面データは、ある時点における異なる個体(individual)のデータということですから、これを表すのに下付き文字として英語のindividualの頭文字であるiを用いました。これに対して、時系列データはある個体についての異なる時点(time)でのデータということで、下付き文字として英語のtimeの頭文字tを用い、時点tで観測された観測値(や観測される確率変数)をy_tと表します。また、時点$t=1,...,T$において観測されたデータの集合は$\{y_1, y_2, ..., y_T\}$や、これを省略して$\{y_t\}_{t=1}^{T}$と表されます。

図6.1.1 時系列データの表記の仕方

日にちと時点 $t=1,...,10$ の関係	株価のデータと $y_t, t=1,...,10$ の関係
8月11日 → $t=1$	8月11日の株価が101(円) → $y_1 = 101$
8月12日 → $t=2$	8月12日の株価が102(円) → $y_2 = 102$
8月13日 → $t=3$	8月13日の株価が103(円) → $y_3 = 101$
⋮	⋮
8月20日 → $t=10$	8月20日の株価が110(円) → $y_{10} = 110$

y_tは時点tで観測されたデータの数値を表すんだね

例えば、ある会社の 8 月 11 日から 8 月 20 日までの株価の終値が、順番に
{101, 102, 103, ..., 110} と観測されたとしましょう（もちろん架空の数値で
す）。これを {$y_1, y_2, .., y_{10}$} と表わした場合、それぞれ y_1=101, y_2 = 102, y_3 = 103,
..., y_{10} = 110 と対応していることを意味しています。この場合、t の単位は「日」
となっていることに注意してください。このような 1 日毎に観測されるデータ
を、**日次データ**と言います。また、t の単位が「月」のときは**月次データ**、「4
半期」のときは**4 半期データ**、「年」のときは**年次データ**と言います。

最近では株価や為替などの日中の取引毎のデータなども活用されてきてお
り、このようなデータは「**ティックデータ**」と呼ばれます。ティックデータの
観測間隔は 100 マイクロ秒単位という短さになることもあり、非常に高い「頻
度」で観測されます。

このように、非常に高い頻度で観測されるデータのことをまとめて、**高頻度
データ**と呼ぶこともあります。

時系列データのプロット

ある時系列データが与えられたときに最初にやるべきこととしては、**時系列
データのプロット**が挙げられます。これは、時系列データの時間を通じての変
動を、視覚的に大まかに捉えるために有用です。時系列プロットでは時点 t を
横軸に、y_t の値を縦軸に取ります。

図 6.1.2 は、日経平均株価終値の 2008 年 1 月 4 日から 2008 年 12 月 30 日ま
での、日次データの値（T =245）をプロットしたものです。

この図からは、日経平均株価終値が時間を通じてどのように変動しているか
を大まかに捉えることができます。2008 年 9 月頃までは概ね 12,000 円から
15,000 円の間の値を取っていますが、2008 年 9 月半ば頃から下がり始め、10
月の半ばには 7,000 円あたりまで落ち込んでいます。これは、この期間の最大
値のほぼ半分くらいです。その後はやや回復したものの、9,000 円あたりから
値が上がっていないことがわかります。

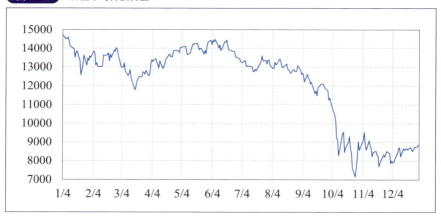

図6.1.2 日経平均株価終値

よく使われる変換

　上記のように、もともとのデータを直接観測したものは、**原系列**と呼ばれます。原系列を直接分析することもありますが、多くの場合、原系列に様々な変換を施し、変換されたデータの分析を行います。代表的な変換としては、**対数変換**と**階差変換**（階差を取るとも言います）の2つがあります。対数変換とは、原系列 $\{y_t\}_{t=1}^T$ の1つ1つのデータに対して（自然）対数を取ったものを $z_t = \log(y_t)$ とし、$\{z_t\}_{t=1}^T$ を新たな時系列データとすることです。また階差変換とは、$x_t = y_t - y_{t-1}$ のように1時点前のデータとの差を取り、$\{x_t\}_{t=2}^T$ を新たな時系列データとすることです。階差変換をすると、もとのデータと比べてデータの数が1つ少なくなることに注意してください。

　図 6.1.3 は、図 6.1.2 の日経平均株価終値の対数を取った値と、階差を取った値をプロットしたものです。図 6.1.3(a) は、対数を取った値の系列です。これを見ると、対数を取っていますから、もちろん値は異なっていますが、全体的な動き自体は原系列とあまり違いはありません。

　これに対して、図 6.1.3(b) の階差を取った系列を見ると、その動き方は原系列とかなり異なっていることがわかります。多くの場合、適当な変換を施し分

図6.1.3 対数系列と階差系列

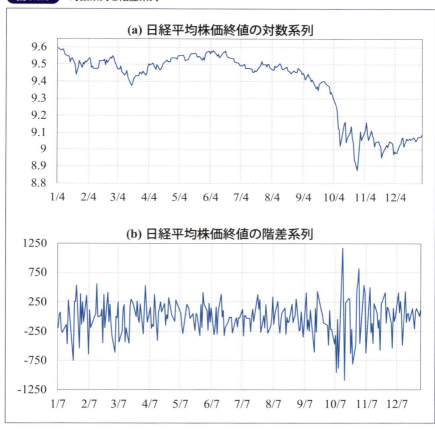

析しやすい系列にしてから、時系列分析の手法を適用するということをします。そしてそのような変換として、対数変換と階差変換は非常によく用いられます。さらに、2つの変換を組み合わせて用いることもよくあります。

通常の変化率と対数階差による変化率

対数変換と階差変換はセットで使って、変化率の近似値を計算することができます。時点 t の変化率（より正確には、時点 $t-1$ から時点 t への変化率）と

は、時点 $t-1$ から時点 t への値の変化の時点 $t-1$ の値への割合のことです。数式を用いて書くと、$(y_t - y_{t-1})/y_{t-1}$ と定義されます。

　実際の分析において、原系列よりもその変化率の方がいろいろと分析をしやすいのですが、上記のように割合として定義した変化率（以後、これを**通常の変化率**と呼びます）は、理論的な分析をする時には数学的にやや取り扱いが面倒です。そこで、実際の分析においては、通常の変化率ではなく、数学的な取り扱いがより容易な**対数階差変化率**という通常の変化率の近似値がよく用いられます。

　対数階差変化率とは、y_t の対数値から y_{t-1} の対数値を引いたもので、数式を用いて表わすと、$\log(y_t) - \log(y_{t-1})$ となります。この対数階差変化率は対数の性質を用いて、

$$\log(y_t) - \log(y_{t-1}) = \log\left(\frac{y_t}{y_{t-1}}\right) = \log\left(1 + \frac{y_t - y_{t-1}}{y_{t-1}}\right)$$

のように書き直せます。ここで対数の性質として x の絶対値が 0 に近いときには、以下に見るように、$\log(1+x) \approx x$ という性質があるので（記号 "$\approx$" は、この両端の値がほぼ同じであることを意味します）、これと上記の式より、変化率が小さいときには

$$\log\left(1 + \frac{y_t - y_{t-1}}{y_{t-1}}\right) \approx \frac{y_t - y_{t-1}}{y_{t-1}}$$

が成り立つことがわかります。これは、（通常の変化率が小さいとき）対数階差変化率は通常の変化率の良い近似値になることを意味しています。

　図 6.1.4 は、$y = \log(1+x)$ と $y = x$ を図示したものです。x が 0 に近いとき（概ね、$|x| < 0.1$ のとき）には、この 2 つはほとんど同じ値を取っていることがわかります。

図6.1.4 $\log(1+x)$ と x の図

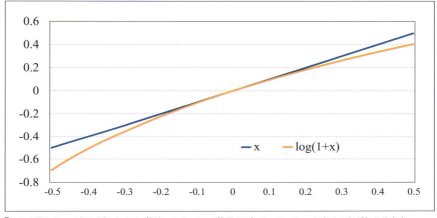

≡ この図より、x が 0 に近いときは（概ね、$|x| < 0.1$ の範囲では）、$\log(1+x) \approx x$ となることがわかります。

　ところで、通常の変化率と対数階差変化率はほとんど同じ値を取るため、どちらを使っても分析結果にほとんど違いは生じません。図 6.1.5 は、図 6.1.2 の日経平均株価終値の通常の変化率と、対数階差変化率をプロットしたものです。

　実際には両者の値は微妙に異なりますが、図 6.1.5 を見ると、両者の値の違いは肉眼ではほとんど区別がつかないほど小さいことがわかります。よって、どちらを使っても分析結果にほとんど違いはありません。このような理由から、数学的な取り扱いがより容易な対数階差変化率がよく用いられるのです。

　なお、通常の変化率も対数階差変化率も、単位を％にするには 100 を掛ける必要があります。

図6.1.5 通常の変化率と対数階差変化率

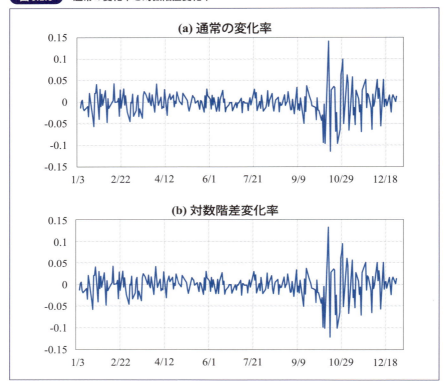

6.2
時系列分析の基本的な指標：自己相関

現在と過去の時系列データの、線形の関係を捉える指標

　第2章および第4章では、2つの変数間の線形の関係の強さを測る指標として、（**標本）相関係数**を紹介しました（ここで言う相関は、ピアソンの相関係数です。以後、相関係数と言った場合は全て、ピアソンの相関係数を指すとします）。しかしながら、時系列分析において変数の数は1つであり、興味があるのはこの1つの変数についての**異なる時点間の関係**です。

　なお、ここでは1変量時系列分析を想定しています。多変量時系列分析においては2つ以上の変数間の関係性も分析します。

　通常の標本相関係数は、2つの変数のデータについて定義されますが、ここでは1つの変数についてのデータしかないため、通常の相関係数の定義は適用できません。しかしながら、少し定義式を変えることによって、異なる時点間の相関係数を計算することができます。それが、**標本自己相関**もしくは**標本自己相関係数**と呼ばれる指標です。

　ここで標本と付くのは、次章で説明しますが、自己相関は時系列データを生み出すメカニズム（確率過程）に対しても定義され、そちらの方は標本を付けず単に**自己相関**と呼ぶからです。本章で紹介する標本自己相関は、その標本バージョンです。

　ただし、今後は特に混乱が生じない場面では両方とも単に自己相関と呼ぶ場合もありますので、文脈から判断してください。次章でより詳しく説明しますが、この標本自己相関は、実は確率過程の自己相関の一致推定量になっています。

例えば、y_t から k 時点前の値、すなわち y_{t-k} と y_t の間の線形関係の強さ（相関）を知りたいとします。第 2 章では、x_i と y_i という 2 つの横断面データの相関係数を計算しました。そこではデータとして、$\{(x_i, y_i)\}_{i=1}^N$ という x_i と y_i についての N 組のデータを用いました。つまり、同じ個体 i について、x_i と y_i という対となる 2 つの変数があり、それら 2 つの変数の間の相関係数を考えました。

では、時系列データ $\{y_1, y_2, ..., y_T\}$ が与えられたときに、y_t と y_{t-k} の間の相関係数を計算するにはどのようにすれば良いのでしょうか？

まず、$\{y_1, ..., y_T\}$ というデータに対して、それぞれの y_t の k 時点離れた（k 時点後）のデータを並べると、次のようになります。

$$\{y_{1+k}, y_{2+k}, ..., y_{T+k}\}$$

例えば $k=1$ の場合は、$\{y_2, y_3, ..., y_{T+1}\}$ になります。しかしながら、ここでは $y_t, t > T$ のデータは観測されていないという想定ですので、上記において、y_{T+1}, $y_{T+2}, ..., y_{T+k}$ という k 個のデータは実際には手元にありません。よってこれらのデータを除くと、$\{y_{1+k}, y_{2+k}, ..., y_T\}$ という $T-k$ 個のデータになります。この時、もとのデータからも最後の k 個のデータ除いて、2 つのデータが同じ $T-k$ 個になるように揃えると、

$$\{y_{1+k}, y_{2+k}, ..., y_T\} \text{ と } \{y_1, y_2, ..., y_{T-k}\}$$

がそれぞれ k 時点離れたデータを並べたものになります。標本の大きさ（データの数）が T から $T-k$ に減っていることに注意してください。このように k 時点離れたデータを並べると、1 つの変数 y_t からあたかも 2 つのデータが得られたように見なすことができます（これらのデータはもちろん重複がありますが）。自己相関係数とは、この（疑似的に作った）2 つのデータの相関係数を計算することにより得られます。

このように、k 時点離れたデータの間の自己相関を、**k 次の自己相関**と言います。

k 次の自己相関係数は、$\{y_{k+1}, y_{k+2}, ..., y_T\}$ と $\{y_1, y_2, ..., y_{T-k}\}$ という 2 つの時系列データの相関係数を計算するわけですが、実際には通常の相関係数の計算式

をそのまま当てはめるのではなく、次章で説明する理由により計算の簡略化が可能であるため、

$$\hat{\rho}_k = \frac{\sum_{t=k+1}^{T}(y_t - \overline{y})(y_{t-k} - \overline{y})}{\sum_{t=1}^{T}(y_t - \overline{y})^2}, \quad \overline{y} = \frac{1}{T}\sum_{t=1}^{T} y_t$$

と計算されます。ここで、$\hat{\rho}_k$ は k 次の自己相関を表します。ハットが付いているのは、これが標本から計算されたものであることを示唆するためです（通常、標本から計算されたものにはハットを付けることが多いです）。

次章では、なぜこのように計算するのか、計算が可能であるための条件は何なのか、について説明します。

図6.2.1 変数間の対応関係

2変数 x_i と y_i の相関係数	y_t と y_{t-k} の相関係数（自己相関係数）
(x_1, y_1)	(y_1, y_{k+1})
(x_2, y_2)	(y_2, y_{k+2})
(x_3, y_3)	(y_3, y_{k+3})
⋮	⋮
(x_N, y_N)	(y_{T-k}, y_T)
という N 個の x_i と y_i の組から計算	という $T-k$ 個の y_t と y_{t+k} の組から計算

x_i と y_i の相関では x_i が y_i に対応していたのに対して、y_t の自己相関では y_{t-k} が y_t に対応しているという違いがあるんだね。

自己相関の計算例

それでは、実際に自己相関係数を計算してみましょう。先ほどの日経平均終値の対数階差変化率について、10次の自己相関まで計算してみます。

計算結果は次のようになります（小数点以下第5位で四捨五入しています）。

$$\hat{\rho}_1 = -0.0718, \quad \hat{\rho}_2 = -0.0676, \quad \hat{\rho}_3 = -0.0643, \quad \hat{\rho}_4 = 0.0010,$$
$$\hat{\rho}_5 = -0.0447, \quad \hat{\rho}_6 = -0.0628, \quad \hat{\rho}_7 = 0.0839, \quad \hat{\rho}_8 = -0.0074,$$
$$\hat{\rho}_9 = -0.0430, \quad \hat{\rho}_{10} = 0.0592$$

どの次数の値も非常に小さいことがわかります。このことは、日経平均株価終値の変化率については、異なる時点間の相関は非常に小さいということを意味しています。つまり、過去の変化率が大きくても小さくても、現在の変化率にはあまり影響がないということです。

実際の数値は上記のようになりますが、より視覚的にそれぞれの値を比較しやすくするために、横軸に次数、縦軸に自己相関の値を取った図を書くと便利です。この図を（標本）**コレログラム**と呼び、図 6.2.2 のようになります。

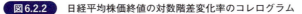

図6.2.2 日経平均株価終値の対数階差変化率のコレログラム

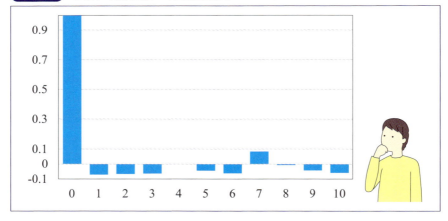

0 次の自己相関は、定義により必ず 1 になることに注意してください（0 次の自己相関は必ず 1 になるので、実際には表示する意味はあまりないのですが、表示することが慣例になっています）。コレログラムにより、より視覚的に各次数の自己相関の値を比較しやすくなります。

図6.2.3　コレログラムの目的

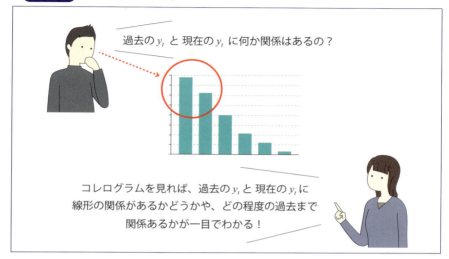

6.3

自己相関の検定

標本自己相関を使った検定

標本自己相関は、観測されたデータから計算しています。つまり、標本の関数です。次章で見るように、時系列データの場合も標本は確率変数（が並んだもの）と考えますから、その関数である標本自己相関 $\hat{\rho}_k$ も確率変数です。また次章で見るように、y_t のデータ生成メカニズムについての実際の k 次の自己相関の値が ρ_k であるとすると、標本自己相関はこの値の推定量（推定値）と見なすことができます。

自己相関 ρ_k の値が 0 である場合は、y_t と y_{t-k} は無相関であることを意味します。無相関でない、すなわち $\rho_k \neq 0$ であれば、y_t と y_{t-k} の間には何らかの（線形）関係があるということですから、ρ_k の値が 0 かどうかは興味のあるところでしょう。ただし、先ほども述べたように、標本自己相関 $\hat{\rho}_k$ は ρ_k の推定量であるため、例えば ρ_k の値が 0 であったとしても、$\hat{\rho}_k$ は 0 にはなりません。また逆に、標本自己相関 $\hat{\rho}_k$ が 0 であったとしても、自己相関 ρ_k の値は 0 ではないでしょう。では、どのようにして、ρ_k が 0 かどうかを確かめれば良いのでしょうか？

自己相関 ρ_k の値は直接は観測できないわけですから、その値が 0 かどうかは、100% の確信をもって確かめることは不可能です。よって、ここでは第 5 章で見た仮説検定を、ρ_k の値に対して行うことを考えます。これによって、ρ_k の値は直接は観測できないけれど、統計学的に 0 かどうかを判断することができます。

仮説検定を行うには、検定統計量を構築する必要があります。また、検定統

計量の分布は既知である必要があります。ではこの場合、どのように検定統計量を構築すれば良いのでしょうか？ 次の結果を用います（なお、本書ではこの結果をどのように導出するかについての詳細は述べません）。

> ### 標本自己相関の近似分布
>
> 　標本自己相関 $\hat{\rho}_k$ は、$\{y_t\}_{t=1}^{T}$ が i.i.d. 系列である場合（その実際の分布が何であれ）、T が十分に大きいとき、その分布を
>
> $$\hat{\rho}_k \sim N(0, 1/T)$$
>
> で近似できます。

　ここで注意すべきことは、上記の結果は T が十分に大きいときにのみ成りたつということです。このように、T が十分大きい、つまり標本の大きさが十分に大きい場合のみに成り立つことを、**漸近的に成り立つ**と言います。また、このように漸近的に成り立つ結果を導く理論を総称して、**漸近論**と言います。

　漸近論の 1 つの問題点は、漸近論の結果は T が十分大きいことを要求しますが、どのくらい T が大きければいいのかについてはケースバイケースで、シミュレーションなどを行えばある程度確かめられますが、わからない場合がほとんどだということです。

　この結果より、標本自己相関 $\hat{\rho}_k$ をその標準偏差 $1/T^{1/2}$ で割ったもの、すなわち、$A_T^{(k)} = T^{1/2}\hat{\rho}_k$ は、y_t が i.i.d 系列であるときに、$N(0, 1)$ という（未知のパラメーターが含まれていないという意味で）既知の分布に漸近的に従います。よって、$A_T^{(k)}$ を自己無相関を検定するための検定統計量として用いることができます。この場合、有意水準 5% で検定するのであれば、$|A_T^{(k)}| > 1.96$ のとき、つまり $|\hat{\rho}_k| > 1.96/T^{1/2}$ であるときに帰無仮説を棄却することになります（これは両側検定です）。

　この検定統計量を用いて仮説検定を行う場合、帰無仮説を $H_0: \rho_k = 0$、対立仮

説を $H_1:\rho_k \neq 0$ と述べるのが慣例となっています。ただし、上記の結果が成り立つ条件は「y_t が i.i.d. 系列である」ことに注意する必要があります。これはつまり、この検定の帰無仮説は実際には「y_t が i.i.d. 系列である」となるということです。i.i.d. 系列であれば自己無相関、すなわち $\rho_k = 0$ です。よって、この検定によって棄却できない場合、その解釈は「y_t が i.i.d. 系列であることを棄却できない」となり、これは実際「$\rho_k = 0$ を棄却できない」ことを意味します。

ただし、$\rho_k = 0$ は i.i.d. 系列を意味しないので、この検定によって i.i.d. 系列であることを棄却したとしても、自己無相関が棄却されたことには、本来であればなりません。よって、この検定の帰無仮説は、本来であれば i.i.d. 系列とするのがより正確な帰無仮説の記述ですが、この検定を行うときには、帰無仮説を $H_0:\rho_k = 0$、$H_1:\rho_k \neq 0$ とするのが慣例となっています。

なお、実際の帰無仮説が本当に自己無相関である検定も開発されていますが、それらを解説するのは本書の想定レベルを超えてしまうため、ここでは従来よく用いられている無相関の検定（実際には i.i.d. の検定）を紹介するにとどめておきます。

それでは、6.2 節で計算した標本自己相関からこの検定統計量を計算し、k 次の自己相関、$k =1, \ldots, 10$ が 0 であるという帰無仮説を検定してみましょう。標本の大きさは $T = 244$ なので、5% 有意水準で検定するのであれば、標本自己相関の絶対値が $d = 1.96/(244)^{1/2} \approx 0.125$ より大きければ、$\rho_k = 0$ を棄却することになります。

6.2 節で計算した標本自己相関の値とこの値を比べてみると、全ての次数で「帰無仮説を棄却できない」となります。よって、日経平均株価終値には有意な自己相関はなく、時点間での関係性はかなり薄いという結論になります。

━━ 検定結果を視覚的にわかりやすくする

自己相関の検定において、先ほどは 1 つ 1 つの標本自己相関の値を棄却点と比べて検定を行いました。しかしながら、有意水準が同じであれば、全ての標本自己相関に対して棄却点は同じになるので（先ほどの例では、$d = 1.96/(244)^{1/2}$

でした)、この値をコレログラムに書き込むことにより、どの次数の自己相関が有意になるかを視覚的に確認することができます。

例えば、図 6.2.2 のコレログラムにこの線(絶対値が d より大きければ棄却なので、d と $-d$ の 2 つの線になることに注意してください)を書き込むと、図 6.3.1 のようになります。この 2 つの線の外側に出た場合に、k 次の自己相関が 0 であることを棄却するということになります。この図より、どの次数が有意か有意でないかを視覚的に、簡単に確かめることができます。

図6.3.1 棄却点を書き入れたコレログラム

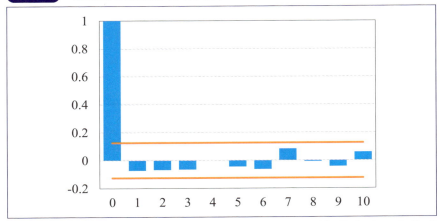

図は、図6.2.2のコレログラムに棄却する基準となる線を書き入れたものです(他は同じ)。オレンジの線の外側の値(上のオレンジの線の上側の値、もしくは下のオレンジの線の下側の値)を取った場合に棄却となります。

かばん検定

先ほどの検定では、1 つ 1 つの次数について自己相関が 0 であるかを検定しました。このやり方は、どの次数で相関が有意になるか、または有意にならないかを 1 つ 1 つ確認できるというメリットがある反面、次数が大きくなると多くの結果を確認しなければならないため、やや手間がかかります。

実際の分析においては、1つ1つの自己相関自体にはそれほど興味がなく、とりあえず少なくともどこかの次数で自己相関が0と異なるかどうかだけを知りたいような場合があります。そのような場合、まとめて第 m 次までの自己相関が全て0という帰無仮説を検定するやり方があれば、例えば、この検定によって帰無仮説が採択されれば、第 m 次までの自己相関は全て0ということがすぐにわかるので、1つ1つを確認する手間が省けます。

　このような検定を、**かばん検定**と呼びます。かばん検定の代表的なものとしては Ljung-Box 検定があり、その検定統計量は次のように定義されます。

$$Q(m) = T(T+2) \sum_{k=1}^{m} \frac{\hat{\rho}_k^2}{T-k}$$

Ljung-Box 検定統計量は、帰無仮説

$$H_0 : \rho_1 = \rho_2 = \rho_3 = \ldots = \rho_m = 0$$

のもとで（これもより正確な帰無仮説の記述は、「y_t が i.i.d. 系列である」になります）、自由度 m のカイ二乗分布と呼ばれる分布に（漸近的に）従います（カイ二乗分布についての説明は大抵の統計学の本に載っているので、ここでは省きます）。

　この検定は、$Q(m)$ が

$$\Pr(Q(m) > d) = \alpha$$

となる点 d（臨界値）よりも大きいときに、有意水準 100α ％で帰無仮説を棄却します。

　Ljung-Box 検定で注意すべきは、帰無仮説は「第 m 次までの自己相関が全て0である」という点です。この場合、対立仮説は「第 m 次までの自己相関で、少なくとも1つの次数の自己相関は0ではない」になります。先ほどの標本自己相関より、$m = 10$ の場合の Ljung-Box 検定統計量を計算すると、$Q(10) = 8.1036$ になります。有意水準 5% の場合には、臨界値は $d = 18.3$ であるので、この場合、帰無仮説「第 10 次までの全ての自己相関が0」は採択されます。

6.3 自己相関の検定

　実際の分析においては、まずは Ljung-Box 統計量である程度大きい次数までの自己相関が 0 でないかどうかを見て、棄却されたら、個別の自己相関について見ていくという流れで分析を行うと良いでしょう。このとき、データの大きさにも寄りますが、大体 $m = 10 \sim 20$ くらいで検定を行うことが慣例となっています。

図6.3.2　かばん検定のイメージ

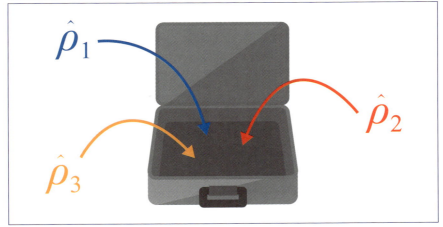

かばん検定は、1つ1つの検定をまとめて行う様子を、全部を「かばん」の中にいれて1つにしてしまうことに見立てて、このように呼ばれます。

6.4 次章以降の話題について

■ データの安定性についての概念

時系列分析で最も重要な概念の1つに、**定常性**と呼ばれるものがあります。これについては次章で詳しく説明しますが、本章でも軽く触れておきましょう。

定常性とは、データの性質が時間を通じて安定的であるということです。例えば、6.2節で出てきた自己相関の計算式も、データがこの性質を持っていることが前提条件となっています。

時系列分析の手法の多くは定常なデータに対して発展してきており、また本

図6.4.1　定常な時系列データのイメージ

データが定常であるとは、ある意味でデータが安定しているということです。定常性の概念については次章で詳しく説明します。

書で紹介する方法のほとんどが、データがこの性質を持っていることを前提としています。データの性質が時間を通じて変化してしまうと、その性質を推定するのが非常に困難になってしまうため、このような仮定が必要になるのです。

本書はデータという言葉をややルーズに使っていますが、データが定常ということは、より正確には「確率過程、もしくは**データ生成過程**（これを英語で、Data Generating Process、略して DGP と言います）が定常である」と言うべきでしょう（確率過程や DGP については、次章で説明します）。

様々な時系列モデル用いた分析

本書では様々な DGP と、それを分析するための時系列分析のモデルを紹介していきます。これらのモデルのほとんどは、特定の DGP を分析するために開発され発展してきたモデルであるため、実際の時系列データがそれらの DGP に従っていない場合、想定した通りの分析ができない可能性もあります。

時系列データに限った話ではないのですが、分析する際には、その分析の前提となる条件が満たされているか、データを生み出している DGP がどのようなものなのかについても注意し、それぞれのデータを適切な手法で分析することが大切です。

############################### **第6章のまとめ** ###############################

・時系列データは、下付き文字 t を用いて表記する。

・観測頻度の観点から分類した時系列データの種類として、日次データ、月次データ、4半期データ、年次データなどがある。

・時系列データのプロットは、時系列データの時間を通じての変動を視覚的に捉えるのに有用である。

・データの変換によく使われるものに、対数変換と階差変換がある。2つを同時に使うことによって、対数階差変化率が計算できる。

・対数階差変化率と通常の変化率は値にほとんど違いがないため、どちらを用いても分析結果はほぼ同じになる。

・異なる時点間の線形の関係性を捉える指標として、標本自己相関がある。また、それを図示したものはコレログラムと呼ばれる。

・標本自己相関を用いて、自己相関の検定が行える。また、まとめて自己相関の検定を行う検定を、かばん検定と言う。

第7章

時系列分析の重要な概念

定常性について

　本章では、時系列分析において最も重要な概念の1つである定常性について説明します。本書で紹介する時系列データの分析手法のほとんどは、データが定常性を満たすことを前提としています。定常性については前章でも少し述べましたが、やや乱暴に言うと「データを生成するメカニズムが安定している」ということです。本章でさらに正確な定義を述べ、実際の分析においてなぜ定常性が重要なのかについて学んでいきます。ここで定常性の正確な意味を理解しておきましょう。

7.1
時系列データとは
どういうものなのか

━━ 時系列データと横断面データの違い

　時系列データと横断面データの違いについて、第1章では「時系列データは観測される順番に意味があるが、横断面データはそうではない」と述べました。本節では、2つのデータについてより正確に述べ、「なぜ、時系列データは順番に意味があるのに、横断面データにはないのか」という問題について考えていきたいと思います。

　T個の時系列データ $\{y_1, y_2, \ldots, y_T\}$ が観測されるとしましょう。時系列分析では、このような時系列データを T個の確率変数（またはその実現値）が並んだものとして考えます。横断面データの分析では、これらの確率変数はそれぞれ独立で同一の確率分布を持つと考えますが、時系列データの分析では、これらの確率変数は互いに独立ではなく、T次元の結合分布を持っていると考えます。また、これら T個の確率変数の1つ1つの周辺分布は、一般的にはそれぞれ異なっていると考えます。換言すると、横断面データでは、この T個のデータを同じ確率分布に独立に従う T個の確率変数と見なしますが（よって周辺分布は同じです）、時系列分析では、この T個のデータを T個の異なった必ずしも互いに独立ではない確率変数であり、T次元の結合分布を持っていると考えるということです。

　このように考えると、横断面データにおいて順番が重要でないのは、それぞれが独立であるとしているからで、時系列データにおいて順番に意味があるのは、互いに独立ではなく、またその関係性が観測時点が近いときと離れている

ときで異なっているからです（より正確に言うと、横断面データでも互いに独立でないデータを考える場合がありますが、その場合でも、ある個体と他のある個体の関係は、全ての個体において同じと考え、時系列データのように時点が離れれば関係性が変わるというようには想定しません）。

　時系列データは時間とともに1つ1つ観測されて行きますが、このように時間の経過と共に順番に観測される確率変数のことを、**確率過程**と呼びます。横断面データの分析では、確率分布をデータを生成する背後のメカニズムとして考えましたが、時系列分析では、この確率過程を背後のデータ生成メカニズムとして考えます。このようなデータ生成メカニズムのことを、**データ生成過程（data generating process）** と呼びます。これは略して、DGP とも呼びます。以降は、「データ生成過程」と「DGP」という言葉を特に区別せず、同じものを指すものとして使用します。

　時系列分析では、様々な DGP を考え、与えられたデータに対して、それに適した DGP を想定し分析を行います。確率過程は一般に無限の過去から始まって、無限の未来に続いていくと考えます。そのような場合、$\{y_t\}_{t=-\infty}^{\infty}$ と表します。時系列分析では、そこから特定の T 個、$\{y_t\}_{t=1}^{T}$ を取ってきたもの（観測したもの）を分析するという考えです。

図7.1.1　時系列データのイメージ

時系列分析では、異なる時点の y_t はそれぞれ関連し合うが、異なる確率変数と考えます。また時点が離れると、その関係性は変わると考えます。

確率過程の自己相関

　時系列分析に登場する様々な DGP については後で紹介しますが、ひとまずは、$\{y_t\}_{t=1}^T$ は（DGP に関して特定の構造を導入していないという意味で）一般的な時系列データであるとして話を続けます。

　時系列分析では、時系列データの間の関係性を分析します。時系列データの関係性を分析する際の最も重要な指標の 1 つは、前章で見た**自己相関（係数）**という指標です。前章では標本データについて自己相関を定義しました（標本自己相関）が、本章では、その標本データを生み出した背後にある DGP、つまり確率過程について自己相関を考えます。

　自己相関を定義するために、**自己共分散**を定義しましょう。y_t の期待値を $\mu_t = E(y_t)$、分散を $\sigma_t^2 = \mathrm{var}(y_t)$ とします。ここで注意することは、時点 $t \neq s$ に対して、y_t と y_s の周辺分布が異なると考えているので、一般的には $\mu_t \neq \mu_s$ および $\sigma_t^2 \neq \sigma_s^2$ ということです。このとき、時系列データ $\{y_t\}_{t=1}^T$ に対して、**k 次の自己共分散** γ_{kt} は

$$\gamma_{kt} = \mathrm{cov}(y_t, y_{t-k}) = E[(y_t - \mu_t)(y_{t-k} - \mu_{t-k})]$$

と定義されます。つまり、y_t とその k 時点前の変数である y_{t-k} との共分散です。上記の定義において、$k = 0$ のとき、γ_{0t} は

$$\gamma_{0t} = E[(y_t - \mu_t)^2]$$

となる、すなわち $\mathrm{var}(y_t)$ と等しくなることに注意してください。

　ここでは、$t \neq s$ に対して、一般的には y_t と y_{t-k} の結合分布と、y_s と y_{s-k} の結合分布は異なっていると考えているので、それぞれに対する自己共分散についても、一般的には、$\gamma_{kt} \neq \gamma_{ks}$（$t \neq s$ のとき）となります。

　このとき、y_t の **k 次の自己相関** ρ_{kt} は、上記の自己共分散を用いて次のように定義されます。

$$\rho_{kt} \equiv \frac{\gamma_{kt}}{\sqrt{\gamma_{0t}\gamma_{0,t-k}}} = \frac{\mathrm{cov}(y_t, y_{t-k})}{\sqrt{\mathrm{var}(y_t)}\sqrt{\mathrm{var}(y_{t-k})}} \tag{7.1}$$

すなわち、ρ_{kt} は、y_t と y_{t-k} という2つの確率変数の**相関係数**です。これも、$t \neq s$ に対して一般的には $\rho_{kt} \neq \rho_{ks}$ と考えます。自己相関は相関係数なので、$-1 \leq \rho_{kt} \leq 1$ という性質を満たします。また、$k = 0$ のときは、定義により $\rho_{0t} = 1$ となる事に注意してください。

図7.1.2 一般の時系列データの期待値、自己共分散、自己相関のイメージ

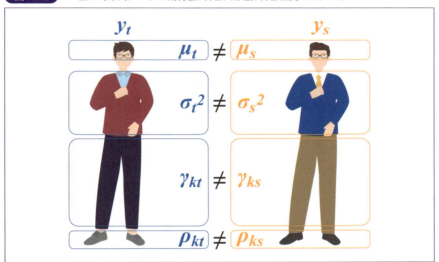

一般的には、時点が異なると周辺分布や結合分布が異なるため、その特徴を表す値も異なります。

自己相関係数は、通常の相関係数と同様、変数（の分布）間の**線形の関係の強さ**を表わします。自己相関係数は y_t と y_{t-k} の相関係数ですから、この値が正、すなわち正の自己相関がある場合は、y_t の k 時点前の値である y_{t-k} が大きくなったときには y_t も大きくなる傾向があることを意味しています。また、逆に ρ_{kt} の値が負、すなわち負の自己相関があるときには、y_{t-k} が大きくなったときには y_t が小さくなる傾向があることを意味しています。さらに、これらの傾向の強さは、ρ_{kt} の値の絶対値が1に近づくほど大きくなります。

7.2

自己相関の推定

一般の確率過程に対して、自己相関の推定はできない

自己相関の値がわかれば、y_{t-k} を観測することによって、y_t の値についての傾向が予想できます。すなわち、正の自己相関がある場合には、y_{t-k} の値が大きいときには y_t の値も大きくなるだろうと予想でき、また負の自己相関がある場合は、y_{t-k} の値が大きいときは y_t の値は小さくなるだろうと予想できるわけです。

ただし、ρ_{kt} の値は直接観測できないため、データから推定する必要があり、ここで1つ大きな問題があります。実は、与えられたデータから ρ_{kt} の値を精度よく推定するのは、通常は不可能なのです。これが不可能な理由は後ほど詳しく説明しますが、大雑把に言うと、ここでの時系列データに関する想定があまりにも一般的過ぎるということです。

では、データから ρ_{kt} を推定するためには、どのようにすれば良いのでしょうか？ 実は、データから ρ_{kt} をある程度の精度で推定可能にするには、データにある性質を仮定する必要があり、この性質が**定常性**と呼ばれる性質です。

本書で扱うほとんどの時系列分析の手法では、データが定常性を満たしているという仮定のもとで行われます。言い換えると、本書のほとんどの手法は、定常性が満たされていないデータには適用できません。このように、時系列分析において定常性は非常に重要な概念ですので、以降の節で詳しく説明していきたいと思います。

問題は、推定に使えるデータが1つしかないこと

　自己相関 ρ_{kt} の推定の前に、期待値 μ_t の推定について考えてみましょう。μ_t は y_t の期待値ですが、本章の最初で説明したように、一般の時系列データにおいては、異なる時点の期待値は互いに異なる値であると考えます（これは、異なった時点の y_t はそれぞれ異なる確率分布を持つと考えたからです）。つまり、与えられたデータ $\{y_t\}_{t=1}^T$ に対して、異なる T 個の $\mu_t, t = 1,...,T$ が存在することになります。分析の際の仮定は緩ければ緩いほど、その分析の適用範囲が広くなり使い勝手が良いのですが、ここまで設定を一般的にしてしまうと、1つ1つの μ_t を精度良く推定するのは非常に困難になってしまいます。なぜなら、通常、ある分布の期待値を推定するには、その分布から観測された多くの実現値を使う必要があるからです。得られた実現値の数が多ければ多いほど、推定の精度は増していくことになります。

　しかしながら、時系列データには1時点につき1つしかその実現値が観測されないという、データ上の制約があります。つまり、ある時点 t における μ_t を推測するためのデータとして用いることができるのは、その時点において観測された y_t という1つの実現値しかないのです。他の $y_s (s \neq t)$ は、μ_t とは異なる

図7.2.1　標本の大きさが1の場合

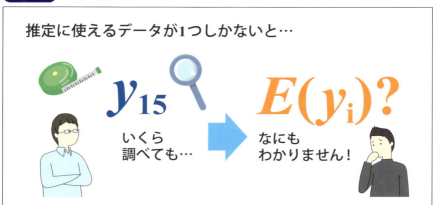

精度の良い分析をするためには、ある程度の数のデータが必要ですが、一般の時期系列データでは1つの分布から1つしか実現値が得られません。

期待値を持つ分布からの実現値であるとしているので、μ_t の推定には使うことができないのです。

このように、推定に用いることができる標本の大きさが1である状況では、どのような統計的手法を用いても、μ_t を精度良く推定することは不可能だと言えるでしょう。

上記の議論は当然、γ_{kt} や ρ_{kt} の推定にも当てはまります。これらも一般的には、t が異なれば異なる値を取ると考えるのであれば、その1つ1つの推定に使えるデータを十分に確保することができないため、やはり精度良く推定することは不可能です。

7.3

確率過程の定常性

定常性が問題を解決する

この問題を解決するために、分析対象となる時系列データの DGP になんらかの仮定を置く必要が出てくるのですが、そのときによく用いられる仮定が**定常性**という性質です。問題は y_t の期待値 μ_t と、y_t と y_{t-k} の自己共分散 γ_{kt} の値が、それぞれの時点において異なっていると想定したことです。このままでは意味のある分析ができません。そこで、定常性の仮定では、これら期待値 μ_t と自己共分散 γ_{kt} について、それらが時点ごとに異なるという設定を緩めて、これらは全ての時点 t について等しいと想定します。これが定常性という性質です。

定常性をもう少しフォーマルに述べると、以下のようになります。

定常性について

確率過程 $\{y_t\}_{t=1}^{T}$ について、$\mu_t = E(y_t)$, $\gamma_{kt} = \mathrm{cov}(y_t, y_{t-k})$ であるとします。このとき、$\{y_t\}_{t=1}^{T}$ が定常性を満たす（または定常であるとも言う）とは、以下の条件を満たすことです。

① μ_t が全ての t について等しい、すなわち $\mu_t = \mu$

② γ_{kt} が全ての t について k の値のみに依存した値と等しい、
すなわち、$\gamma_{kt} = \gamma_k$ が成り立つ

ここで、μ は定数、γ_k は k によって異なる定数です。

この条件において、k 次の自己共分散 γ_k の値は、t には依存しませんが、k に

は依存していることに注意しましょう。kとは、y_tとy_{t-k}の時点間の距離（間隔）のことです。つまり、γ_kはy_tとy_{t-k}の個々の時点には依存しないけれども、その間隔kには依存し、kが同じであれば同じ値を取るということです。例えば、y_1とy_3という2時点離れた（$k=2$）データの関係性と、y_{10}とy_{12}というこれもやはり2時点離れた（$k=2$）データの関係性は、時点間の距離は同じなので、同じであるということです。

図7.3.1 定常性のイメージ

データが定常であるとは、ある同じ特徴を持っているということです。より詳しくは、それらのデータについて異なる時点でも期待値が同じであり、共分散が時点間の距離のみに依存するという特徴を持っています。

定常性が満たされていれば、$\{y_t\}_{t=1}^T$は共通の期待値を持っているということですから、その値について、このT個のデータを用いて何とか推定できそうです。また、同様のことは自己共分散にも言えるでしょう。実は、定常性の仮定が満たされていれば（厳密には、さらに他の技術的な仮定も必要ですが）、標本平均と標本自己共分散で、期待値と自己共分散を精度良く推定（一致推定）することができます。データ$\{y_1, \ldots, y_T\}$が与えられたときに、標本平均と標本自己共分散は以下のように定義されていました。

標本平均： $\bar{y} = \dfrac{1}{T}\displaystyle\sum_{t=1}^{T} y_t$

標本自己共分散： $\hat{\gamma}_k = \dfrac{1}{T}\displaystyle\sum_{t=k+1}^{T} (y_t - \bar{y})(y_{t-k} - \bar{y})$　　　　　　　(7.2)

　与えられたデータが $\{y_1, \dots, y_T\}$ ですので（つまり、y_1 より前の値がない）、標本自己共分散の和の計算が、$t = k+1$ から始まっていることに注意してください。定常性の仮定のもとでは、$\gamma_{0t} = \gamma_0$ が全ての t について成り立つので、(7.1)式の自己相関は

$$\rho_{kt} = \frac{\gamma_{kt}}{\sqrt{\gamma_{0t}\gamma_{0,t-k}}} = \frac{\gamma_k}{\sqrt{\gamma_0^2}} = \frac{\gamma_k}{\gamma_0}$$

と表すことができます。

　上記の 1 番右の部分の γ_k/γ_0 について、分子は t には依存せず、k のみに依存している（下付き文字 k が付いている）ことに注意してください。この値を、$\rho_k (= \gamma_k/\gamma_0)$　としましょう。この k に依存して異なる定数 ρ_k は、以下の k 次の**標本自己相関**によって精度良く推定できます。

標本自己相関： $\hat{\rho}_k = \dfrac{\hat{\gamma}_k}{\hat{\gamma}_0}$

　ここで、$\hat{\gamma}_k$ は (7.2) 式で与えられた標本自己共分散です。これは前章で定義した（標本）自己相関と同じものになっています。

　定常性は確率過程の性質です。データはその確率過程からの実現値ですから、「定常なデータ」や「データが定常」という言い方は、厳密に言えば正しい言い方ではありません。ただし、実際には「定常なデータ」や「データが定常」というややルーズな言い方も、そのデータを生み出した背後の確率過程が定常という意味で使用されています。本書でも誤解を招く恐れがない場合は、これらの言い方を使用していきます。

図7.3.2　標本データの自己相関と確率過程の自己相関の関係

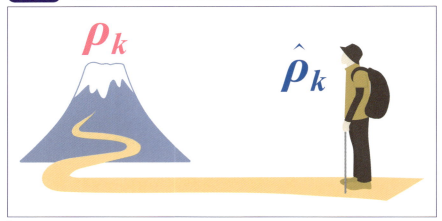

標本自己相関 $\hat{\rho}_k$ は、確率過程の自己相関 ρ_k の一致推定量になっています。

もう1つの定常性：強定常

　定常性には、**弱定常性**と呼ばれるものと**強定常性**と呼ばれるものの2つがあり、先ほど紹介したのは弱定常性と呼ばれるものです。実際の分析においては、弱定常性の仮定で十分な場合が多いのですが、場合によっては強定常性の仮定も必要となることがあるので、ここで簡単に説明しておきます。

> **強定常性とは**
>
> 　確率過程 $\{y_t\}_{t=-\infty}^{\infty}$ について、全ての t および任意の $k_1, k_2, ..., k_n$ について、$\{y_t, y_{t+k_1}, y_{t+k_2}, ..., y_{t+k_N}\}$ の結合分布が $k_1, k_2, ..., k_n$ のみに依存し、時点 t に依存しないとき、$\{y_t\}_{t=-\infty}^{\infty}$ は**強定常**であると言います。

　弱定常性が期待値と分散および自己共分散という、結合確率分布の特定の性質のみについての制約であるのに対して、強定常性は結合分布全体についての制約になっています。

一見すると、強定常であれば弱定常であるように見えますが、実は必ずしもそうではありません。確率分布には期待値や分散が存在しない分布もあり、そのような場合、強定常ではあるが弱定常ではありません（期待値や分散が存在しないため）。ただし、分散が存在し（より専門的に言うと、2次のモーメントが存在し）、強定常であれば弱定常過程になります。

　強定常性は、弱定常性に比べると強めの仮定です。実際の分析においては弱定常性で十分な場合が多いのですが、場合によっては強定常性の仮定が必要な分析もあります。本書では今後、特に断らない限りは、データが定常であるとは弱定常であることを意味しているとします。

　定常な確率過程のことを**定常過程**と呼び（弱定常であれば弱定常過程、強定常であれば強定常過程と呼んで区別することもあります）、定常でない確率過程のことを**非定常過程**と呼びます。

図7.3.3　強定常性のイメージ

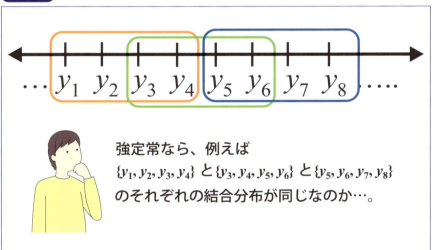

データの変換と定常性

定常性は、一見すると非常に強い仮定に見えます。実際の分析において、原系列がこのような仮定を満たしていることは稀でしょう。そのような場合、定常性の仮定が満たされるように、原系列のデータを変換したものを分析するということが行われます。

例えば、前章の図 6.1.2 の日経平均株価終値を見ると、全ての時点で同じ期待値を持つ分布からのデータには見えません。しかしながら、図 6.1.5 の変化率や対数階差による変化率を見ると、全ての時点で期待値が概ね同じ（0 に近い値）分布からのデータと見なすことは、そこまで不自然なことではないでしょう。また時点間の関係も、時間を通じて同じであると見なすことも、そこまで不自然ではありません。

このように、原系列が定常性を満たしていなさそうな場合は、定常性を満たすようにデータを変換することができます。そして、変換したデータについて分析を行い、それをもとに変換前のデータについても分析を行うことができます。

7.4

定常データへの変換例

━━ トレンドを除去する

　定常でない時系列データのことを、**非定常過程**と呼びます。以下では、非定常過程の代表的なものを紹介し、どのように定常過程へと変換するのかを説明します。

　非定常な時系列データの代表的なものの 1 つとして、**トレンド**を含んだデータがあります。トレンドとは、時間の経過とともに確定的に変化するような変数のことです。このようなデータは、**トレンド定常過程**と総称されます（後ほど説明しますが、データからトレンドを「抜く」と定常過程になるという意味でこう呼ばれます）。例えば、図 7.4.1 は日本の実質 GDP の 1994 年第 1 四半期から 2024 年第 3 四半期までのデータ（$T = 123$）の対数値をプロットしたものです。x 軸の 1994Q1 は、1994 年の第 1 四半期（ここで Q は、英語の Quarter（四半期）の Q です）を表しています。他も同様です。

　これを見ると、時間が経過するにつれて実質 GDP は一定の割合で増加する傾向があることが見て取れます。このようなデータに対して、各時点で期待値が等しいと仮定するのは非常に不自然です。このデータからは、むしろ期待値が時間の経過と共に上昇していると考える方が自然です。このデータのように、時間の経過とともにほぼ同じ割合で増加（または減少）するトレンドのことを、**線形トレンド**と言います。線形トレンドを含むデータの DGP として、トレンドで表せる部分と定常過程で表せる部分を足した

$$y_t = \alpha + \beta t + x_t, \ t = 1, 2, \dots \tag{7.3}$$

という確率過程が考えられます。ここで、t は時点です。x_t は $E(x_t) = 0$ である何

図7.4.1 日本の実質GDPの四半期データ対数値

らかの定常過程とします。式 (7.3) の y_t が定常過程でないことを確認するために、両辺の期待値を取ってみると（ここで、t は確率変数ではないことに注意してください）、

$$E(y_t) = \alpha + \beta t + E(x_t) = \alpha + \beta t$$

となります。この右辺は時点 t に依存して変化しているので、定常性の条件を満たしていないことがわかります。また、β が正であれば時間の経過とともに、y_t の期待値が徐々に増加していくこともわかります。

このような時系列データを定常過程に直して分析する際には、まずはトレンドを抜くという作業を行います。つまり、

$$y_t^* = y_t - \alpha - \beta t = x_t$$

という変換を y_t に施してあげれば、y_t^* は定常である x_t に等しくなりますので、定常である x_t だけが取り出せ、y_t^* に対して定常性を仮定して分析を行うことが

できます。ただし、この α と β というパラメーターは未知なので、データから推定する必要があります。この α と β の推定によく用いられるのは、第 10 章で説明する最小二乗法です。図 7.4.1 のデータが式 (7.3) で表される確率過程に従っているとして、最小二乗法によって α と β を推定すると、

$$\hat{\alpha} = 13.042, \quad \hat{\beta} = 0.00165$$

という推定値が得られます。この推定した直線が、図 7.4.1 の $\hat{\alpha} + \hat{\beta}t$ という直線です。また、この直線と実際のデータとの差（つまりトレンドを除去したもの）が、図 7.4.2 になります。

図 7.4.2 四半期実質GDP対数値からトレンドを除去したもの

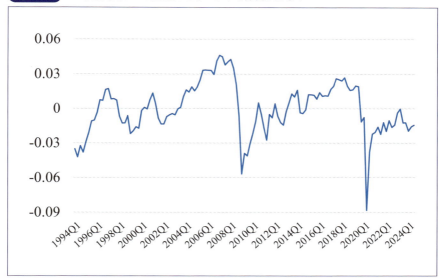

もとの系列と比べると、定常過程に従っているという仮定が比較的自然なものとなっていることがわかります。

階差を取る

非定常過程の例として、2つ目は**単位根過程**と呼ばれる確率過程です。これは次のように定式化されます。

$$y_t = \delta + y_{t-1} + x_t$$

ここで、x_t は $E(x_t) = 0$ の何らかの定常過程です。δ を単位根過程の**ドリフト**と言います。この確率過程は、$\delta > 0$ のときは先ほどの実質 GDP データのように一定の割合で徐々に増加する傾向がありますが、$\delta = 0$ の場合（このような場合を、**ドリフトがない**と言います）にはそのような傾向はなく、上に動いたり下に動いたりします（これは一見すると、定常過程に非常に似ています）。$\delta = 0$ で、x_t が i.i.d. 系列のときは特に、**ランダムウォーク過程**とも呼ばれます。上記の確率過程について階差を取ると、

$$y_t - y_{t-1} = \delta + x_t$$

となり、右辺は定常過程プラス定数となります。定常過程に定数を足しても定常過程なので（これは簡単に確かめられます）、この過程は階差を取ると定常過程になることがわかります。

（ドリフトなしの）単位根過程は、例えば為替レートの動きなどで見られることが知られています。図 7.4.3 は、1990/1/2 から 2009/3/12 の円 / ドル為替レートの日次データの対数値（T=5000）と、その階差を取ったもの（T=4999）です。階差を取ったものの方が、定常と見なしやすいことがわかります。

図 7.4.3 円/ドル為替レートの対数値とその階差のデータ

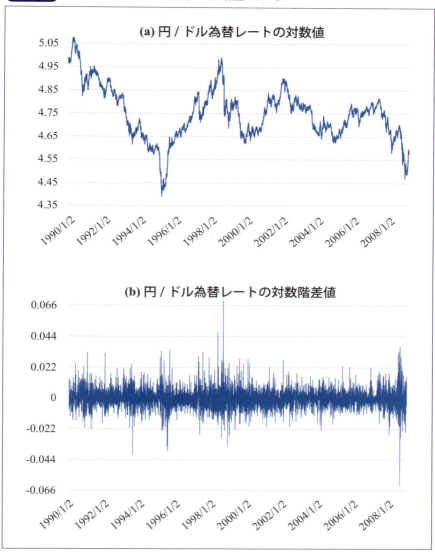

　単位根過程は経済のデータではよく見られることが知られていますが、単位根過程か定常過程かを見分けるのは、実はそんなに簡単ではありません。本書

では扱いませんが、そのための検定手法は総称して**単位根検定**と呼ばれており、非常にたくさんの検定方法が開発されています。[1]

█████████████████████████ 第7章のまとめ █████████████████████████

- 時系列データとは T 個の確率変数が並んだもので、それらは T 次元の結合分布を持つ。時間の経過とともに観測される DGP を、確率過程と呼ぶ。
- 一般の時系列データでは、時点が異なれば、その期待値／自己共分散の値は異なると考える。
- 確率過程が定常であるとは、全ての時点で期待値が同じであり、自己共分散は時点間の間隔のみに依存するという条件を満たすことである。
- 定常性を仮定すると、様々な分析が可能になる。例えば、確率過程の自己相関を一致推定できる。
- 定常でない確率過程を非定常過程と呼ぶ。非定常過程の代表的なものに、トレンド定常過程と単位根過程がある。これらは適切に変換することによって、定常過程にすることができる。

---

1) 単位根検定について興味ある読者は、『経済・ファイナンスデータの計量時系列分析』（沖本竜義、朝倉書店）を参照すると良いでしょう。

自己回帰移動平均モデル

水準の変動の分析

　本章では、1変量時系列分析において最もよく用いられるモデルの1つである、自己回帰移動平均モデルを紹介します。前章までは、コレログラムがどのような形を取っているのかが時系列データの重要な特徴の1つであることを見ました。自己回帰移動平均モデルは、様々なコレログラムの形を少ないパラメーターで柔軟に表現することができるため、様々な時系列データのモデルとして適用することが可能です。本章では、自己回帰移動平均モデルの理論的な特徴や、実際のデータに適用する際に注意すべき点などを述べていきます。

8.1 自己回帰モデルと移動平均モデル

自己回帰移動平均モデルは2つのモデルを組み合わせたもの

　本章では、自己回帰移動平均モデルについて紹介します。自己回帰移動平均モデルは、**自己回帰モデル**と**移動平均モデル**という、それぞれ異なった特徴を

図8.1.1　自己回帰移動平均モデル

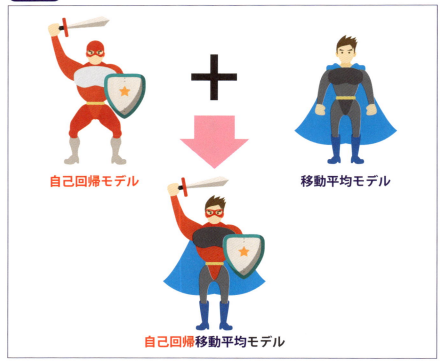

持つ 2 つのモデルを組み合わせたモデルです。これら 2 つのモデルは、それぞれが時系列分析における代表的なモデルであり、データによってはこれらのモデルだけで十分その動きを記述できる場合も多く、これらはそれぞれ単独でもよく用いられます。自己回帰移動平均モデルの特徴を理解するために、まずはこれら 2 つのモデルから見ていきましょう。

自己回帰モデル

まずは、自己回帰モデルについてです。自己回帰モデルは、英語ではautoregressive モデルと言います。この英語を略して、AR モデルと呼ぶのが一般的です。以下では、「自己回帰モデル」と「AR モデル」という 2 つの言葉を、同じものを表す言葉として、特に区別することなく使っていくので注意してください。

統計学で頻繁に登場する、**回帰分析**という分析を知っている方も多いかと思います。やや乱暴な言い方をすると、回帰分析とは、ある変数の動きをその変数とは別の他の変数の動きで説明するということです（このような分析を、ある変数を他の変数に**回帰する**という言い方をします）。モデルの名前は大抵の場合、そのモデルがどのようなモデルなのかを簡潔に表していることが多いものですが、自己回帰モデルの場合もその例に漏れず、モデルの名前がどのようなモデルなのかを簡潔に表しています。

このモデルの場合、回帰という言葉の前に自己という言葉が付いているのが特徴的です。少し言葉を補足すると、自己に回帰するモデルとなります。これより、このモデルはある変数を、その変数自身に回帰するようなモデルではないかと想像ができます。

では、ある変数をその変数自身に回帰させるとは、どういうことでしょうか？ 結論を言ってしまうと、自己回帰モデルは、ある変数をその変数の過去の値に回帰しているモデルということです。

では次に、このモデルをより正確に数式で記述することにします。時系列変数 y_t が自己回帰モデル（後に見るように、より正確には **1 次の**自己回帰モデル) に従う確率過程であるというのは、この y_t が

$$y_t = c + \phi y_{t-1} + \varepsilon_t \tag{8.1}$$

というように決定されることを意味します。

　ここで、c と ϕ はある定数、ε_t は期待値が 0 で分散が σ^2 である独立同分布に従う確率変数とします。また、観測されるのは y_t だけで、ε_t は観測されないとします。この確率変数 ε_t は回帰分析で言うところの**誤差項**に当たります。この式を見てみると、時点 t における y_t の値は、定数 c と 1 時点前の y_t の値である y_{t-1} にある定数 ϕ を掛けたもの、すなわち、ϕy_{t-1} と確率変数である ε_t を足し合わせたものになっています。回帰分析で言うところの被説明変数が y_t であり、説明変数が y_{t-1} になっているということです。まさに、現在（時点 t）の自分を、過去（時点 $t-1$）の自分に回帰している、つまり自己回帰しているモデルになっているということがわかります。

　自己回帰モデルは、y_t の現在の値は y_t の過去の値と関係しているということを直接的に表すモデルで、これは直観的には非常に自然な発想でしょう。多くの時系列データは、徐々に値が変わっていくような動きを示すものが多く、前の時点の値と次の時点の値は関係していると考えられるため、自己回帰モデルの考え方は多くの時系列データの動きを表すのに非常に適していると考えられます。

　このモデルにおいて、y_t の動きを決定する際に最も重要となる部分は、ϕ というパラメーターです（c も重要ですが）。なぜなら、この ϕ の値が、y_t がその 1 時点前の値である y_{t-1} から、どのような影響をどのくらい受けるかを決定するからです。例えば、ϕ が正であれば、y_{t-1} が大きくなったときに y_t も大きくなる傾向があることになりますし、ϕ が負であれば、y_{t-1} が大きくなったときに y_t は小さくなる傾向があることになります。さらに、ϕ の絶対値が大きいほど、これらの影響は大きくなることもわかります。

このように、自己回帰モデルではy_tの値は過去のy_tの値（ここでは1時点前の値）に依存して決定されますが、それだけではなく確率変数ε_tも足されていることに注意してください。この部分は、時点tになって初めて実現する部分なので、時点$t-1$ではまだその値はわかりません。よって、1時点前の段階では、y_{t-1}の値は観測されてわかるものの、まだy_tの値はわからない（決定されていない）ことになります。時点tになり、確率変数ε_tの実現値（これは観測されません）が足されて初めてy_tの値が決定され、その値が観測されるようになります。

図8.1.2 自己回帰モデルのイメージ

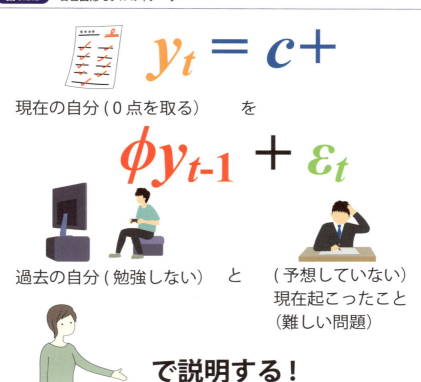

ARモデルは、現在の自分を過去の自分と（予想していない、予想できない）現在起こったことで説明するモデルです。

8.2

自己回帰モデルの特徴

━━ 自己回帰モデルの定常性の条件

　ある時系列モデルを考えた場合、そのモデルについて最も興味のあることの1つは、そのモデル（あるいは確率過程）はどのような条件の下で定常であるのか、ということです。

　時系列分析の手法は、データが定常性を満たすということを前提としていることが多いので、その動きを記述するモデル（あるいは確率過程）が定常性を満たすのか、また満たすならばどのような条件のもとで満たすのかということは理論的に重要な問題です。さらに分析によっては、その条件を満たすようにモデルを推定する必要があるため、実際のデータ分析においても大変重要な問題となります。

　式 (8.1) で与えられた自己回帰モデルの定常性の条件は、数学的な証明は省きますが、以下の条件で与えられます。

> 自己回帰パラメーター、ϕ、の絶対値が 1 より小さい

　絶対値が 1 より小さいということは 1.5 や −1.5 はもちろんのこと、1 や −1 も条件を満たさないということに注意してください。条件を満たすのは、0.9 や 0.8 という値になります。

> **図 8.2.1** 式(8.1)の自己回帰モデルの定常性の条件

式(8.1)の自己回帰モデルの定常性の条件は、ϕ の値が -1 より大きく、1 より小さいことです。

定常な自己回帰モデルの動き

　AR モデルが定常性を満たす場合を考えてみます。この場合、定常性より、y_t は共通の無条件期待値と無条件分散を持ちます（これらはそれぞれ定常期待値、定常分散とも呼ばれます）。このとき、AR モデルから生成された y_t の動きがどうなるか見てみましょう。図 8.2.2 は、式(8.1) の AR モデルにおいて $c = 1$, $\sigma^2 = 1$ とし、さらに ε_t は正規分布に従うとして、ϕ の値を適当に設定し、y_t, $t = 1, \ldots, 100$ を発生させて図示したものです（ここで y_0 は観測されないため、y_1 は後述する y_t の無条件期待値と無条件分散を持つ正規分布から発生させています）。

　図 8.2.2 より、y_t の動きがどのようになっているか順に見ていきましょう。
　まず、図 (a) の $\phi = 0$ の場合は $y_t = c + \varepsilon_t$ となりますから、これは期待値 c, 分散 σ^2 の独立に正規分布に従う確率変数のプロットと同じになります。図 (a) を見ると、y_t と y_{t-1} の間には互いに特に関係もなく、ランダムに動いている様子が伺えます。

図 8.2.2 自己回帰モデルの動き

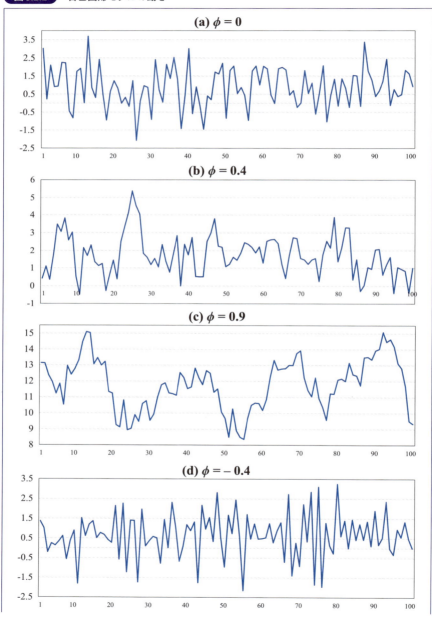

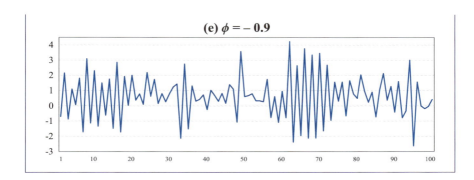

　次に、ϕ の値が正の場合を考えましょう。この場合、y_{t-1} の値の影響が何割かは残るため、y_t は全体として徐々に変化していく動きになります。図 (b) や図 (c) を見ると、y_t の動きが徐々に変化していく様子が見て取れます。また、ある特定の値の周辺を動いていることも観察されます（後に見るように、これが y_t の無条件期待値の値です）。さらに、図 (b) と図 (c) を比べると、y_{t-1} の値からの影響の残り具合は ϕ の値が大きいほど大きく、$\phi = 0.9$ の場合などは前の時点からの変化の具合はかなり小さく、ゆっくりと値が変化しているのがわかります（このような y_t の動きを、**粘着的**と言います）。

　一方、ϕ の値が負の場合は、y_{t-1} の値が正であれば負の方向に一気に動き、また y_{t-1} の値が負であれば正の方向に一気に動くので、y_t は全体として振動しながら動くことになります。また、振動して動きつつも、やはりある値の周辺をうろうろするような動きをしていることがわかります。さらに、図 (d) と図 (e) を比較すると、この振動の大きさは ϕ の値が大きくなるほど大きくなっていることも見て取れます。

　このように、AR モデルは ϕ の値に応じて動き方が変わっていき、ϕ の符号が異なるとかなり異なった動きになります。しかしながら、定常な場合は、y_t はその無条件期待値の周りを変動するということは符号にかかわらず共通しています。また、その**変動の大きさ**は、ϕ の大きさのみならず、実は ε_t の分散 σ^2 の大きさ（ここでは 1 に固定しましたが）にも比例します。以下では、この期

待値と分散の値が、ϕ（および c と σ^2）にどのように依存して決まるかを見てみましょう。

自己回帰モデルの期待値と分散

式 (8.1) で与えられる AR モデルの無条件期待値と無条件分散の値を求めてみます。これは、定常性の条件を満たしているという条件のもとで、簡単に求めることができます。

まず、y_t の無条件期待値 $E(y_t)$ を求めます。c, ϕ は定数、および $E(\varepsilon_t) = 0$ であることに注意して、式 (8.1) の両辺の期待値を取ると、

$$E(y_t) = c + \phi \, E(y_{t-1}) + E(\varepsilon_t) = c + \phi E(y_{t-1})$$

を得ます。定常性の条件より、$E(y_t)$ と $E(y_{t-1})$ は同じ値なので、これを μ と置き上式に代入して μ について解くと、

$$\mu = c + \phi \mu \Rightarrow (1 - \phi)\mu = c \Rightarrow \mu = \frac{c}{1 - \phi}$$

となり、$\mu = E(y_t)$ の値は $E(y_t) = c \, / \, (1 - \phi)$ であることがわかります。

図 8.2.2 で用いた ϕ の値に対して μ を計算してみると、$c = 1$ なので、図 (b) の $\phi = 0.4$ の場合は $\mu \approx 1.67$, 図 (c) の $\phi = 0.9$ の場合は $\mu = 10$ であることがわかります。さらに、図 (d) と 図 (e) の $\phi = -0.4$ および $\phi = -0.9$ に対しては、それぞれ $\mu \approx 0.71$ および $\mu \approx 0.53$ になります。それぞれの図において、y_t はこれらの μ の値の周りを動いていることが見て取れます。

次に、無条件分散の値を求めてみましょう。これは、和の分散の公式を用いることにより簡単に求めることができます。

式 (8.1) の両辺の分散を取ると、

$$\begin{aligned}
\mathrm{var}(y_t) &= \mathrm{var}(c + \phi y_{t-1} + \varepsilon_t) \\
&= \mathrm{var}(\phi y_{t-1} + \varepsilon_t) \quad \text{（定数項は分散の計算で無視できるので）} \\
&= \mathrm{var}(\phi y_{t-1}) + \mathrm{var}(\varepsilon_t) + 2\mathrm{cov}(\phi y_{t-1}, \varepsilon_t) \quad \text{（和の分散の公式より）} \\
&= \phi^2 \mathrm{var}(y_{t-1}) + \sigma^2 \quad \text{（}\mathrm{cov}(y_{t-1}, \varepsilon_t) = 0 \text{なので）}
\end{aligned}$$

が得られます。ここで、$\mathrm{cov}(y_{t-1}, \varepsilon_t) = 0$ となる理由を直観的に説明しましょう。式 (8.1) より、y_{t-1} は y_{t-2} と ε_{t-1} に依存して値が決まります。また、y_{t-2} は y_{t-3} と ε_{t-3} に依存して値が決まります。さらに、y_{t-3} は y_{t-4} と ε_{t-3} に依存して値が決まります。この議論を繰り返していくと、y_{t-1} は結局、$\varepsilon_s, s \leq t-1$ に依存して値が決まることがわかります。また、ε_t は互いに独立であるので、当然、ε_t と $\varepsilon_s, s \leq t-1$ も独立であり、そのため $\varepsilon_s, s \leq t-1$ に依存して決まる y_{t-1} と ε_t も独立になるということです。独立であれば相関は 0 ですから、$\mathrm{cov}(y_{t-1}, \varepsilon_t) = 0$ となります。

先ほどと同様に、上式に定常性の条件 $\mathrm{var}(y_{t-1}) = \mathrm{var}(y_t) = \gamma_0$ を代入して γ_0 について解くと、

$$\mathrm{var}(y_t) = \gamma_0 = \frac{\sigma^2}{1 - \phi^2}$$

となります。図 8.3.2 で用いたそれぞれの ϕ の値に対して、分散を計算してみると、$\phi = 0.4, 0.9, -0.4$ および -0.9 のそれぞれに対して、$\mathrm{var}(y_t) \approx 1.19, 5.26, 1.19,$ および 5.26 となります。分散の計算式の中では ϕ は 2 乗されているので、ϕ の絶対値が同じであれば分散は同じ値になることに注意してください。

以上の結果をまとめると、次のようになります。

AR モデルの期待値と分散の値

式 (8.1) の AR モデルの（無条件）期待値と（無条件）分散の値は、

$$E(y_t) = \frac{c}{1 - \phi}, \quad \mathrm{var}(y_t) = \frac{\sigma^2}{1 - \phi^2}$$

で与えられます。

この結果を見てみると、AR モデルの y_t の期待値は、c の値が大きくなるか、ϕ の値が大きくなると大きくなることがわかります。また分散は、ε_t の分散 σ^2 の値が大きくなるか、ϕ の絶対値が大きくなると大きくなることがわかります。

　ここで再び、図 8.2.2 を見てみましょう。ここでは、σ^2 の値は 1 で固定してあるので、この値の変化の影響は図からはわかりませんが、ϕ の値が大きくなると、y_t の変動が大きくなっていることが図からも見て取れます。

8.3 自己回帰モデルの自己相関の構造

― 自己相関をうまく記述できるモデルが良いモデル

前節では、AR モデルの定常性の条件、およびその無条件期待値と無条件分散を求めました。これらは AR モデルにおける y_t の性質についての情報の1つです。そしてこれらに加え、そのモデルがどのような自己相関の構造を持つのかということも、モデルの性質として大変興味のある重要な情報です。なぜなら、時系列モデルの役割は実際のデータの動きを記述することですから、より良いモデルであるためには、実際に分析するデータの自己相関の構造をよく記

図8.3.1　AR モデルのパラメーターと y_t の期待値と分散の関係

$E(y_t)$ と $\mathrm{var}(y_t)$ は、それぞれ c と ϕ、および ϕ と σ^2 の関数です。ϕ はどちらにも入っています。

述できる必要があるからです。以下では、モデルが定常性の仮定を満たす場合に、式 (8.1) の AR モデルの自己相関の構造を求めてみましょう。

自己回帰モデルの自己共分散

まずは自己共分散についての関係式を導出し、さらにその関係式より、自己相関についての関係式を導出します。式 (8.1) の AR モデルは、定常性の条件を満たすとします。このとき、第 k 次の自己共分散 γ_k の定義は、

$$\gamma_k = \text{cov}(y_t, y_{t-k}) = E[(y_t - \mu)(y_{t-k} - \mu)]$$

であることを思い出しましょう。ここで、$\mu = E(y_t)$ です。定常性の条件を満たしているので、y_t と y_{t-k} の期待値は共通であることに注意してください。さらに、前節で見たように、$\mu = c/(1 - \phi)$ であることにも注意してください。この γ_k を計算するには、式 (8.1) の AR モデルを以下のように書き換えると便利です。

式 (8.1) の AR モデルの両辺から μ を引き、(やや細かく) 計算をしていくと次のように書き直せます。

$$
\begin{aligned}
y_t - \mu &= c + \phi y_{t-1} + \varepsilon_t - \mu \\
&= c - \mu + \phi(y_{t-1} - \mu) + \phi\mu + \varepsilon_t \\
&= c - \mu + \phi\mu + \phi(y_{t-1} - \mu) + \varepsilon_t \\
&= c - \frac{c}{1-\phi} + \frac{\phi c}{1-\phi} + \phi(y_{t-1} - \mu) + \varepsilon_t \\
&= \frac{c(1-\phi) - c + \phi c}{1-\phi} + \phi(y_{t-1} - \mu) + \varepsilon_t \\
&= \phi(y_{t-1} - \mu) + \varepsilon_t,
\end{aligned}
$$

さらに、この両辺に $y_{t-k} - \mu$ を掛けて期待値を取ると、

$$
\begin{aligned}
E[(y_t - \mu)(y_{t-k} - \mu)] &= E[\phi(y_{t-1} - \mu)(y_{t-k} - \mu) + \varepsilon_t(y_{t-k} - \mu)] \\
&= \phi E[(y_{t-1} - \mu)(y_{t-k} - \mu)] + E[\varepsilon_t(y_{t-k} - \mu)]
\end{aligned}
$$

となります。左辺は γ_k の定義であり、右辺の第 1 項については γ_k の定義より、

$E[(y_{t-1} - \mu)(y_{t-k} - \mu)] = \gamma_{k-1}$ となることがわかります（時点 $t-1$ と時点 $t-k$ は、$k-1$ 時点離れていることに注意してください）。また右辺第 2 項は、$k \geq 1$ のときには $E(\varepsilon_t) = 0$ であることに注意すると、

$$E[\varepsilon_t(y_{t-k} - \mu)] = \mathrm{cov}(\varepsilon_t, y_{t-k}) = 0$$

となります。よって、結局は γ_k と γ_{k-1} の関係式として、

$$E[(y_t - \mu)(y_{t-k} - \mu)] = \phi E[(y_{t-1} - \mu)(y_{t-k} - \mu)]$$
$$\Leftrightarrow \gamma_k = \phi \gamma_{k-1}$$

が得られます。この式を用いれば、この式に $k = 1, 2, \ldots,$ を代入していくと $\gamma_0 = \sigma^2/(1 - \phi^2)$ から始まって、$\gamma_1, \gamma_2, \ldots.$ の値を順に求めることができます。例えば、$\sigma^2 = 1.5$, $\phi = 0.5$ の場合には、

$$\gamma_0 = \sigma^2/(1 - \phi^2) = 1.5/(1 - 0.5^2) = 1.5/0.75 = 2$$
$$\gamma_1 = \phi \gamma_0 = 0.5 \times 2 = 1$$
$$\gamma_2 = \phi \gamma_1 = 0.5 \times 1 = 0.5$$
$$\vdots$$

のようになります。

■ 自己回帰モデルの自己相関

さらに、この関係式 $\gamma_k = \phi \gamma_{k-1}$ の両辺を γ_0 で割り、第 k 次の自己相関 ρ_k の定義が $\rho_k = \gamma_k/\gamma_0$ であったことに注意をすると、

$$\frac{\gamma_k}{\gamma_0} = \frac{\gamma_{k-1}}{\gamma_0} \iff \rho_k = \phi \rho_{k-1},$$

という第 k 次の自己相関 ρ_k についての関係式も得られます（この式は、**ユールウォーカー方程式**と呼ばれます）。第 0 次の自己相関は必ず 1、つまり $\rho_0 = 1$ になることに注意して（これは、y_t と y_t 自身の相関は必ず 1 になるからです）、先ほどと同様、この式に $k = 1, 2, \ldots,$ と代入していくことによって、$\rho_1, \rho_2, \ldots$ の

値を順番に求めていくことができます。

ここで得た結果をまとめると、次のようになります。

AR モデルの自己相関

式 (8.1) で与えられる AR モデルの自己相関は、$\rho_k = \phi^k$ で与えられます。

この結果より、式 (8.1) の AR モデルのコレログラムを書くことができます。図 8.3.2 は、図 8.2.2 で用いた ϕ の値に対するコレログラムです (ただし、$\phi = 0$ の場合は全ての k で $\rho_k = 0$ となるため除きます)。このコレログラムを見ると、基本的には非常に単純な形をしていることがわかります。ϕ の値が正であれば k が増える毎に単調に減少していき、負であれば、振動しながらですが、その絶対値はやはり単調に減少していきます。

実際の時系列データのコレログラムは、このような単純なコレログラムでは表せない場合がしばしばあります。よって、式 (8.1) で与えられる AR モデルは、実際のデータの動きを記述するのに不十分であるということになるでしょう。

このように、式 (8.1) で与えられた AR モデルの自己相関の構造は非常に単純な形をしており、実際の時系列データの動きを表すのに十分ではない場合が多いという問題があります。この問題に対応するため、もっと様々なコレログラムを柔軟に表すことができるように、式 (8.1) の AR モデルを拡張することを考えます。そのようなモデルの 1 つが、次節で考える **p 次の AR モデル**と呼ばれるモデルです。

図8.3.2 ARモデルのコレログラム

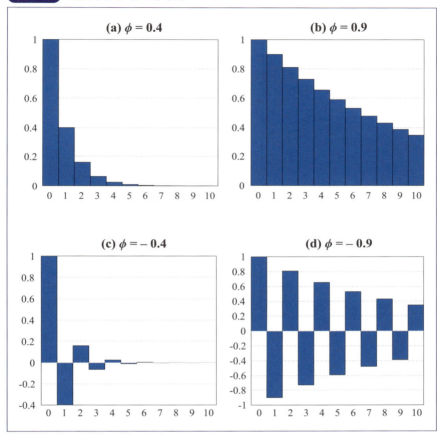

8.4 ARモデルの拡張 - p次のARモデル

式(8.1)のARモデルの拡張

式(8.1)で与えられたARモデルは、実は以下で説明するp次のARモデルの特別な場合（$p=1$の場合）になっています。

次数pのARモデルは、以下のように定義されます。

$$y_t = c + \phi_1 y_{t-1} + \phi_2 y_{t-2} + \ldots + \phi_p y_{t-p} + \varepsilon_t = c + \sum_{j=1}^{p} \phi_j y_{t-j} + \varepsilon_t \tag{8.2}$$

ここで、ε_tは式(8.1)のε_tと同じ条件を満たすとします。この式において、$p=1$と置けば式(8.1)のARモデルを得ることができます。p次のARモデルは、次数pを明示してAR(p)モデルと書きます。そして、式(8.1)のARモデ

図8.4.1　AR(p)モデルのイメージ

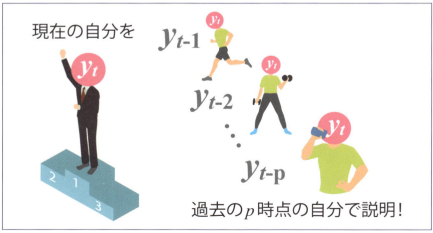

AR(p)モデルはより多くの過去で現在を説明するため、自己相関の構造はより柔軟になります。

ルは、AR(1) モデルということになります。

このモデルでは、p を大きくすることによって、式 (8.1) の AR モデル、つまり AR(1) モデルと比較して、様々なコレログラムの形をより柔軟に表すことができます。

p 次の AR モデルが定常になる条件は、数学的に少し難しい表現になりますが次のようになります。

> ## AR(p) モデルの定常性の条件
>
> 式 (8.2) の AR(p) モデルが定常になる条件は、多項式
>
> $$1 - \phi_1 z - \phi_2 z^2 - \ldots - \phi_p z^p = 0$$
>
> の z についての、全ての解の絶対値が 1 より大きくなることです。

この条件を満たすときに AR(p) モデルは定常となり、無条件期待値と無条件分散が存在します。これらは以下のように与えられます（導出は省略します）。

> ## AR(p) モデルの（無条件）期待値と（無条件）分散
>
> 式 (8.2) の AR(p) モデルの無条件期待値と無条件分散は、
>
> $$E(y_t) = \frac{c}{1 - \phi_1 - \phi_2 - \cdots - \phi_p},$$
>
> $$\mathrm{var}(y_t) = \frac{\sigma^2}{1 - \phi_1 \rho_1 - \phi_2 \rho_2 - \cdots - \phi_p \rho_p},$$
>
> で与えられます。ここで、ρ_k はこの AR(p) モデルの k 次の自己相関です。

ここで、ρ_k は k 次の自己相関ですが、式 (8.2) の AR(p) モデルに対して、自

己共分散および自己相関は以下の関係式より計算することができます（導出は AR(1) モデルの場合と全く同様なので省略します）。

AR(p) モデルの自己共分散および自己相関

式 (8.2) の AR(p) モデルの自己共分散と自己相関は、$k \geq 1$ に対して

$$\gamma_k = \phi_1\gamma_{k-1} + \phi_2\gamma_{k-2} + \ldots + \phi_p\gamma_{k-p}$$

$$\rho_k = \phi_1\rho_{k-1} + \phi_2\rho_{k-2} + \ldots + \phi_p\rho_{k-p}$$

を満たします。

この自己相関に関する式は、AR(p) モデルの**ユールウォーカー方程式**と言われます。ユールウォーカー方程式は、AR(p) モデルの自己相関の値を求めるのに非常に便利です。例えば、AR(2) モデルであれば、$\rho_0 = 1$ および $\rho_k = \rho_{-k}$ であることに注意すると、ユールウォーカー方程式において $p = 2$ の場合を考え $k=1$ を代入すると、

$$\rho_1 = \phi_1\rho_0 + \phi_2\rho_{-1} \Leftrightarrow \rho_1 = \phi_1 + \phi_2\rho_1 \Leftrightarrow \rho_1 = \frac{\phi_1}{1 - \phi_2}$$

となり、ρ_1 の値を明示的に得ることができます。また、ρ_2 についても $k=2$ を代入することにより、

$$\rho_2 = \phi_1\rho_1 + \phi_2\rho_0 \Leftrightarrow \rho_2 = \phi_1\frac{\phi_1}{1 - \phi_2} + \phi_2 = \frac{\phi_1^2 + \phi_2(1 - \phi_2)}{1 - \phi_2}$$

のように明示的に求められます。これより、ρ_3 以降の自己相関も、全てユールウォーカー方程式に順に代入していくことによって求めることができます。

AR(p) モデルは、それだけで様々なコレログラムの形を表現できる非常に柔軟なモデルですが、次章で説明する移動平均モデルと合わせて自己回帰移動平均モデルとすることによって、さらに柔軟にコレログラムを表すことができるようになります。

8.5

移動平均モデル

過去のショックの影響をモデル化する

移動平均モデルは、英語では moving average モデルと言い、これを略して MA モデルとも呼びます。以後は、移動平均モデルと呼んだり MA モデルと呼んだりしますが、同じものを指しています。

q 次の移動平均モデルは次のように定式化されます。

$$y_t = c + \varepsilon_t + \theta_1\varepsilon_{t-1} + \theta_2\varepsilon_{t-2} + \cdots + \theta_q\varepsilon_{t-q} = c + \varepsilon_t + \sum_{j=1}^{q} \theta_1\varepsilon_{t-j} \tag{8.3}$$

ここで、ε_t は期待値 0、分散 σ^2 の独立同分布に従う確率変数、$\theta_j, j = 1, ..., q$ は未知パラメーターの定数とします。q 次の MA モデルは、MA(q) モデルと表記されます。このモデルにおいて、y_t は過去から現在までの観測されない誤差項 ε_t の加重和として定義されます。現在の自分は、過去の想定していなかった様々な出来事から影響を受けて形作られているというイメージです。

MA(q) モデルの注意すべき点として、ε_t は観測されないということがあげられます。観測されるのは、それらの加重平均である y_t のみです。よって、MA(q) モデルがどのように過去の y_t と関連しているのか（自己相関がどのような構造を持っているのか）が、直観的にはややわかりにくいモデルになっています。

以降では、もっとも簡単な $q = 1$ の場合から始めて、MA モデルの構造について徐々に理解していきましょう。

図8.5.1 MA(q)モデルのイメージ

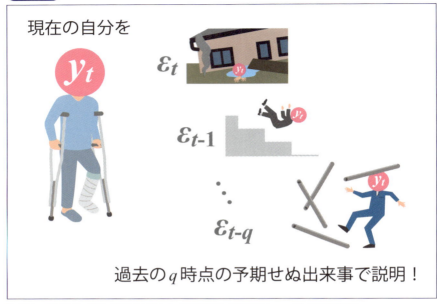

MA(q)モデルは、現在（時点t）と過去のq個の誤差項（予期せぬショック）の加重和です。

■ MA(1)モデルの定常性の条件と期待値と共分散

先ほどと同様、MAモデルについても定常性の条件を考え、その無条件期待値と無条件分散を求めてみましょう。まずは説明の簡単化のため、$q = 1$の場合を考えてみます。

このとき、式(8.3)のモデルは

$$y_t = c + \varepsilon_t + \theta_1 \varepsilon_{t-1}$$

というMA(1)モデルになります。無条件期待値を求めるために両辺の期待値を取ると、

$$E(y_t) = c + E(\varepsilon_t) + \theta_1 E(\varepsilon_{t-1}) = c$$

となり、無条件期待値はcであることがわかります。また、k次の自己共分散

γ_k は

$$
\begin{aligned}
\gamma_k &= \mathrm{cov}(y_t, y_{t-k}) \\
&= E[(y_t - c)(y_{t-k} - c)] \quad (\text{共分散の定義より}) \\
&= E[(\varepsilon_t + \theta\varepsilon_{t-1})(\varepsilon_{t-k} + \theta\varepsilon_{t-k-1})] \quad (y_t \text{の定義より}) \\
&= E(\varepsilon_t\varepsilon_{t-k} + \theta\varepsilon_t\varepsilon_{t-k-1} + \theta\varepsilon_{t-1}\varepsilon_{t-k} + \theta^2\varepsilon_{t-1}\varepsilon_{t-k-1}) \\
&= E(\varepsilon_t\varepsilon_{t-k}) + \theta E(\varepsilon_t\varepsilon_{t-k-1}) + \theta E(\varepsilon_{t-1}\varepsilon_{t-k}) + \theta^2 E(\varepsilon_{t-1}\varepsilon_{t-k-1})
\end{aligned}
$$

ですが、ε_t の期待値が 0 で互いに独立であるので、$E(\varepsilon_t\,\varepsilon_s)$ は $t = s$ のときには $E(\varepsilon_t^2) = \sigma^2$ であり、$t \neq s$ のときには $E(\varepsilon_t\varepsilon_s) = 0$ となります。よって、上記の γ_k は、

$$
\gamma_k = \begin{cases}
(1 + \theta_1^2)\sigma^2 & k = 0 \text{ の時} \\
\theta_1\sigma^2 & k = 1 \text{ の時} \\
0 & k \geq 2 \text{ の時}
\end{cases}
$$

となります。$k = 0$ のときが、y_t の無条件分散 $\mathrm{var}(y_t)$ です。ここでは定常性を仮定せずに、その無条件期待値と自己共分散を求めましたが、これらを見てみると無条件期待値は c という定数で、これは時点には依存せず、全ての t について共通しています。一方、自己共分散 γ_k も時点に依存しておらず、その値は時点の間隔である k のみに依存して決定されています。

　これらより、MA(1) モデルは定常性の条件を満たしていることがわかります。先ほどの AR モデルの場合とは異なり、ここではモデルが定常であることを仮定せずに（θ_1 の値に何の条件も置かずに）、その無条件期待値と無条件共分散を求めました。その結果、その無条件期待値と無条件分散は定常性の条件を満たしているということがわかりました。このことは、ここで考えた MA(1) モデルは、θ の値に関わらず常に定常になるということを意味します。また、ここでは次数 $q = 1$ の場合の結果ですが、式 (8.3) で与えられた MA(q) モデルの場合にも全く同様の議論により、その無条件期待値と無条件共分散は定常性の条件を満たす事が確認できます。これは、$\theta_1, \ldots, \theta_q$ の値にかかわらず、この MA(q) モデルが（一般の q の値に対して）常に定常性を満たすことを意味しています。

図8.5.2 MAモデルの定常性の条件のイメージ

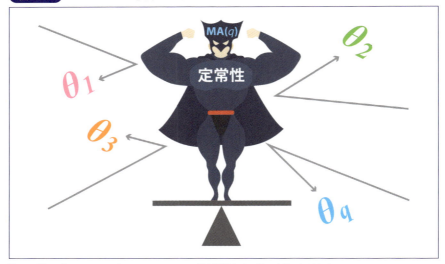

MA(q)モデルはパラメーター $\theta_j, j=1,\cdots,q$ の値と関係なく、常に定常になります。

■ MA(1)モデルの自己相関の構造

上記の結果より、MA(1)モデルの自己相関は次のような構造を持っていることがわかります。

$$\rho_k = \frac{\gamma_k}{\gamma_0} = \begin{cases} 1 & k=0 \text{ の時} \\ \dfrac{\theta}{1+\theta^2} & k=1 \text{ の時} \\ 0 & k \geq 2 \text{ の時} \end{cases}$$

これを見ると、kが2以上の場合、すなわちy_tの時点が2時点以上離れている場合、自己相関が0になることがわかります。これが、MA(1)モデルの1番の特徴です。y_tを表す式にε_{t-1}より前のε_tが入っていないことから、直観的にもそのようになりそうな感じですが、実際にそうであるということです。

このように、時点がある一定以上離れると自己相関の値が0になるというの

は、実は一般の次数 q の MA モデルについても成り立ちます。より具体的に述べると、MA(q) モデルの場合には、q 次の自己相関までは一般的には 0 ではないのですが、$q+1$ 次以上の自己相関の値は全て 0 になります。これは、式 (8.3) の y_t を表す式に、ε_{t-q} より前の時点の ε_t が含まれていないことから直観的にも理解できるでしょう。

次節では、MA(q) モデルについてその自己共分散、自己相関の構造を明示的に述べます。

■ MA(q) モデルの自己共分散、自己相関の構造

詳しい導出は省きますが、式 (8.3) の MA(q) モデルに対して、その自己共分散と自己相関は次のようになります。

MA(q) モデルの自己共分散と自己相関

MA(q) モデルの自己共分散は、

$$\gamma_k = \begin{cases} (1+\theta_1^2+\theta_2^2+\cdots+\theta_q^2)\sigma^2 & k=0 \text{ の時} \\ (\theta_k+\theta_1\theta_{k+1}+\theta_2\theta_{k+2}+\cdots+\theta_{q-k}\theta_q)\sigma^2 & 1\leq k\leq q \text{ の時} \\ 0 & q<k \text{ の時} \end{cases}$$

で与えられます。また自己相関は、

$$\rho_k = \frac{\gamma_k}{\gamma_0} = \begin{cases} 1 & k=0 \text{ の時} \\ \dfrac{\theta_k+\theta_1\theta_{k+1}+\theta_2\theta_{k+2}+\cdots+\theta_{q-k}\theta_q}{1+\theta_1^2+\theta_2^2+\cdots+\theta_q^2} & 1\leq k\leq q \text{ の時} \\ 0 & q<k \text{ の時} \end{cases}$$

で与えられます。ここで、$k>q$ に対しては $\theta_k=0$ です。

図 8.5.3 は、MA(3) モデルの自己相関を適当な $\theta_1, \theta_2, \theta_3$ の値に対して図示したものです（次数が 0 の自己相関は、定義により必ず 1 になるので図示する意

味はほとんどありませんが、次数0の自己相関も図示するのが慣例になっています）。MAモデルも様々な自己相関の構造を表現できることがわかりますが、最大次数（ここでは3）を超える自己相関については、全て0になるという特徴が見て取れます。

図8.5.3 MA(3)モデルのコレログラムの例

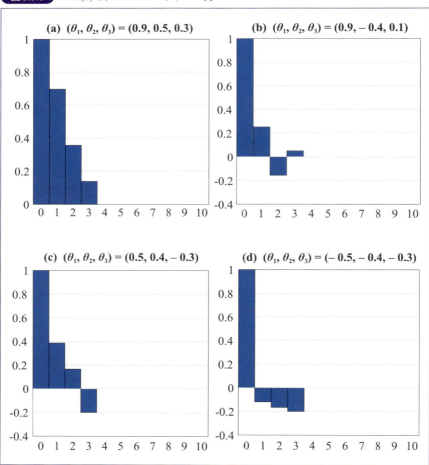

8.6

自己回帰移動平均モデル

2つのモデルの組み合わせ

ここまでは、自己回帰モデルと移動平均モデルについて説明してきました。8.1 節でも述べたとおり、自己回帰移動平均モデルはこの 2 つを合わせたモデルです。英語では autoregressive moving average モデルと言い、これを略してARMA モデルと呼びます。以後は、ARMA モデルと自己回帰移動平均モデルは同じものを指します。

それでは、自己回帰移動平均モデルを数学的に記述しましょう。これは、式 (8.2) と式 (8.3) を組み合わせることによって、

$$\begin{aligned} y_t &= c + \phi_1 y_{t-1} + \phi_2 y_{t-2} + \cdots + \phi_p y_{t-p} + \varepsilon_t \\ &\quad + \theta_1 \varepsilon_{t-1} + \theta_2 \varepsilon_{t-2} + \cdots + \theta_q \varepsilon_{t-q} \\ &= c + \sum_{j=1}^{p} \phi_j y_{t-j} + \varepsilon_t + \sum_{j=1}^{q} \theta_j \varepsilon_{t-j} \end{aligned} \tag{8.4}$$

と定式化されます。

ここで、ε_t は式 (8.2) と式 (8.3) の ε_t と同様の条件を満たすとします。これを見ると、最初の部分は AR(p) モデル、後半部分は MA(q) モデルになっているのがわかるかと思います。このように、AR 部分が p 次まで、MA 部分が q 次まで含まれている ARMA モデルを、次数 (p, q) の ARMA モデルと呼び、ARMA(p, q) と表記されます。

この定式化からも明らかなように、ARMA(p, q) モデルは AR(p) モデルとMA(q) モデルが合わさったモデルですから、その性質もこの 2 つのモデルを合

第8章 自己回帰移動平均モデル

221

わせたものになります。詳しい説明は省きますが、以下にその主なものを列挙して簡単に説明しておきます（2つを合わせたモデルとして、直観的には非常に自然な性質です）。

ARMA(p, q) モデルの性質

- **性質1**

   定常性の条件は式 (8.2) の AR(p) モデルと同じ、すなわち多項式

   $$1 - \phi_1 z - \phi_2 z^2 - ... - \phi_p z^p = 0$$

の z についての、全ての解の絶対値が1より大きくなることです。

- **性質2**

   無条件期待値は式 (8.2) の AR(p) モデルと同じ、すなわち

   $$\frac{c}{1 - \phi_1 - \phi_2 - ... - \phi_p}$$

で与えられます。

- **性質3**

   $q + 1$ 次以降の自己共分散 γ_k と自己相関 ρ_k は、以下の方程式に従います。すなわち、$k \geq q + 1$ に対して

   $$\gamma_k = \phi_1 \gamma_{k-1} + \phi_2 \gamma_{k-2} + \cdots + \phi_p \gamma_{k-p}$$
   $$\rho_k = \phi_1 \rho_{k-1} + \phi_2 \rho_{k-2} + \cdots + \phi_p \rho_{k-p}$$

が成り立ちます。

　性質1は、ARMA モデルの定常性の条件はその AR 部分のみに依存していることを意味しています。式 (8.3) の MA モデルは θ_j の値によらず定常なので、ARMA モデルにおいてもその MA 部分は定常性の条件に関係しないというのは、直観的には非常に自然でしょう。

性質2も、式(8.4)のARMAモデルにおいて、定数項はAR部分に含まれると考えると、MA部分は定数項を含まないので、その期待値はθ_jの値によらず常に0であり、これも直観的には非常に自然な結果と言えます。

性質3は、ARMA(p, q)モデルの自己相関に関しての性質です。ARMA(p, q)モデルの自己相関は、q次まではAR部分とMA部分が複雑に絡み合って決定するため、明示的な表現を導くのは難しいのですが、MA部分については$q+1$次以降の自己相関は0になるので、それ以降はMA部分の影響がなくなり自己相関はAR部分によってのみ決定されます。

性質3は、この場合$q+1$次以降の自己相関について、AR(p)モデルで成り立っていた性質（ユールウォーカー方程式）が成り立つということを意味しています（ただし、この場合も自己相関の値自体は、AR(p)モデルとは異なることに注意してください）。

ARMA(p, q)モデルは、AR(p)モデルとMA(q)モデルをあわせたモデルですが、上記の3つの性質に見るようにAR(p)モデルからの影響が大きく、多くの共通する性質を持っています（より正確には、MAモデルが影響を与えない部分についてはARモデルと同じと言った方が良いかもしれません）。図8.6.1は、これらの性質をまとめたもののイメージです。

図8.6.1 ARMA(p, q) モデルと AR(p) モデルの共通部分のイメージ

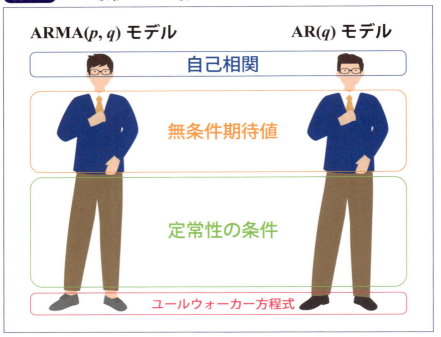

ARMA(p, q) モデルと AR(p) モデルは、自己相関やユールウォーカー方程式が成り立つ次数は違えど、無条件期待値や定常性の条件は共通しています。

最後に、ARMA(1,1) モデル：$y_t = c + \phi y_{t-1} + \varepsilon_t + \theta \varepsilon_{t-1}$ について、どのようなコレログラムを表現できるかを簡単に見てみましょう。図8.6.2 は、適当な ϕ と θ の値についてコレログラムを描いたものです。これを見ると、ARMA(1, 1) モデルは少ないパラメーターで非常に様々なコレログラムの形を表現できるのがわかります。

自己回帰移動平均モデルは、時系列分析において頻繁に用いられます。時系列データの自己相関を柔軟にモデル化できるからです。次章以降では、このモデルのパラメーターの推定方法と、このモデルを用いた予測の方法について説明します。

8.6 自己回帰移動平均モデル

図 8.6.2 ARMA(1, 1) モデルのコレログラム

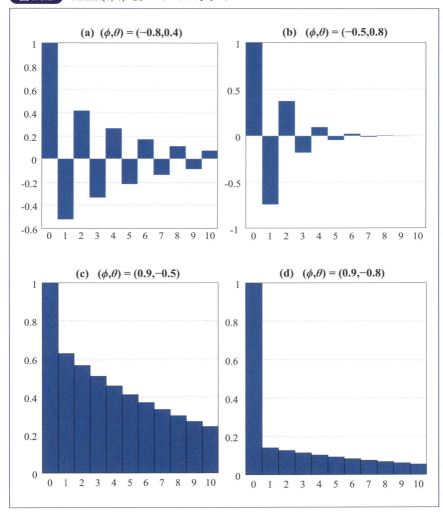

############################## 第8章のまとめ ##############################

・1変量時系列モデルの分析において、自己回帰移動平均モデルがよく用いられる。これは、自己回帰モデルと移動平均モデルという、それぞれ時系列分析でよく用いられるモデルを合わせたモデルである。

・自己回帰モデルは、現在の時系列変数の値を、その時系列変数の過去の値と現在発生する予期せぬショックで説明するモデルである。

・移動平均モデルは、現在の時系列変数の値を、過去に発生した予期せぬショックと現在発生する予期せぬショックで説明するモデルである。

・自己回帰モデルが定常になるには、パラメーターがある条件を満たさなければならないが、移動平均モデルはモデルに含まれるパラメーターがどのような値を取っても定常である。

・モデルが定常である場合、時系列変数の無条件期待値と無条件分散が計算できるが、それらはモデルに含まれるパラメーターの関数である。

・自己回帰移動平均モデルの性質は、自己回帰モデルと移動平均モデルの性質を合わせたものになっているが、自己回帰モデルの性質により近いものになっている。

・自己回帰移動平均モデルは、少ない次数で非常に柔軟に自己相関の構造を表現できるため、よく用いられる。

時系列データの予測 ①

自己回帰移動平均モデルを用いた予測

　前章では自己回帰移動平均モデルを紹介し、その主な性質について説明しました。そして本章では、自己回帰移動平均モデルを用いてどのように将来の値を予測するのかについて考えます。予測の方法は様々なものが考えられますが、ここでは第4章に出てきた条件付き期待値の概念を予測に応用します。具体的には、将来の値を過去の観測値で条件付けした条件付き期待値によって予測します。さらに、予測の精度をどのように評価するのかについても解説します。

9.1

予測について

━━ 予測モデルを用いて予測を行う

　時系列分析の主な目的の1つは、将来の値を予測することです。予測には、その目的によって様々な方法が存在します。時系列分析では通常、データの動きをよく記述することができる特定の時系列モデルを用いて、現在までに観測された観測値に基づいて予測を行います。予測に用いるこのようなモデルは、**予測モデル**と呼ばれます。

　どのような時系列モデルを予測モデルとして用いるかは、分析の対象や目的等に応じて分析者が判断する必要がありますが、どのモデルを用いても基本的な考え方は共通しています。本章では、第8章で紹介した自己回帰移動平均モデルを予測モデルとして用いた場合の予測について説明しましょう。

　通常、モデルはパラメーターを含んでいますが、これは直接観測することができません（このようなパラメーターを、**未知パラメーター**と言います）。モデルを用いた実際の分析においては、データから未知パラメーターの値を推定し、その推定値を用いて分析を行います。これはもちろん、予測においても同様です。自己回帰移動平均モデルも未知パラメーターを含んでおり、予測をする際にはまずこれらを推定する必要があります。

　実は、未知パラメーターの推定の際に用いるデータに応じて予測にもいくつか種類が出てくるのですが、それらを本章で一度に説明すると非常に話が見えにくくなってしまいます。そこで、ひとまずこれらの話は置いておいて、未知パラメーターの値が既知である場合の予測のやり方について説明をしていきます。

228

9.1 予測について

　未知パラメーターの推定については次章で、推定に用いるデータによる予測の違いについては第 13 章で説明します。まずは、時系列モデルを用いた予測全般に共通する一般的な事柄について説明します。

どのような情報に基づいて予測をするのか？

　先ほど、将来の値を予測する際には、過去の観測値に基づいて行うと言いました。このような予測に用いる過去の観測値の集合のことを、**情報集合**と言います。例えば、時点 t において、ある変数 y_t の時点 $t+1$ の値を予測したいとしましょう。このとき、時点 t までに観測された過去の全ての y_t の値（時点 $t=1$ から観測されるとします）を予測に用いるとすると、情報集合 Ω_t （ギリシャ文字で読み方はオメガ）は、

$$\Omega_t = \{ y_t, y_{t-1}, y_{t-2}, \ldots, y_1 \}$$

となります。情報集合 Ω_t に基づく予測とは、予測をする際に用いた情報が y_t, y_{t-1}, ..., y_1 であるということです。

　情報集合は、必ずしも予測したい変数 y_t の過去の値だけとは限りません。例えば、他に x_t という変数の過去の値も予測に用いたいのであれば、時点 t における情報集合 Ω_t は

$$\Omega_t = \{ y_t, , \ldots., y_1, x_t, \ldots, x_1 \}$$

となります。予測に用いたい情報は全て Ω_t の中に入れるということです。

　一般的には、予測に用いる情報（変数）が多ければ多いほど、予測の精度は上がります。ただし、用いる変数の数を安易に多くすれば良いかと言えばそうではなく、予測の役に立たない無駄な変数をいくら増やしても、予測精度の向上にはつながりません。実際は、予測集合の中の情報を全部使うことはまれで、一部しか使わないことは頻繁にあります（使っても、予測精度の向上につながらないので）。どのような情報が予測精度の向上につながるかは、どのような時系列モデルを用いて予測を行うかに依存するので、モデル毎に考える必要があります。

第 9 章　時系列データの予測 ①

229

どの時点の値を予測するか

予測したい変数を y_t とし、予測は時点 t において情報集合 Ω_t をもとに行うとしましょう。このとき、y_t の時点 $t+h(h>0)$ の値 y_{t+h} を予測することを、**h 期先予測**をすると言います。情報集合 Ω_t に基づいたこのような予測の予測値を、$\hat{y}_{t+h|t}$ と書くことにしましょう。予測値 $\hat{y}_{t+h|t}$ は、通常、情報集合に含まれる変数の何らかの関数になっており、以下でもそのように仮定します。よって、時点 t において、予測値 $\hat{y}_{t+h|t}$ は確率変数ではありません。それに対して、y_{t+h} は時点 t においてはまだ観測されていないため、こちらは時点 t においては確率変数であることに注意してください。

図9.1.1 予測モデルと情報集合

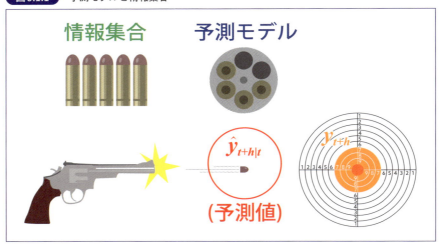

予測をする際には、どのような情報に基づいて予測するのかを明示する必要があります。

どのような予測が望ましいのか

情報集合 Ω_t に基づいて予測をするわけですが、その方法は様々なものが考えられます。通常、それらの予測方法を比較して、分析の目的にとって1番良い方法を選びます。予測に限らずですが、何かを比較してその優劣を決めるた

めには、何らかの基準が必要です（そして、その優劣は基準によって異なります）。どのような基準を使うのが良いのかは目的に応じて変わりますが、予測の比較の際によく用いられる基準の1つとして、**平均二乗誤差（Mean Squared Error; 以下 MSE)** と呼ばれる基準があります。以下では、この基準について詳しく説明します。

図9.1.2 予測の評価基準

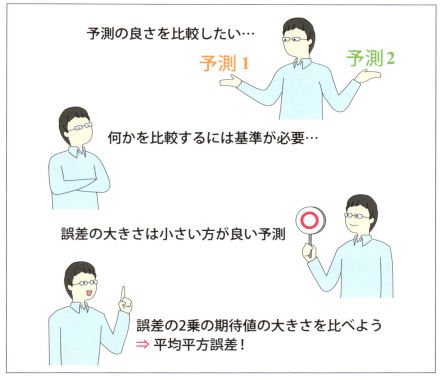

誤差の2乗は、誤差が小さいほど小さくなります。平均二乗誤差は誤差の2乗の期待値ですから、平均二乗誤差は小さければ小さいほど良い予測ということになります。

本書では、**予測誤差**を

$$\hat{e}_{t+h|t} = y_{t+h} - \hat{y}_{t+h|t}$$

のように定義します。これは、時点 $t+h$ での実際の値 y_{t+h} から、時点 t における y_{t+h} の予測値 $\hat{y}_{t+h|t}$ を引いたものです。[1]

予測が当たった場合、この値は 0 になりますが、外れた場合は 0 にはなりません。また、予測値が実際の値より大きい場合には予測誤差は負の値、予測値が実際の値より小さい場合には正の値になります。通常、（連続型確率変数では）予測誤差が 0 となることはありませんが、予測誤差の絶対値が小さければ小さいほど良い予測と言えるでしょう。ただし、絶対値は数学的な取り扱いが難しいので、絶対値の代わりに 2 乗を考えます。また、時点 t においては、y_{t+h} の実際の値はまだ観測されておらず、y_{t+h} は確率変数であるため、予測誤差も確率変数であることに注意しましょう。よって、予測誤差の 2 乗も確率変数となります。

情報集合 Ω_t に基づく予測 $\hat{y}_{t+h|t}$ の平均二乗誤差、$MSE(\hat{y}_{t+h|t})$ とは、この予測誤差の 2 乗の Ω_t（の中に含まれる変数）で条件付けした条件付き期待値、すなわち、

$$MSE(\hat{y}_{t+h|t}) = E(\hat{e}_{t+h|t}^2 \mid \Omega_t)$$

のことです。通常、予測誤差は 0 に近ければ近いほど良く、MSE はその 2 乗の期待値、つまり誤差の 2 乗の大きさの平均的な値を表しているので、MSE が小さい予測方法ほど、精度が高く良い予測方法であるということになります。よって、いくつかの予測方法があり、それらを MSE によって比較する場合は、MSE が 1 番小さい予測方法が最も良い予測方法ということになります。

━━━ 最適予測

MSE を最小にする予測を、**最適予測** と呼ぶことにします。では、どのような予測が最適予測になるでしょうか？

先に答えを言ってしまうと、実は y_{t+h} の Ω_t で条件付けした条件付期待値が、

---

[1] 本によっては、予測誤差を $\hat{e}_{t+h|t} = \hat{y}_{t+h|t} - y_{t+h}$ と定義しているものもあります。どちらの定義でも実質的な違いはありません。

最適予測になります。[2] これは比較的簡単に示すことができるので、しっかりと理解するためにここで示しておきましょう。

y_{t+h} の Ω_t という条件付き期待値を、$\mu_{t+h|t}$ と表します。すなわち、$\mu_{t+h|t} = E(y_{t+h}|\Omega_t)$ ということです。任意の予測 $\hat{y}_{t+h|t}$ の MSE は、MSE の定義より次のようになります。

$$MSE(\hat{y}_{t+h|t}) = E[(y_{t+h} - \hat{y}_{t+h|t})^2 \,|\, \Omega_t]$$

以下では、この任意の予測 $\hat{y}_{t+h|t}$ の MSE は $\hat{y}_{t+h|t} = \mu_{t+h|t}$ のとき、つまり予測方法として条件付期待値を用いた場合に最小になるということを示します。これは全ての予測方法の中で、$\mu_{t+h|t}$ の MSE の値が最小になるということを示しており、$\mu_{t+h|t}$ が最適予測であることを意味しています。

まずは、上式を以下のように変形します。

$$\begin{aligned}
MSE(\hat{y}_{t+h|t}) &= E[(y_{t+h} - \hat{y}_{t+h|t})^2 \,|\, \Omega_t] \\
&= E[(y_{t+h} - \mu_{t+h|t} + \mu_{t+h|t} - \hat{y}_{t+h|t})^2 \,|\, \Omega_t] \quad (\mu_{t+h|t} \text{を引いて足す}) \\
&= E[(y_{t+h} - \mu_{t+h|t})^2 + 2(y_{t+h} - \mu_{t+h|t})(\mu_{t+h|t} - \hat{y}_{t+h|t}) \\
&\quad + (\mu_{t+h|t} - \hat{y}_{t+h|t})^2 \,|\, \Omega_t] \\
&= E[(y_{t+h} - \mu_{t+h|t})^2 \,|\, \Omega_t] + 2E[(y_{t+h} - \mu_{t+h|t})(\mu_{t+h|t} - \hat{y}_{t+h|t})\,|\,\Omega_t] \\
&\quad + E[(\mu_{t+h|t} - \hat{y}_{t+h|t})^2 \,|\, \Omega_t]
\end{aligned}$$

ここで、2つ目の等号は括弧の中で同じもの（すなわち $\mu_{t+h|t}$）を引いて足しているだけなので、値は変わりません。4つ目の等号は、期待値の線形性を用いて得られます。ここで1番下の等式の右辺第2項に注目すると、$\mu_{t+h|t}$ と $\hat{y}_{t+h|t}$ はともに Ω_t の関数であるため（条件付期待値は、条件付けした変数の関数になります）、Ω_t で条件付けした場合、これらはもはや確率変数ではなく定数と見

---

[2] 最適予測という言い方は、少し語弊があるかもしれません。なぜなら、MSE を最小にする予測値は必ずしも MSE 以外の他の基準において、1番良いとは限らないからです。より正確には、MSE 最適予測と言うべきかもしれません。

なすことができます。よって、期待値の外に出すことができるので、この第2項は次のように書くことができます。

$$2E[(y_{t+h} - \mu_{t+h|t})(\mu_{t+h|t} - \hat{y}_{t+h|t})|\Omega_t] = 2(\mu_{t+h|t} - \hat{y}_{t+h|t})E(y_{t+h} - \mu_{t+h|t}|\Omega_t)$$

さらに、$\mu_{t+h|t} = E(y_{t+h}|\Omega_t)$（条件付き期待値の定義）であること、また、$\mu_{t+h|t}$ は Ω_t の関数なので $E(\mu_{t+h|t}|\Omega_t) = \mu_{t+h|t}$ となることに注意すると、上式の右辺の期待値は

$$\begin{aligned} E(y_{t+h} - \mu_{t+h|t}|\Omega_t) &= E(y_{t+h}|\Omega_t) - E(\mu_{t+h|t}|\Omega_t) \\ &= \mu_{t+h|t} - \mu_{t+h|t} \\ &= 0 \end{aligned}$$

図9.1.3 条件付期待値とMSEの関係

様々な予測方法（ここでは情報集合に含まれる変数の関数の意味）の中で、条件付期待値がMSEを最小にします。

と計算でき、0 であることがわかります。よって、任意の予測 $\hat{y}_{t+h|t}$ の MSE は

$$MSE(\hat{y}_{t+h|t}) = E[(y_{t+h} - \mu_{t+h|t})^2 \mid \Omega_t] + E[(\mu_{t+h|t} - \hat{y}_{t+h|t})^2 \mid \Omega_t]$$

と書き表せることがわかります。

　これは任意の予測 $\hat{y}_{t+h|t}$ の MSE ですが、では次に、$\hat{y}_{t+h|t}$ としてどのような予測を用いれば、この MSE を最小にできるかを考えてみましょう。

　まず右辺の第 1 項を見ると、これは y_{t+h} の条件付き分散の定義と等しく、この部分は予測 $\hat{y}_{t+h|t}$ に依存していないので、どのような予測を用いても値は変わりません。よって、第 1 項は予測の評価には影響しません。

　次に、第 2 項を見てみます。これは、$\hat{y}_{t+h|t}$ と $\mu_{t+h|t}$ は Ω_t の関数であることに注意すると、さらに

$$E[(\mu_{t+h|t} - \hat{y}_{t+h|t})^2 \mid \Omega_t] = (\mu_{t+h|t} - \hat{y}_{t+h|t})^2,$$

と書くことができます。この部分は 2 乗しているので、常に 0 以上です。ここで、$\hat{y}_{t+h|t} = \mu_{t+h|t}$ とする、つまり条件付き期待値を予測値として用いることを考えましょう。このとき、上式の右辺は

$$(\mu_{t+h|t} - \hat{y}_{t+h|t})^2 = (\mu_{t+h|t} - \mu_{t+h|t})^2 = 0$$

となり、MSE の第 2 項は最小値の 0 を取ることがわかります。この結果より、予測として条件付き期待値を用いれば、予測に依存して変わる部分、すなわち第 2 項を最小にできるので、その予測の MSE は全ての予測の中で最小になるということがわかります。つまり、==MSE を最小にする最適予測は条件付き期待値である==ということです。

点予測と区間予測

　先ほど紹介した予測は、正確には**点予測**と呼ばれるものです。予測の仕方には、点予測の他にも**区間予測**と呼ばれる方法があります。区間予測のやり方に

ついては 9.4 節で詳しく説明しますが、ここでも簡単に説明しておきましょう。

点予測が、y_{t+h} の値をある 1 つの値、つまり「1 つの点」で予測するのに対して、区間予測では実際の y_{t+h} の値をある確率で含む**区間**を予測します。例えば、実際の y_{t+h} の値を 90% の確率で含む区間 $[a, b]$ は、時点 t において y_{t+h} は確率変数であることに注意をすると、

$$\Pr(a \le y_{t+h} \le b | \Omega_t) = 0.9$$

となるような a と b の値のことです。ここで、$\Pr(.|\Omega_t)$ は Ω_t という条件付きの確率を表しています。α を $0 \le \alpha \le 1$ の数値とすると 100α % の確率で実際の値を含む区間を予測することを、**100α % 区間予測をする**と言い、この 100α % を**予測確率**と言います。

予測において、点予測が実際の値と一致するということはまずあり得ませんので、点予測は外れることを前提に考えなくてはなりません。区間予測のメリットは、点予測が外れた場合に、どの程度外れるのかについてある程度の幅を予測できるということです。例えば、点予測によって明日の株価は 10,000 円であると予測されたとします。このとき、この予測はどれくらい外れるのか、1,000 円以下になったり 20,000 円以上になったりする確率はどれくらいあるのか、などについても予測できれば、リスク管理の観点から非常に有用でしょう。

例えば、区間予測で大体 9,500 円から 10,500 円の間の値を 95% の確率で取ると予測した場合と、大体 5,000 円から 15,000 円の間の値を 95% の確率で取ると予測した場合とでは、取りうる行動が全く異なってきます。

予測区間の幅（a と b の距離）は、予測確率をどのように設定するかによって変わります。予測区間の幅は小さいほど、より実際の値が取り得る範囲を絞れているという意味で良い予測と考えられます。他方、実際の値を含む確率は、大きい方がより確実性が高い予測と考えられるので良い予測でしょう。つまり、区間幅は小さい方が、予測確率は大きい方が、良い区間予測であるということになります。しかしながら、一般にこれらはトレードオフの関係にありま

す。つまり、予測確率が小さくなるほど区間の幅は小さくなりますし、予測確率を大きくすると区間の幅も大きくなります。実際の値を含む確率は、できるだけ大きくする方が良いのですが、そのようにすると区間も大きくなり、場合によってはあまり意味のない予測になってしまいます。

　極端な例ですが、予測区間を $(-\infty, \infty)$ とすれば、この区間に実際の値が入る確率は常に100%になりますが（どんな値もこの区間に入るので）、このような区間予測に意味がないことは明らかでしょう。このように区間予測には、実際の値がその区間に入る確率と、区間の幅の大きさの間にトレードオフがあるので、予測確率の値を設定する際には注意が必要です。

　実際の分析でよく用いられる予測確率は、99%、95%、90%の3つですが、これは慣例でこのような値がよく使われているだけで、このようにしなければならない理論的な理由は特にありません。予測確率は、分析者が分析の目的に合わせて自由に設定できます。

　本節では、時系列モデルによる予測において共通する一般的な事柄について説明しました。予測についてのポイントをまとめると、次のようになります。

・予測を比較するには基準が必要。
・平均二乗誤差は誤差の2乗の期待値であり、小さいほど良い予測となる。
・平均二乗誤差を最小にする予測を、最適予測と呼ぶ。
・条件付き期待値が最適予測である。
・点予測は将来の値を1点で予測し、区間予測は将来の値が、ある所与の確率で入る区間を予測する。

9.2

AR(1) モデルによる予測

AR(1) モデルによる1期先予測

　ここまでで、条件付き期待値が最適予測であることがわかりました。次は、与えられた時系列モデルに対して、どのように条件付き期待値を計算するのかという問題です。後ほど、自己回帰移動平均モデルについてこの問題を考えますが、基本的な考え方を理解するために、まずは自己回帰モデルの中でも最も単純な AR(1) モデルを用いて、どのように最適予測をするのかを考えてみます。

　同様の議論は、AR(p) モデルに簡単に拡張できます（以下では、最適予測を単に予測と言います）。第8章で見たように、AR(1) モデルは

$$y_t = c + \phi y_{t-1} + \varepsilon_t, \ \ \varepsilon_t \sim \text{i.i.d.} \ (0, \sigma^2) \tag{9.1}$$

というモデルです。まずは、1期先予測について考えてみましょう。

　予測に用いる情報集合は、観測された過去の全ての y_t の値、すなわち $\Omega_t = \{y_t, y_{t-1}, ..., y_1\}$ とします。この AR(1) モデルにおいて y_{t+1} は、式 (9.1) において t を $t+1$ で置き換えると、

$$y_{t+1} = c + \phi y_t + \varepsilon_{t+1}$$

と表せます。この両辺について、Ω_t で条件付けした条件付き期待値を取ると、情報集合に含まれた過去の y_t は定数と見なせることに注意して、

$$
\begin{aligned}
\mu_{t+1|t} &= E(y_{t+1}|\Omega_t) \\
&= E(\ c + \phi y_t + \varepsilon_{t+1}|\Omega_t) \quad \text{（上記の } y_{t+1} \text{ を代入）} \\
&= c + \phi y_t + E(\varepsilon_{t+1}|\Omega_t) \\
&= c + \phi y_t + E(\varepsilon_{t+1}) \qquad \text{（}\varepsilon_{t+1} \text{ は時点 } t \text{ 以前の } y_t \text{ と独立なので）} \\
&= c + \phi y_t
\end{aligned}
$$

となります。これが、AR(1) モデルを用いた時点 t における、y_{t+1} の予測値になります。ここで、4つ目の等号は、ε_{t+1} は y_s, $s \le t$ と独立であるので、ε_{t+1} の Ω_t で条件付けした条件付き期待値と、ε_{t+1} の無条件期待値が同じになることより得られます。これを見ると、情報集合の中で予測に使われているものは、1番直近に観測された y_t のみです。これは直観的にも非常に理解しやすい結果です。なぜなら、AR(1) モデルでは、y_{t+1} は時点 t の y_t の値と時点 $t+1$ に発生する誤差項 ε_{t+1} のみに依存して決定されるため、y_t の値さえわかれば、時点 t より前の y_t の過去の値、すなわち y_s, $s = t-1$, $t-2$, ..., 1 については不要になるだろうと想像ができるからです（そして、実際にそうなるということです）。

9.1 節でも述べたように、上記の予測値を計算するためには、y_t の値の他に c と ϕ の値も必要です。これらは未知パラメーターですので、その真の値は直接観測できません。よって、実際の分析においてこれらの値は推定値で置き換える必要がありますが、本章ではこれら未知パラメーターの値は既知であるとして話をしていきます（推定についての詳細は次章で説明します）。

図 9.2.1 は、式 (9.1) の AR(1) モデルからシミュレーションで発生させた y_t, $t = 1, ..., 50$ に対して、$t = 9, 10, ..., 39$ のそれぞれの時点で 1 期先予測をしたものです。ε_t の分布は正規分布とし、c の値は 0、σ^2 の値は 1 として、ϕ の値は $\phi = 0.5$ の場合と $\phi = 0.9$ の場合を考えています。また、y_1 はこのパラメーターの値の下での、y_t の定常分布（すなわち $N(0, \sigma^2/(1-\phi^2))$）から発生させています。

この図より、y_t の予測は ϕ の値が大きいほど、前期の値と同じような値を取る傾向があることがわかります。これは、AR(1) モデルの構造上、自然な結果です。なぜなら、AR(1) モデルは ϕ の値が大きいほど、今期の値が前期の値と同じような値を取るモデルだからです。

図9.2.1 AR(1)モデルの1期先予測

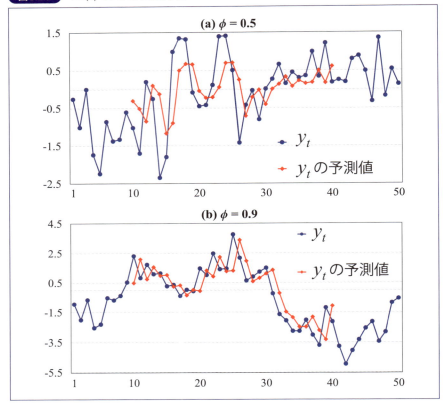

AR(1)モデルの h 期先予測

先ほどは、時点 t における y_{t+1} の予測、つまり 1 期先予測をしました。次は、時点 t において y_{t+2} の予測、すなわち 2 期先予測はどのように行えば良いのかを考えてみましょう。

時点 t における予測ですから、用いる情報集合は Ω_t で変わりません。しかし、y_{t+2} は

$$y_{t+2} = c + \phi y_{t+1} + \varepsilon_{t+2}$$

となり、y_{t+1} と時点 $t+2$ の誤差項 ε_{t+2} にのみ依存しており、情報集合 $\Omega_t = \{y_t, \ldots, y_1\}$ の中の変数には直接は依存していません。では、どうすれば良いのでしょうか？ 1つの方法としては、y_{t+2} を<mark>情報集合の中にある変数だけの表現に書き直してあげる</mark>ということが考えられます。具体的には、先ほど出てきた y_{t+1} の表現である、$y_{t+1} = c + \phi y_t + \varepsilon_{t+1}$ を上記の y_{t+2} の式に代入して、

$$y_{t+2} = c + \phi(c + \phi y_t + \varepsilon_{t+1}) + \varepsilon_{t+2}$$
$$= c + \phi c + \phi^2 y_t + \phi \varepsilon_{t+1} + \varepsilon_{t+2}$$

という y_t を含んだ y_{t+2} の表現を得ます。そして、この式の両辺について Ω_t で条件付けした条件付き期待値を取ってあげると

$$\mu_{t+2|t} = E(y_{t+2}|\Omega_t)$$
$$= E(c + \phi c + \phi^2 y_t + \phi \varepsilon_{t+1} + \varepsilon_{t+2}|\Omega_t)$$
$$= c + \phi c + \phi^2 y_t + \phi E(\varepsilon_{t+1}|\Omega_t) + E(\varepsilon_{t+2}|\Omega_t)$$
$$= c + \phi c + \phi^2 y_t + \phi E(\varepsilon_{t+1}) + E(\varepsilon_{t+2})$$
$$= c + \phi c + \phi^2 y_t$$

となり、2期先予測を計算することができます。同様に、3期先予測を計算する際には、y_{t+3} において y_{t+2} に上記の y_{t+2} の表現を代入し、y_{t+3} を

$$y_{t+3} = c + \phi y_{t+2} + \varepsilon_{t+3}$$
$$= c + \phi\,(c + \phi c + \phi^2 y_t + \phi \varepsilon_{t+1} + \varepsilon_{t+2}) + \varepsilon_{t+3}$$
$$= c + \phi c + \phi^2 c + \phi^3 y_t + \phi^2 \varepsilon_{t+1} + \phi \varepsilon_{t+2} + \varepsilon_{t+3}$$

と書き直して、この式の両辺について Ω_t で条件付けした条件付き期待値を取ってあげると（今回は途中の計算をやや省略して）、

$$\mu_{t+3|t} = E(y_{t+3}|\Omega_t)$$
$$= E(c + \phi c + \phi^2 c + \phi^3 y_t + \phi^2 \varepsilon_{t+1} + \phi \varepsilon_{t+2} + \varepsilon_{t+3}|\Omega_t)$$
$$= c + \phi c + \phi^2 c + \phi^3 y_t$$

という y_{t+3} の予測が得られます。このようにして計算を続けていくと、一般に AR(1) モデルの h 期先予測は、

$$\mu_{t+h|t} = c\sum_{j=1}^{h}\phi^{j-1} + \phi^h y_t = c\frac{1-\phi^h}{1-\phi} + \phi^h y_t,$$

と表すことができます。これらの結果をまとめると、次のようになります。

AR(1) モデルの h 期先予測

AR(1) モデル：$y_t = c + \phi y_{t-1} + \varepsilon_t$ において、y_{t+h} は

$$y_{t+h} = \frac{c(1-\phi^h)}{1-\phi} + \phi^h y_t + \sum_{j=1}^{h}\phi^{h-j}\varepsilon_{t+j}$$

と表せ、情報集合 $\Omega_t = \{y_t, ..., y_1\}$ に基づいたその最適予測は、

$$\mu_{t+h|t} = \frac{c(1-\phi^h)}{1-\phi} + \phi^h y_t$$

となります。

　図 9.2.2 は、図 9.2.1 においてシミュレーションで発生させた y_t, $t = 1,...,100$ に対して、時点 $t = 9$ と時点 $t = 17$ において 1 期先予測から 31 期先予測をプロットしたものです。実は、h が大きくなればなるほど（つまり、予測をする時点から予測をされる時点が離れれば離れるほど）、予測値はある値に収束していくのですが（どのような値に収束するかについては、後ほど説明します）、この図からもその様子が読み取れます。またそれに伴い、h が大きくなると実際の値と予測値との乖離が大きくなり、予測精度が悪くなっていることが読み取れます。

図9.2.2 AR(1)モデルの1期先から31期先予測

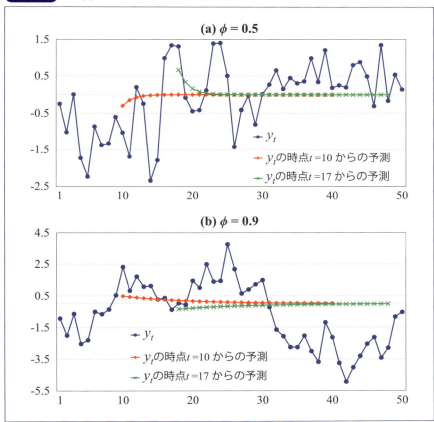

一般に、h が大きくなるほど予測の精度は悪くなりますが、これは予測の MSE を計算すれば確認できます。

では次に、AR(1) モデルの予測の MSE を計算してみましょう。

AR(1) モデルの予測の MSE の計算

先ほど同様、まずは1期先予測について考えてみましょう。予測の MSE の定義より、1期先予測 $\hat{y}_{t+1|t}$ の MSE は

$$MSE(\hat{y}_{t+1|t}) = E[(y_{t+1} - \hat{y}_{t+1|t})^2 \,|\, \Omega_t]$$

となります。この定義に、先ほどの AR(1) モデルの 1 期先予測である

$$\hat{y}_{t+1|t} = \mu_{t+1|t} = c + \phi y_t$$

と、モデルの定義から得られる $y_{t+1} = c + \phi y_t + \varepsilon_{t+1}$ を代入すると、

$$
\begin{aligned}
MSE(\mu_{t+1|t}) &= E\{[c + \phi y_t + \varepsilon_{t+1} - (c + \phi y_t)]^2 \,|\, \Omega_t\} \\
&= E(\varepsilon_{t+1}^2 \,|\, \Omega_t) \\
&= E(\varepsilon_{t+1}^2) \\
&= \sigma^2
\end{aligned}
$$

と計算することができます。つまり、AR(1) モデルの 1 期先予測の MSE は、誤差項 ε_t の分散の値と等しくなります。

　ここで計算した予測は、最適予測（MSE を最小にする予測）ですから、他のどのような予測方法を用いても（実際の y_t が AR(1) モデルに従っている限りは）、予測の精度をこれ以上良くすることはできません。これは、予測の精度の上限はもともとのデータ生成過程に依存しており、残念ながら分析者がどんなに頑張っても予測の精度はある一定のレベルより良くなることはないということです。また、上記は y_{t+1} の予測として、その条件付き期待値を用いた場合の MSE ですが、これは y_{t+1} の条件付き分散と等しくなっています。これは偶然ではなく、一般に条件付き期待値で予測を行った場合は、その MSE は条件付き分散と等しくなります。

　次に、AR(1) モデルの h 期先予測の MSE を計算してみましょう。先ほどと同様に、予測の MSE の定義に AR(1) モデルの h 期先予測を代入すると、

$$
\begin{aligned}
MSE(\mu_{t+h\,|t}) &= E[(\mu_{t+h|t} - y_{t+h})^2 \,|\, \Omega_t] \\
&= E\left\{ \left[c\sum_{j=1}^{h}\phi^{j-1} + \phi^h y_t - \left(c\sum_{j=1}^{h}\phi^{j-1} + \phi^h y_t + \sum_{j=1}^{h}\phi^{h-j}\varepsilon_{t+j} \right) \right]^2 \,\middle|\, \Omega_t \right\} \\
&= E\left[\left(-\sum_{j=1}^{h}\phi^{h-j}\varepsilon_{t+j} \right)^2 \,\middle|\, \Omega_t \right] \\
&= E\left[(-1)^2 \left(\sum_{j=1}^{h}\phi^{h-j}\varepsilon_{t+j} \right)^2 \right] \\
&= E\left[\left(\sum_{j=1}^{h}\phi^{h-j}\varepsilon_{t+j} \right)^2 \right]
\end{aligned}
$$

となります。さらに、ε_t は異なった時点間では互いに独立であることに注意すると（つまり、$t \neq s$ に対して $E(\varepsilon_t \varepsilon_s) = E(\varepsilon_t)E(\varepsilon_s) = 0$ となるということ）、最後の等式の右辺はさらに

$$
\begin{aligned}
E\left[\left(\sum_{j=1}^{h}\phi^{h-j}\varepsilon_{t+j} \right)^2 \right] &= \sum_{j=1}^{h}\phi^{2(h-j)}E(\varepsilon_{t+j}^2) \\
&= \sigma^2 \sum_{j=1}^{h}\phi^{2(h-j)} \\
&= \sigma^2 \sum_{j=1}^{h}\phi^{2(j-1)} \\
&= \sigma^2 \frac{(1-\phi^{2h})}{1-\phi^2}
\end{aligned}
$$

となります。これらの結果をまとめると、次のようになります。

AR(1) モデルの h 期先最適予測の MSE

AR(1) モデルの h 期先最適予測 $\mu_{t+h|t}$ の MSE は、

$$
MSE(\mu_{t+h\,|t}) = \frac{(1-\phi^{2h})\sigma^2}{1-\phi^2}
$$

となります。

上記の MSE は、$h=1$ のときは σ^2 となり、先ほど求めた 1 期先予測の MSE と一致します。また、$|\phi|<1$ の場合、すなわち AR(1) モデルが定常性の条件を満たす場合には、h が大きくなると ϕ^{2h} の値はどんどん小さくなるので、分子にある $1-\phi^{2h}$ は $h=1$ のときに最小値 $1-\phi^2$ になり、h が 1 より大きくなるにつれてどんどん大きくなっていくことがわかります。つまり、MSE はより将来の値を予測するほど大きくなる、言い換えれば、予測精度はより将来の値の予測の方が悪くなることを意味しています。これは直観的にも納得のいく結果でしょう。

　図 9.2.3 は、誤差項の分散を $\sigma^2=1$ で一定として、AR(1) モデルによる h =1~30 期先予測の MSE を、いくつかの ϕ の値についてプロットしたものです（$\sigma^2=1$ なので、$h=1$ のときは ϕ の値に関わらず、MSE の値は 1 になることに注意してください）。

図 9.2.3　AR(1) モデルの 1~30 期先予測の MSE

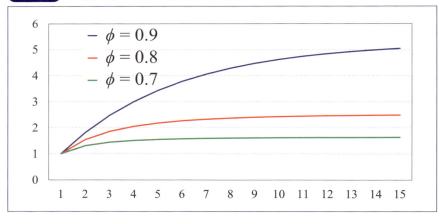

　図 9.2.3 を見ると、h と ϕ の値が大きいほど MSE の値が大きくなっている、つまり予測精度が悪くなっていることがわかります。また図 9.2.2 では、h 期先予測は h が大きくなるにつれ、ある値に収束するという特徴があることを見ましたが、図 9.2.3 では、h 期先予測の MSE も h が大きくなるにつれて（ϕ によって異なった）、ある値に収束することが見て取れます。

以下では、これらがどのような値に収束するかについて考えてみましょう。

AR(1) モデルによる無限期先予測

先ほどは、AR(1) モデルを使った h 期先予測についての公式を導出しました。また、その予測精度を表す MSE についても計算し、そこでは h が大きくなればなるほど MSE も大きくなる、つまり予測精度が悪くなることを確認しました。では、もっとずっと遠い将来の値を予測した場合、つまり h を $h \to \infty$ とした場合に、その予測値と予測精度はどのようになるでしょうか？

このような予測を、**無限期先予測**と言います。実は、この無限期先予測の値が図 9.2.2 で見た h 期先予測の収束先であり、無限期先予測の MSE が図 9.2.3 で見た h 期先予測の MSE の収束先となっています。もちろん、実際に無限期先の予測をすることはありませんが、無限期先予測はずっと遠い将来の予測をした場合に、どのようになるかの近似として役に立ちます。

では、y_t が AR(1) モデルに従う場合の予測において、無限期先予測がどのようになるかを見てみましょう。AR(1) モデルの定常性の条件は満たされているとします。この場合、$h \to \infty$ となるとき、$\phi^h \to 0$ となることに注意して、先ほどの予測値とその MSE の公式において $h \to \infty$ とすると、それぞれ

$$\lim_{h \to \infty} \mu_{t+h|t} = \frac{c}{1 - \phi} \quad および \quad \lim_{h \to \infty} MSE(\mu_{t+h|t}) = \frac{\sigma^2}{1 - \phi^2}$$

となります。ここで、$\lim_{x \to \infty} f(x)$ は変数 x の値が無限大に近づいていったときの、関数 $f(x)$ の極限を表しています。この結果より、AR(1) モデルによる無限期先予測は、AR(1) モデルの**無条件期待値**に収束し、またその MSE は AR(1) モデルの**無条件分散**に収束するということがわかります。これは直観的には、予測する時点と予測される時点とがどんどん離れていくため、情報集合から得られる情報がどんどん役に立たなくなっていき、最終的には何も情報がないときの予測、つまり無条件期待値と同じになり、その予測精度は無条件期待値による予測の精度、つまり無条件分散と同じになるということです。

このように、無限期先予測がその無条件期待値に収束していくことを、**平均回帰的**と言います。ここで見たように、AR(1) モデルによる予測は平均回帰的です。

以上が、AR(1) モデルによる予測の方法です。次節では AR(p) モデルによる予測を考えますが、その場合も条件付き期待値を求めるという基本は変わりません。しかしながら、AR(p) モデルの場合は、条件付き期待値を求める際に AR(1) モデルで用いた計算方法をそのまま使うと、h や p が大きくなるにつれて計算コストが加速度的に大きくなっていくため、計算コストを軽減するために少し工夫が必要となります。

9.3

$\mathrm{AR}(p)$ モデルによる予測

計算が大変になる

　それでは次に、$\mathrm{AR}(p)$ モデルによる予測の仕方を考えていきます。$\mathrm{AR}(p)$ モデルの場合も、条件付期待値で予測するという部分は変わりませんが、先ほどの $\mathrm{AR}(1)$ モデルに対して行ったように、y_{t+h} を時点 t 以前の y_t と時点 $t+h$ 以前の誤差項で表現して、両辺の期待値を取るというやり方をすると、計算が非常に多くなってしまい大変です。

　例えば、$\mathrm{AR}(2)$ モデルの場合において、3 期先予測をすることを考えてみましょう。y_{t+3} は

$$y_{t+3} = c + \phi_1 y_{t+2} + \phi_2 y_{t+1} + \varepsilon_{t+3}$$

ですから、この右辺を時点 t 以前の y_t だけの表現に書き直すには、まず y_{t+1} と y_{t+2} をそれぞれ時点 t 以前の y_t だけの表現である

$$y_{t+1} = c + \phi_1 y_t + \phi_2 y_{t-1} + \varepsilon_{t+1}$$

および

$$
\begin{aligned}
y_{t+2} &= c + \phi_1 y_{t+1} + \phi_2 y_t + \varepsilon_{t+2}, \\
&= c + \phi_1 \left(c + \phi_1 y_t + \phi_2 y_{t-1} + \varepsilon_{t+1} \right) + \varepsilon_{t+2} \\
&= c + \phi_1 c + \phi_1^2 y_t + \phi_1 \phi_2 y_{t-1} + \phi_1 \varepsilon_{t+1} + \varepsilon_{t+2}
\end{aligned}
$$

と書き直し、これらを y_{t+3} の式に代入します。すると、結果は

$$y_{t+3} = c + \phi_1(c + \phi_1 c + \phi_1^2 y_t + \phi_1 \phi_2 y_{t-1} + \phi_1 \varepsilon_{t+1} + \varepsilon_{t+2})$$
$$+ \phi_2(c + \phi_1 y_t + \phi_2 y_{t-1} + \varepsilon_{t+1}) + \varepsilon_{t+3}$$
$$= c + \phi_1 c + \phi_1^2 c + \phi_1^3 y_t + \phi_1^2 \phi_2 y_{t-1} + \phi_1^2 \varepsilon_{t+1} + \phi_1 \varepsilon_{t+2}$$
$$+ \phi_2 c + \phi_1 \phi_2 y_t + \phi_2^2 y_{t-1} + \phi_2 \varepsilon_{t+1} + \varepsilon_{t+3}$$
$$= c(1 + \phi_1 + \phi_1^2 + \phi_2) + (\phi_1^3 + \phi_1 \phi_2) y_t + (\phi_1^2 \phi_2 + \phi_2^2) y_{t-1}$$
$$+ (\phi_1^2 + \phi_2) \varepsilon_{t+1} + \phi_1 \varepsilon_{t+2} + \varepsilon_{t+3}$$

となります。予測値を計算するために、さらにこれらの両辺について、Ω_t で条件付けした期待値を取ると（$j > 0$ に対して、$E(\varepsilon_{t+j}|\Omega_t) = 0$ となることに注意して）、

$$E(y_{t+3}|\Omega_t) = c(1 + \phi_1 + \phi_1^2 + \phi_2) + (\phi_1^3 + \phi_1 \phi_2) y_t + (\phi_1^2 \phi_2 + \phi_2^2) y_{t-1}$$

となり、予測値を得ることができますが、AR(1) モデルの場合と比べて計算が非常に大変になることがわかるかと思います。

また、p や h がさらに大きくなると、計算の大変さは加速度的に増していきます。さらに不幸なことに、AR(1) モデルの場合のように、一般の h 期先予測について明示的で簡単な公式は存在しません。

逐次予測

このように、AR(p) モデルにおいて $p \geq 2$ の場合には、先ほどのような代入計算で予測値を求めるのは大変です。この場合に予測値を計算する方法としては、逐次計算によって計算する方法があるのですが、これを紹介します。

ここでの目的は、時点 t において $\Omega_t = \{y_t, y_{t-1}, ..., y_1\}$ に基づいた h 期先予測を計算することです。まずは、AR(p) モデルについて 1 期先予測を計算します。これは、

$$\mu_{t+1|t} = E(y_{t+1}|\Omega_t)$$
$$= E(c + \phi_1 y_t + \phi_2 y_{t-1} ... + \phi_p y_{t-p+1} + \varepsilon_{t+1}|\Omega_t)$$
$$= c + \phi_1 y_t + ... + \phi_p y_{t-p+1}$$

のように簡単に計算することができます。ここでは次の計算に備えて、このように計算した $\mu_{t+1|t}$ の値を保存します。

では次に、2期先予測を計算してみましょう。このとき、先ほどとは異なり y_{t+1} を t 期以前の y_t で置き換えることをせず、そのまま計算すると、Ω_t で条件付けた場合の確率変数は y_{t+1} と ε_{t+2} だけですので、

$$
\begin{aligned}
\mu_{t+2|t} &= E(y_{t+2}|\Omega_t) \\
&= E(c + \phi_1 y_{t+1} + \phi_2 y_t + \ldots + \phi_p y_{t-p+2} + \varepsilon_{t+2}|\Omega_t) \\
&= c + \phi_1 E(y_{t+1}|\Omega_t) + \phi_2 y_t + \ldots + \phi_p y_{t-p+1} \\
&= c + \phi_1 \mu_{t+1|t} + \phi_2 y_t + \phi_2 y_t + \ldots + \phi_p y_{t-p+1}
\end{aligned}
$$

となります。ここで、$\mu_{t+1|t}$ は先ほど既に計算し保存しておいたので、上式ではその計算結果をそのまま使用すれば良く、改めて計算する必要はありません。ここで、先ほどと同様に上記の $\mu_{t+2|t}$ の計算結果を保存します。同様に、3期先予測の計算においても y_{t+2} と y_{t+1} の条件付き期待値が出てきますが、それらは上記で既に計算しているので、それらをそのまま用いれば良いことになります。

このように、任意の h について h 期先予測を1期先予測から順番に計算していく方法を、**逐次予測法**と言います。逐次予測法は、既に計算した結果を代入していくだけですので、計算が非常に簡単です。この簡便さが逐次予測法のメリットです。言うまでもありませんが、代入して計算する方法も逐次予測法による計算も、計算結果は全く同じになります。

逐次予測法による AR(p) モデルの計算方法は、次のように書くことができます。

AR(p) モデルの h 期先（最適）逐次予測

AR(p) モデル：$y_t = c + \phi_1 y_{t-1} + \phi_2 y_{t-2} + \ldots + \phi_p y_{t-p} + \varepsilon_t$, $\varepsilon_t \sim$ i.i.d.$(0, \sigma^2)$ に対する、情報集合 $\Omega_t = \{y_t, \ldots, y_1\}$ に基づいた h 期先（最適）予測 $\mu_{t+h|t}$ は、$h = 1$ から以下のように逐次的に計算することができます。

$$\mu_{t+h|t} = c + \phi_1 m_{t+h-1} + \phi_2 m_{t+h-2} + \ldots + \phi_p m_{t+h-p}$$

ここで、

$$m_{t+h-k} = \begin{cases} \mu_{t+h-k|t} & (h-k > 0 \text{ の場合}) \\ y_{t+h-k} & (h-k \leq 0 \text{ の場合}) \end{cases}$$

です。

逐次予測法は、計算が非常に簡単で実用的な方法です。しかしながら、予測の MSE の計算には、このような逐次的な方法は用いることができません。AR(p) モデルの予測の MSE の計算は、予測の計算同様、情報集合に含まれる変数だけの表現に直して計算していくことは可能ですが、このような方法は前節で見たように煩雑で実用的ではありません。AR(p) モデルの予測の MSE の計算の実用的な方法として、(技術的にはより難しいですが) 状態空間モデルを用いる方法があります (詳しくは第 12 章で解説します)。

9.4

区間予測について

AR(1) モデルの1期先区間予測

9.2 節および 9.3 節で考えたような「値そのものを予測する」ことを、点予測と言いました。これに対して、9.1 節の最後では「実際の値をある確率で含むような区間を予測する」ことを、区間予測として紹介しました。そして本節では、AR モデルの区間予測について説明をしていきます。区間予測について理解するために、まずは簡単なモデルとして AR(1) モデルを考え、AR(1) モデルの区間予測をどのように行うかについて考えていきましょう。

区間予測とは、時系列変数の将来の値そのものを予測するのではなく、将来の値をある確率で含むような**区間**を予測します。もう少し具体的に言うと、h 期先区間予測では予測確率 p $(0 \leq p \leq 1)$ に対して、

$$\Pr(a \leq y_{t+h} \leq b | \Omega_t) = p$$

となるような区間 $[a, b]$ を決定します。それでは、AR(1) モデルに対して、このような a と b はどのように決定すれば良いのでしょうか？

まずは、$h = 1$ とした1期先区間予測について考えてみましょう。情報集合 Ω_t は引き続き $\Omega_t = \{y_t, ..., y_1\}$ とします。AR(1) モデルにおいて、上記のような a と b を決定するには、誤差項に何らかの確率分布を仮定する必要があります。実際の分析でよく用いられるのは、誤差項 ε_t に正規分布を仮定することです。AR(1) モデルにおいて、y_{t+1} は

$$y_{t+1} = c + \phi y_t + \varepsilon_t$$

ですので、$\varepsilon_t \sim N(0, \sigma^2)$ であれば、4.4 節で見た正規分布の性質より、y_{t+1} の Ω_t で条件付けした分布は

$$y_{t+1} | \Omega_t \sim N(c + \phi y_t, \sigma^2)$$

になります。Ω_t に y_t が含まれているので、Ω_t で条件付けした場合、y_t は定数と同じ扱いになることに注意してください。

それでは、上記のような区間 $[a, b]$ を求めてみましょう。以下の結果は全て Ω_t という条件付きでのものですが、表記の簡単化のために条件 Ω_t は省略します。まず、y_{t+1} をその条件付き期待値 $\mu_{t+1|t} = c + \phi y_t$ と条件付き標準偏差 σ を用いて、$z_t = (y_{t+1} - \mu_{t+1|t})/\sigma$ と基準化します。このとき、4.4 節で見たように z_t は標準正規分布に従いますので、標準正規分布の分布表より

$$\Pr(|z_t| \le c_p) = p$$

となる c_p の値を求めることができます（この c_p の値は、p によって異なります）。この c_p を所与として、z_t の定義より上記の式は

$$\Pr(|(y_{t+1} - \mu_{t+1|t})/\sigma| \le c_p) = p$$
$$\Leftrightarrow \quad \Pr(|y_{t+1} - \mu_{t+1|t}| \le c_p \sigma) = p \quad (\sigma > 0 \text{ なので})$$
$$\Leftrightarrow \quad \Pr(-c_p \sigma \le y_{t+1} - \mu_{t+1|t} \le c_p \sigma) = p$$
$$\Leftrightarrow \quad \Pr(\mu_{t+1|t} - c_p \sigma \le y_{t+1} \le \mu_{t+1|t} + c_p \sigma) = p$$

のように書き換えることができます。この式は、y_{t+1} が区間

$$[\mu_{t+1|t} - c_p \sigma, \mu_{t+1|t} + c_p \sigma]$$

に入る確率が p であるということを意味しており、この区間がまさに区間予測で求めたい区間です。よって、この区間、すなわち

$$a = \mu_{t+1|t} - c_p \sigma, \text{ および } b = \mu_{t+1|t} + c_p \sigma$$

がここで求めたかった AR(1) モデルの、1 期先区間予測の上限と下限の値になります。

AR(1) モデルの h 期先区間予測

それでは次に、AR(1) モデルの h 期先区間予測について考えてみましょう。h 期先区間も考え方は、先ほどの 1 期先区間予測と全く同じです。引き続き、情報集合としては $\Omega_t = \{y_t, \ldots, y_1\}$ を、誤差項には正規分布を仮定します。

9.2 節で見たように、AR(1) モデルにおいて y_{t+h} は

$$y_{t+h} = \frac{c(1-\phi^h)}{1-\phi} + \phi^h y_t + \sum_{j=1}^{h} \phi^{h-j} \varepsilon_{t+j}$$

と表せます。Ω_t で条件付けした場合、確率変数となるのは右辺第 3 項の誤差項の和の部分のみです（第 1 項はもともと定数ですし、第 2 項も Ω_t で条件付けした場合、定数として扱えます）。さらに、正規分布の性質（線形変換は正規分布、和の分布は正規分布）より、この第 3 項は正規分布に従い、第 1 項と第 2 項は定数ですから、それらと第 3 項を足して得られる y_{t+h} の分布も**正規分布**となります。条件付き分布が正規分布となることがわかったので、あとはその期待値と分散がわかれば、先ほどと全く同じ議論によって区間予測が得られます。つまり、y_{t+h} の Ω_t による条件付けした期待値と標準偏差を $\mu_{t+h|t}$ および $\sigma_{t+h|t}$ とすると、これらを用いて基準化した $z_t = (y_{t+h} - \mu_{t+h|t})/\sigma_{t+h|t}$ が標準正規分布に従うことから、先ほどと同様の議論により

$$\Pr(\mu_{t+h|t} - c_p \sigma_{t+h|t} \le y_{t+h} \le \mu_{t+h|t} + c_p \sigma_{t+h|t}) = p$$

が成り立ちます（この c_p は、先ほどの一期先予測のところで出てきた c_p と同じです。c_p は p のみに依存して決定される値で、h には依存しないことに注意してください）。つまり、この場合 y_{t+h} の $100p\%$ 予測区間は、

$$[\mu_{t+h|t} - c_p \sigma_{t+h|t}, \mu_{t+h|t} + c_p \sigma_{t+h|t}]$$

で与えられるということです。

ここまでの結果を、9.2 節で求めた、Ω_t という条件付きの y_{t+h} の期待値と分散の結果を含めてまとめると、以下のようになります。

AR(1) モデルの h 期先区間予測

AR(1) モデル：$y_t = c + \phi_1 y_{t-1} + \varepsilon_t$，$\varepsilon_t \sim$ i.i.d. $N(0, \sigma^2)$ の情報集合 $\Omega_t = \{y_t, \ldots, y_1\}$ のもとでの h 期先区間予測は、

$$[\mu_{t+h|t} - c_p \sigma_{t+h|t}, \mu_{t+h|t} + c_p \sigma_{t+h|t}]$$

によって与えられます。ここで、$\mu_{t+h|t}$ と $\sigma_{t+h|t}$ は

$$\mu_{t+h|t} = \frac{c(1-\phi^h)}{1-\phi} + \phi^h y_t \quad \text{および} \quad \sigma_{t+h|t} = \sigma_{t+h|t} = \sqrt{\frac{(1-\phi^{2h})\sigma^2}{1-\phi^2}}$$

です。

AR(p) モデルの h 期先区間予測

AR(p) モデルの場合も、誤差項に正規分布を仮定すると、Ω_t で条件付けしたときに y_{t+h} は正規分布に従うことを示すことができるので、その条件付き期待値と条件付き分散を求めて、先ほどと全く同様に議論により h 期先区間予測を構築することができます。

AR(p) モデルの h 期先区間予測

AR(p) モデル：$y_t = c + \phi_1 y_{t-1} + \ldots + \phi_1 y_{t-p} + \varepsilon_t$，$\varepsilon_t \sim$ i.i.d. $N(0, \sigma^2)$ の情報集合 $\Omega_t = \{y_t, \ldots, y_1\}$ のもとでの h 期先区間予測は、

$$[\mu_{t+h|t} - c_p \sigma_{t+h|t}, \mu_{t+h|t} + c_p \sigma_{t+h|t}]$$

によって与えられます。ここで、$\mu_{t+h|t} = E(y_{t+h}|\Omega_t)$ および $\sigma^2_{t+h|t} = \mathrm{var}(y_{t+h}|\Omega_t)$ です。すなわち、$\mu_{t+h|t}$ と $\sigma_{t+h|t}$ は、Ω_t で条件付けした y_{t+h} の条件付き期待値と条件付き標準偏差です。

ここで、条件付き期待値は前述の逐次計算で求めることができます。また、条件付き分散の計算は、例えば第 12 章で説明する状態空間モデルを用いることにより計算することができます。

9.5

MA(q) および ARMA(p, q) モデルによる予測

MA(q) モデルによる予測

MA(q) および ARMA(p, q) モデルの h 期先予測も、考え方は AR(p) モデルの場合と全く同じです。すなわち、情報集合で条件付けした条件付き期待値を予測値として用い、予測の MSE は条件付き分散で与えられます。しかしながら、MA(q) や ARMA(p, q) モデルの場合は、h や q の値によっては AR(p) モデルの場合よりも計算が複雑になります。これを簡単に見てみましょう。

まず、MA(q) モデルの予測について見ていきます。MA(q) モデルは、

$$y_t = c + \varepsilon_t + \theta_1 \varepsilon_{t-1} + \ldots + \theta_q \varepsilon_{t-q}, \ \varepsilon_t \sim \text{i.i.d. } (0, \sigma^2)$$

というモデルです。よって、y_{t+h} は

$$y_{t+h} = c + \varepsilon_{t+h} + \theta_1 \varepsilon_{t+h-1} + \ldots + \theta_q \varepsilon_{t+h-q}$$

となります。この両辺について、$\Omega_t = \{y_t, \ldots, y_1\}$ で条件付けした条件付期待値を計算してみると、

$$E(y_{t+h} | \Omega_t) = c + E(\varepsilon_{t+h} | \Omega_t) + \theta_1 E(\varepsilon_{t+h-1} | \Omega_t) + \ldots + \theta_q E(\varepsilon_{t+h-q} | \Omega_t)$$

となります。ここで、$h > q$ である場合は、$\varepsilon_{t+h}, \ldots, \varepsilon_{t+h-q}$ は全て時点 $t+1$ 以降に発生した誤差項ということですから Ω_t に含まれている全ての y_t と独立となり、Ω_t で条件付けした期待値はその無条件期待値と等しくなるので、

$$E(y_{t+h} | \Omega_t) = c + E(\varepsilon_{t+h}) + \theta_1 E(\varepsilon_{t+h-1}) + \ldots + \theta_q E(\varepsilon_{t+h-q})$$
$$= c$$

257

となり、予測値は定数項の c となります。しかしながら、$h \leq q$ である場合は、誤差項のいくつかが Ω_t の中の y_t と独立ではなくなるため、条件付期待値と無条件期待値が等しくなくなり、条件付期待値は独立でない y_t の関数となります。$q = 1$ の場合を考えてみましょう。この場合、y_t は MA(1) モデルに従って

$$y_t = c + \varepsilon_t + \theta_1 \varepsilon_{t-1}$$

のように決定されます。この式から明らかなように、y_t は ε_t に依存して決定されるため、y_t と ε_t は独立ではありません。ここで、例えば $h = 1$ 期先予測を計算してみると、

$$y_{t+1} = c + \varepsilon_{t+1} + \theta_1 \varepsilon_t$$

の両辺について、$\Omega_t = \{y_t, \ldots, y_1\}$ で条件付けした期待値を取ってみると、

$$
\begin{aligned}
\mu_{t+1|t} &= E\left(y_{t+1}|\Omega_t\right) \\
&= c + E(\varepsilon_{t+1}|\Omega_t) + \theta_1\, E(\varepsilon_t|\Omega_t) \\
&= c + \theta_1\, E(\varepsilon_t|\Omega_t)
\end{aligned}
$$

となります。

ここで、ε_{t+1} については Ω_t に含まれる全ての y_t と独立なので、条件付き期待値は無条件期待値と等しくなり、$E(\varepsilon_{t+1}|\Omega_t) = E(\varepsilon_{t+1}) = 0$ が成り立ちますが、ε_t については Ω_t の中にある y_t と独立ではないため、$E(\varepsilon_t|\Omega_t) \neq E(\varepsilon_t)$ となり 0 ではありません。よって、この $E(\varepsilon_t|\Omega_t)$ を計算しなくてはなりませんが、この計算は簡単ではありません。

MA(1) モデルにおける $E(\varepsilon_t|\Omega_t)$ の計算に、あるいは MA(q) モデルにおける $E(\varepsilon_s|\Omega_t), s \leq t$ の計算によく用いられる方法の 1 つとして、AR(p) モデルの予測の MSE の計算の箇所でも言及した状態空間モデルを用いることが挙げられます。また、状態空間モデルを用いると、条件付き期待値のみならず条件付き分散、すなわち予測の MSE も計算することができます（状態空間モデルについては、本書の第 12 章で詳しく説明します）。

9.5 MA(q) および ARMA(p, q) モデルによる予測

ARMA(p, q) モデルによる予測

ARMA(p, q) モデルは、AR(p) モデルと MA(q) モデルを合わせたモデルであり、MA(q) モデルの性質も反映されているため、ARMA(p, q) モデルによる予測にも MA(q) モデルの予測値の計算の際に発生した問題と全く同様の問題が発生します。すなわち、誤差項の条件付期待値（および条件付き分散）の計算が簡単にはできないという問題です。

しかしながら、ARMA(p, q) モデルの場合も、状態空間モデルのテクニックを用いることにより、その条件付き期待値と条件付き分散を計算することができます（これについても第 12 章で説明します）。

第 9 章のまとめ

・予測は予測モデルを用いて行う。予測をする際には、どのような情報に基づいてどの時点の値を予測するのかを明確にする必要がある。予測の際に用いる情報を情報集合、t 時点において h 時点先の値を予測することを h 期先予測と言う。

・予測の比較には平均二乗誤差 (MSE) という基準がよく用いられる。MSE は小さければ小さいほど良い予測と判断される。MSE を最小にする予測のことを最適予測と言い、それは条件付き期待値で与えられる。

・予測の種類として、点予測と区間予測と呼ばれるものがある。前者は実際の値を「点」で予測し、後者は実際の値が入る「区間」を予測する。

・AR(p) モデルの最適予測では、直近に観測された p 個の過去の値のみを用いる。

・予測精度は MSE の値で評価できるが、一般に、より将来の値の予測の方が予測精度は悪くなる。また、予測精度はもともとのデータ生成過程にも依存する。

・MA(q) モデルや ARMA(p, q) モデルの場合は、条件付き期待値は簡単には計算できない。これらは第 12 章で説明する状態空間モデルを用いれば計算できる。

第10章

自己回帰モデルと自己回帰移動平均モデルの推定

最小二乗法と最尤法による推定

第9章では、自己回帰移動平均モデルによる予測方法について説明しました。そこでは、未知パラメーターは既知であるとして説明しましたが、これはもちろん本来は未知であるので、モデルを用いてあれこれ分析するには、この未知パラメーターをデータから推定する必要があります。本章では、自己回帰モデルおよび自己回帰移動平均モデルに含まれる、未知パラメーターの推定法について説明します。

10.1

未知パラメーターの推定

■ 推定法の適材適所

　第8章で紹介した3つの時系列モデル、すなわち**自己回帰モデル**、**移動平均モデル**、**自己回帰移動平均モデル**は、それぞれモデルの中に**未知パラメーター**を含んでいました（例えば、p次の自己回帰モデルであれば、切片のc、係数の$\phi_j, j = 1, \ldots, p$、および誤差項の分散σ^2が未知パラメーターです）。そして第9章では、これらのパラメーターの**真の値**がわかっていると仮定して、これらの時系列モデルを用いたときの予測方法について説明しました。

　真の値とは、実際のデータを生み出しているパラメーターの値のことであり、未知パラメーターとは真の値がわからないパラメーターという意味です。真の値は直接観測することはできませんが、これらの時系列モデルを用いていろいろと分析を行うためには、これらのモデルに含まれる未知パラメーターの真の値を何らかの方法で求める必要があります。

　では、これらの値はどのように求めれば良いのでしょうか？ 適当に思いついた値を当てはめれば良いのでしょうか？

　通常、時系列分析（に限らず統計学全般）では、あるモデルが未知パラメーターを含んでいる場合、データからその未知パラメーターの真の値を**推定します**。これらの時系列モデルについてもその例に漏れず、未知パラメーターの真の値はデータから推定します（モデルに含まれる未知パラメーターの真の値を推定することを、モデルを推定するという言い方をします）。推定値ですから、真の値と完全に一致することは望むべくもありませんが、分析に支障が出ない程度に十分近い値を得ることについては望みがあり、それを目指して推定することになります（第5章で説明した、良い性質を持つような推定量を得ること

262

が基本的な目的です）。

前述の 3 つのモデルを推定する方法には様々なものがありますが、本章ではそれらの代表的なものとして、自己回帰モデルについては**最小二乗法**（または、**最小二乗推定法**とも呼ばれます）による推定を、移動平均モデルと自己回帰移動平均モデルについては**最尤法**（または、**最尤推定法**とも呼ばれます）による推定を紹介します。

図10.1.1　モデルと推定法の関係のイメージ

モデルのパラメーターには様々な推定法がありますが、それぞれのモデルには、それぞれ相性の良い推定法があります。

これらの方法は、統計ソフトを用いれば簡単に実行できます。本書では統計ソフトの使い方についての詳細は述べませんが、代表的な統計ソフトとしては R や MATLAB などが挙げられます。これらの統計ソフトを用いて、データを入力し推定コマンドを実行すれば、そこで使用されている推定法の詳細を知らなくても、これらのモデルは簡単に推定できます。しかしながら、使用されている推定法についてよく知らないまま、これらのソフトウェアを用いて推定を行ったとしても、出てきた推定結果について正しい解釈ができず、間違った分析を行ってしまう可能性が高くなることでしょう。

本章の目的は、そのようなことが起きないように推定法について正しく理解し、統計ソフトが内部でどのような計算をしているのかを知ることです。

10.2

最小二乗法について

━━ 線形回帰モデルの未知パラメーターの推定

　先ほど述べたとおり、AR(p) モデルの推定には最小二乗法がよく用いられます。最小二乗法は、AR(p) モデルに限らず、**線形回帰モデル**で表現されるモデル全般に対してそこに含まれる未知パラメーターを推定するためによく用いられます。後ほど、どのように AR(p) モデルを最小二乗法で推定するのかを説明しますが、まずは一般の線形回帰モデルに対して最小二乗法によってどのように、そこに含まれる未知パラメーターを推定するのかについて説明しておきましょう。

　最小二乗法は英語では Ordinary Least Square Method と言い、OLS とよく略されます。読んで字のごとく、何かの 2 乗（の和）を最小にすることによって推定を行います。ところで、ここで言う「何か」とは、何のことでしょうか？
　これは、**残差**と呼ばれるものの 2 乗の和です。残差の 2 乗の和のことを、**残差平方和**と言います。OLS は、残差平方和を最小にする「パラメーターの値」を、そのパラメーターの推定値とする推定法のことです。

　先ほど述べたように、最小二乗法は線形回帰モデルのパラメーターの推定によく使われますので、ここでは線形回帰モデルの係数の最小二乗法による推定から説明しましょう。まずは、もっとも単純な形の線形回帰モデルとして、説明変数が 1 つしかない以下のモデルを考えます。

$$y_i = \alpha + \beta x_i + \varepsilon_i \tag{10.1}$$

ここで、ε_i は期待値 0 で分散 σ^2 の独立同分布に従う確率変数とします。この

モデルは、変数 y_i の変動を変数 x_i と誤差項 ε_i の変動によって説明するモデルとなっています。このモデルにおいて、変数 y_i は**被説明変数**（もしくは**従属変数**）と呼ばれ、変数 x_i は**説明変数**（もしくは**独立変数**）と呼ばれます。このモデルの未知パラメーターは、定数項の α、x_i の係数の β、および誤差項の分散の σ^2 です。

　被説明変数と説明変数としては、例えば消費と所得、失業率と最低賃金などが考えられます。経済理論によると、所得が上がれば消費も増えると考えられるため、消費を被説明変数 (y_i)、所得を説明変数 (x_i) とし、線形回帰モデルを推定すれば、所得が増えたときにどの程度消費が増えるのかを、係数 (β) の値を見ることによって分析できます。また同様に、失業率は最低賃金が上がれば上がると考えられるため、失業率を被説明変数 (y_i)、最低賃金を説明変数 (x_i) とし、同様の分析を行うことができます。

　ここでは説明の簡単化のため、まずは説明変数が 1 つの場合を考えていますが、説明変数が任意の K 個の場合にモデルを拡張するのは概念的には非常に簡単です。説明変数が 1 つの線形回帰モデルを**単回帰モデル**と言い、説明変数が 2 つ以上の線形回帰モデルを**重回帰モデル**と言います。

図10.2.1　単回帰分析と重回帰分析の違い

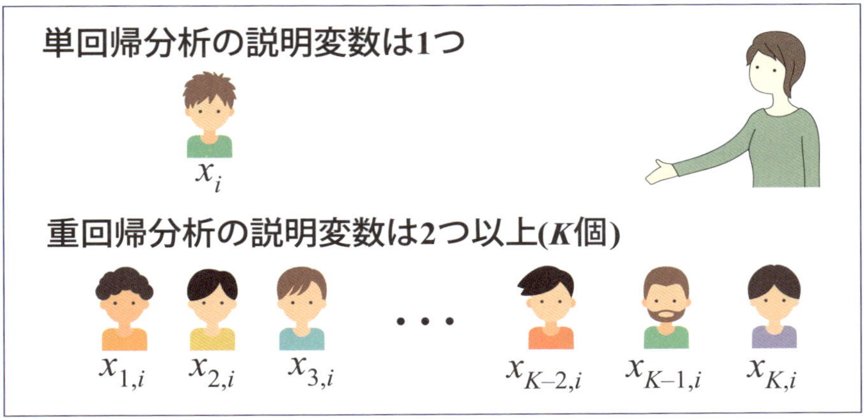

単回帰分析と重回帰分析は説明変数の数が違いますが、最小二乗法によるパラメーターの推定の仕方はほぼ同じです。

では、このモデルにおいて、αとβはどのように推定したら良いでしょうか？

推定法とは、一言でいうと未知パラメーターの真の値の推定値の決め方です。この定義を満たせば、推定法と呼んで差し支えありません。例えば、占い師に頼んで推定値を決めてもらう「占い推定法」や、頭に浮かんだ適当な数値を推定値とするという「直感推定法」も、れっきとした推定法だと言えます。ただし、このような推定法が 5.2 節で述べられたような「良い」性質を持つ可能性は、限りなく低いでしょう。

通常、時系列分析や統計学における推定法は、観測されたデータを用いて推定値を決定します。もう少し詳しく言うと、観測されるデータの関数として推定量を定義し、実際に観測されたデータの値（実現値）をその関数に入力することにより、実際の数値として推定値が得られます。

この関数は、推定法ごとに異なります。ある推定法が良い性質をもつとは、その推定法が推定量として定めた標本の関数が良い性質をもつということです。

統計学や時系列分析の分野では、長い年月をかけてたくさんの人々が、どのような推定法が良い推定法なのかについて知恵を絞って考えてきました。式 (10.1) で与えられた線形回帰モデルについても、そこに含まれる未知パラメーターを推定するための良い推定法とはどのようなものかということが長年研究されており、既にたくさんの良い推定法が考案されています。

そしてそのうちの 1 つであり、モデルの条件や（推定量の）比較に用いる基準によっては 1 番良い推定量とされているのが、ここで紹介する最小二乗法です。ただし、推定量に限らずですが、比較には基準が必要であり、基準が変われば推定量の良さの順位は変わります。式 (10.1) のモデルについても、条件や基準によっては最小二乗法よりも良い推定量が存在します。

最小二乗法について説明に入る前に、推定法についてもう少しだけ述べておきましょう。

先述したとおり、通常、推定量とは標本の関数で、推定法とはその関数を定

めるものです。ほとんどの推定法において、この関数はある（その推定法に特有の）目的関数を最大化もしくは最小化する解として定められます（この解というのが、標本の関数として求まります）。それぞれの推定法の違いは、この目的関数の違いと、推定量を最大化によって求めるか最小化によって求めるかの違いといっても差し支えないでしょう。最小二乗法について言えば、後ほど紹介する残差平方和というものが目的関数にあたり、これを最小化する関数が最小二乗推定量です。

図10.2.2　最小二乗法はある基準で一番良い推定法

最小二乗法

データとして、y_i と x_i の N 個の組、$\{(x_i, y_i)\}_{i=1}^{N}$ が観測されているとします。このとき、**残差**は式 (10.1) において、切片 α の値を a、x_i の係数 β の値を b とすると、以下のように計算されます。

$$e_i = y_i - a - b\, x_i$$

この残差の 2 乗の $i = 1$ から N までの和、すなわち

$$SSR(a, b) = \sum_{i=1}^{N} e_i^2$$

が（$\alpha = a, \beta = b$ における）残差平方和です。

これは、$\{(x_i, y_i)\}_{i=1}^{N}$ の値が所与で固定されていれば、a と b（のみ）の関数ですから、a と b の値を変えると $SSR(a, b)$ の値も変化します。そして、a と b の値をいろいろと変化させていったときに、$SSR(a, b)$ の値を最小にする a と b の値が、所与の $\{(x_i, y_i)\}_{i=1}^{N}$ の値に対する、α と β の最小二乗推定値になります。このとき、この $SSR(a, b)$ を最小化する a と b の値は、この所与の $\{(x_i, y_i)\}_{i=1}^{N}$ の値に対して計算されたものですから、$\{(x_i, y_i)\}_{i=1}^{N}$ の値が変わればその値も変わります。つまり、$SSR(a, b)$ を最小化する a と b の値は、$\{(x_i, y_i)\}_{i=1}^{N}$ の関数となります。この $\{(x_i, y_i)\}_{i=1}^{N}$ の関数を、**最小二乗推定量**と言います（以後、α と β の最小二乗推定量をそれぞれ、$\hat{\alpha}$ および $\hat{\beta}$ と表すことにします）。

図10.2.3 最小二乗推定値と残差平方和のイメージ

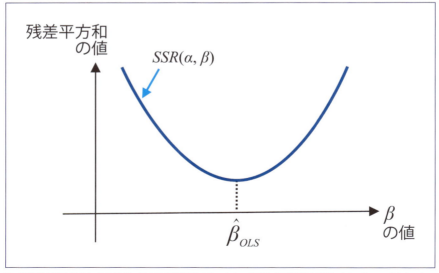

残差平方和を最小にする値が、最小二乗推定値です。なお、実際には残差平方和はαとβの2つのパラメーターの関数であることに注意してください。図はイメージ図です。

10.2 最小二乗法について

　このように、言葉で説明すると何をやっているのかわかりづらいかもしれません が、数学的には非常に簡単な問題です。数学的には、最小二乗推定量 (値) は所与の $\{(x_i, y_i)\}_{i=1}^N$ の値のもとで目的関数 $SSR(a, b)$ を最小化する a と b の値であり、

$$\{\hat{\alpha}, \hat{\beta}\} = \underset{\{a,b\}}{\mathrm{argmin}}\, SSR(a,b)$$

のように 1 行で表すことができます。ここで、$x = \mathrm{argmin}_a f(a)$ は「x は目的関数 $f(a)$ を最小にする a の値である」ことを意味しています (arg は変数を表す英語 の argument の略であり、min は英語で最小化を表す minimum の略です)。

　では次に、この $\hat{\alpha}$ および $\hat{\beta}$ を具体的に計算してみましょう。これは高校数学 の「関数の最小化問題」の単元で出てくる、「最小化のための 1 階の条件」を解 けば求められます。最小化のための 1 階の条件とは、目的関数の偏微分を 0 と 置いた連立方程式です。ここでは、

$$\frac{\partial SSR(a,b)}{\partial a} = 0、および \quad \frac{\partial SSR(a,b)}{\partial b} = 0 \tag{10.2}$$

という 2 つの式からなる連立方程式になります。この連立方程式を満たす a と b の値が、最小二乗推定量となるわけです。これらを具体的に計算するには、 関数の微分の知識が必要です。

　実際に計算をしてみると、まず最初の式は

$$\begin{aligned}
\frac{\partial SSR(a,b)}{\partial a} &= \frac{\partial}{\partial a}\sum_{i=1}^N (y_i - a - bx_i)^2 = \sum_{i=1}^N \frac{\partial[(y_i - a - bx_i)^2]}{\partial a} \\
&= \sum_{i=1}^N 2(y_i - a - bx_i)(-1) \\
&= -2\sum_{i=1}^N (y_i - a - bx_i)
\end{aligned}$$

と計算されます (3 つ目の等号は、合成関数の微分の法則を使っています)。ま た同様に、2 つ目の式についても

第10章　自己回帰モデルと自己回帰移動平均モデルの推定

269

$$\frac{\partial SSR(a,b)}{\partial b} = \frac{\partial}{\partial b}\sum_{i=1}^{N}(y_i - a - bx_i)^2 = \sum_{i=1}^{N}\frac{\partial[(y_i - a - bx_i)^2]}{\partial b}$$

$$= \sum_{i=1}^{N}2(y_i - a - bx_i)(-x_i)$$

$$= -2\sum_{i=1}^{N}(y_i - a - bx_i)x_i$$

となります。これらより、式 (10.2) の 1 階の条件は、

$$\frac{\partial SSR(a,b)}{\partial a} = -2\sum_{i=1}^{N}(y_i - a - bx_i) = 0$$

および、

$$\frac{\partial SSR(a,b)}{\partial b} = -2\sum_{i=1}^{N}(y_i - a - bx_i)x_i = 0$$

と明示的に表せます。最小二乗推定量を求めるには、この式を満たす a と b の値を求めれば良いわけです。さらに上式の両辺を -2 で割れば（このようにしても、その式を満たす a と b の値は変わりません）、最終的に a と b についての線形の連立方程式である

$$\sum_{i=1}^{N}(y_i - a - bx_i) = 0 \quad \text{および} \quad \sum_{i=1}^{N}(y_i - a - bx_i)x_i = 0$$

すなわち、

$$\sum_{i=1}^{N}y_i - aN - b\sum_{i=1}^{N}x_i = 0 \quad \text{および} \quad \sum_{i=1}^{N}y_ix_i - a\sum_{i=1}^{N}x_i - b\sum_{i=1}^{N}x_i^2 = 0$$

が得られます。最小二乗推定量は、この連立方程式を満たす a と b の値、つまり、この連立方程式の解ということになります。この連立方程式は a と b についての 1 次式ですので、簡単に解けて（途中の計算はやや煩雑ですが）、その解は

10.2 最小二乗法について

$$\hat{\beta} = \frac{\left(\sum_{i=1}^{N} x_i\right)\left(\sum_{i=1}^{N} y_i\right) - N\sum_{i=1}^{N} x_i y_i}{\left(\sum_{i=1}^{N} x_i\right)^2 - N\left(\sum_{i=1}^{N} x_i^2\right)} \quad \text{および} \quad \hat{\alpha} = \bar{y} - \hat{\beta}\bar{x}$$

となります。ここで、$\bar{y} = N^{-1}\sum_{i=1}^{N} y_i$ および $\bar{x} = N^{-1}\sum_{i=1}^{N} x_i$ です。さらに、

$$\sum_{i=1}^{N}(x_i - \bar{x})(y_i - \bar{y}) = \sum_{i=1}^{N} x_i y_i - \bar{y}\sum_{i=1}^{N} x_i - \bar{x}\sum_{i=1}^{N}(y_i - \bar{y})$$

$$= \sum_{i=1}^{N} x_i y_i - \left(\frac{1}{N}\sum_{i=1}^{N} y_i\right)\left(\sum_{i=1}^{N} x_i\right)$$

$$= -\frac{1}{N}\left[-N\sum_{i=1}^{N} x_i y_i + \left(\sum_{i=1}^{N} y_i\right)\left(\sum_{i=1}^{N} x_i\right)\right]$$

（上記の計算では $\sum_{i=1}^{N}(y_i - \bar{y}) = \sum_{i=1}^{N} y_i - N\bar{y} = N\bar{y} - N\bar{y} = 0$ を用いています）および、

$$\sum_{i=1}^{N}(x_i - \bar{x})^2 = \sum_{i=1}^{N}(x_i^2 - 2\bar{x}\,x_i + \bar{x}^2)$$

$$= \sum_{i=1}^{N} x_i^2 - 2\bar{x}\sum_{i=1}^{N} x_i + N\bar{x}^2$$

$$= \sum_{i=1}^{N} x_i^2 - 2N\bar{x}^2 + N\bar{x}^2$$

$$= \sum_{i=1}^{N} x_i^2 - N\bar{x}^2$$

$$= \sum_{i=1}^{N} x_i^2 - N\left(\frac{1}{N}\sum_{i=1}^{N} x_i\right)^2$$

$$= -\frac{1}{N}\left[-N\sum_{i=1}^{N} x_i^2 + \left(\sum_{i=1}^{N} x_i\right)^2\right],$$

であることに注意すると、上記の $\hat{\beta}$ は

$$\hat{\beta} = \frac{\sum_{i=1}^{N}(x_i - \bar{x})(y_i - \bar{y})}{\sum_{i=1}^{N}(x_i - \bar{x})^2}$$

と表すこともできます。ここで、分子と分母をともに $N-1$ で割ると、x_i と y_i の標本共分散と x_i の標本分散の比になっていることに注意してください。単回

帰モデルの β の最小二乗推定量の表現は、こちらの表現の方がよく用いられます。

このようにして得られた最小二乗推定量 $\hat{\beta}$ と $\hat{\alpha}$ は、一定の条件の下で様々な良い性質を持っています。例えば、$\hat{\beta}$ と $\hat{\alpha}$ は推定量の良い性質として、第5章で出てきた**一致性**と**不偏性**を共に満たします。さらに、**ガウス‐マルコフの定理**と呼ばれる定理によって、ある条件の下で最小二乗推定量は線形の不偏推定量の中で1番分散が小さい推定量であることが証明されています。

━━ 誤差項の分散の推定

式 (10.1) の線形回帰モデルは、切片 α と x_i の係数 β の他にも、誤差項 ε_i の分散 σ^2 を未知パラメーターとして含んでいます。このパラメーターの値も様々な分析で重要となってきますので、ここではその推定法を考えてみましょう。

誤差項の ε_i は本来、直接は観測できませんが、仮に観測できると想定し、ε_i について $\{\varepsilon_1, ..., \varepsilon_N\}$ という N 個の観測値が得られたとしましょう。分散 σ^2 は $E(\varepsilon_i) = 0$ ですので、ε_i^2 の期待値、すなわち

$$\sigma^2 = E(\varepsilon_i^2)$$

となりますが、この σ^2 を推定する自然な推定量は ε_i^2 の標本平均、すなわち

$$\hat{\sigma}^2 = \frac{1}{N} \sum_{i=1}^{N} \varepsilon_i^2$$

でしょう。この推定量は（もし実際に計算できるのであれば）、非常に良い性質を持っています。しかしながら、実際には ε_i を直接観測することはできません。では、どうしたら良いのでしょうか？

1つの方法として、「ε_i を、ε_i の何らかの推定値で置き換える」という方法が考えられます。ここでは ε_i の推定値として、最小二乗推定値 $\hat{\alpha}$ と $\hat{\beta}$ を用いた

$$\hat{\varepsilon}_i = y_i - \hat{\alpha} - \hat{\beta} x_i$$

を考えます。もし、$\hat{\alpha}$ と $\hat{\beta}$ が α と β の真の値に等しい場合、$\hat{\varepsilon}_i$ は実際の ε_i の値に等しくなりますが、実際には $\hat{\alpha}$ と $\hat{\beta}$ は推定値なので、それらが α と β の真の値に等しいということはありえません。しかしながら、$\hat{\alpha}$ と $\hat{\beta}$ は真の値にそれなりに近いので、$\hat{\varepsilon}_i$ の値も実際の ε_i の値にそれなりに近いと考えられます。よって、この $\hat{\varepsilon}_i$ を ε_i の代わりに使い、先ほどの ε_i^2 の標本平均の式に代入し、さらに多少式を変更すると、σ^2 の推定量として

$$s^2 = \frac{1}{N-2} \sum_{i=1}^{N} \hat{\varepsilon}_i^2$$

という推定量が得られます。ここで、N ではなく $N-2$ で割っていることに注意してください。このようにする理由は、実はこの推定量が**不偏性**を持つからです。2 という数値は、最小二乗法によって推定した係数の数と等しく（ここでは、α と β の 2 つなので 2）、次節で見るように説明変数の数が 2 つ以上ある場合は、最小二乗法で推定するパラメーターの数が変わるのでこの数値も変わります。この推定量 s^2 は、**σ^2 の最小二乗推定量**と呼ばれ、不偏性の他に一致性も満たし、さらに様々な良い性質をもっています。

━━ 説明変数が複数ある場合

　先ほどは説明変数が 1 つの場合、すなわち、単回帰分析における最小二乗法の説明をしました。最小二乗法は説明変数が複数の場合、すなわち、重回帰分析の場合にも適用でき、単回帰分析での議論は重回帰分析に簡単に拡張できます。ここでは、重回帰分析の最小二乗法について説明しておきましょう。重回帰分析の場合の線形回帰モデルは、

$$y_i = \alpha + \beta_1 x_{i1} + \beta_2 x_{i2} + \dots + \beta_1 x_{iK} + \varepsilon_i,$$
$$E(\varepsilon_i) = 0, \ \mathrm{var}(\varepsilon_i) = \sigma^2, \ \mathrm{cov}(\varepsilon_i, \varepsilon_j) = 0 \ (i \neq j)$$

となります。単回帰分析と比べて、被説明変数 y_i は 1 つで変わりませんが、説

明変数は $x_{i1}, x_{i2}, ..., x_{iK}$ の K 個になっていることに注意してください。この場合、最小二乗法で推定する未知係数の数は、$\alpha, \beta_1, ..., \beta_K$ の $K+1$ 個になります。

　実際の分析において、被説明変数の変動を1つの説明変数のみで十分に説明できるということは稀です。例えば、体重の変動は身長の変動である程度説明できると考えられますが（身長が大きくなると体重が増えると考えられるため）、それ以外にも生活習慣に関する様々な要因、例えば（適当な期間の）カロリー摂取量や運動量などは、体重の変動を説明するのに有用でしょう。その場合、身長を x_{i1}、カロリー摂取量を x_{i2}、運動量を x_{i3} とするような重回帰モデルが、体重の変動を説明するのにより適したモデルと考えられます。

図10.2.4　被説明変数の変動の様々な要因

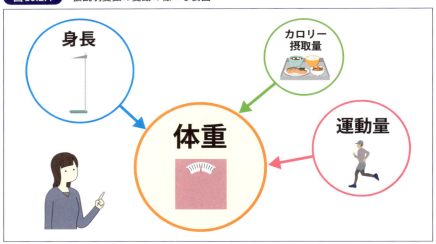

通常、被説明変数の値は様々な要因に影響されて決まり、その場合は重回帰分析を用います。

　最小二乗法では、重回帰分析におけるこれら $K+1$ 個の係数を、やはり残差平方和を最小にすることによって推定します。ただし、この場合の残差は

$$e_i = y_i - a - b_1 x_{i1} - b_2 x_{i2} - \cdots - b_K x_{iK}$$

と定義され、残差平方和はこの $K+1$ 個の係数の関数として、

$$SSR(a, b_1, \ldots, b_K) = \sum_{i=1}^{N} e_i^2$$

と定義されます。あとは単回帰分析のときと同じく、この残差平方和を最小にする $a, b_1, \ldots, b_K$ の値が、$\alpha, \beta_1, \ldots, \beta_K$ の最小二乗推定量となります。

重回帰分析の最小二乗推定量を明示的に表すには、行列の知識が必要となるのでここでは導出しませんが、計算自体は統計ソフトを用いて普通のパソコンで一瞬でできます。最小二乗推定は Excel でもできるほど簡単な推定法ですので、非常によく用いられます。

さらに、$\alpha, \beta_1, \ldots, \beta_K$ の最小二乗推定量を $\hat{\alpha}, \hat{\beta}_1, \ldots, \hat{\beta}_K$ とすると、誤差項の分散 σ^2 は、先ほどの単回帰分析のときと同様に、ε_i の推定値として

$$\hat{\varepsilon}_i = y_i - \hat{\alpha} - \hat{\beta}_1 x_{i1} - \hat{\beta}_2 x_{i2} - \cdots - \hat{\beta}_K x_{iK}$$

を用いて、

$$s^2 = \frac{1}{N - (K+1)} \sum_{i=1}^{N} \hat{\varepsilon}_i^2$$

によって推定できます。ここで、$K+1$ は最小二乗法によって推定した係数の数です（切片の α を含んでいます。単回帰分析の場合は説明変数が 1 つなので $K=1$ となります）。これは、**σ^2 の最小二乗推定量**と呼ばれます。最小二乗推定量は推定量として様々な良い性質をもっています。最小二乗推定法で推定した係数を用いて、いろいろな分析を行うことができます。最小二乗法についてより詳しくは、例えば藪 (2023) を参照してください（藪友良 (2023)「実践する計量経済学」、東洋経済新報社）。

10.3
最小二乗法による自己回帰モデルの推定

━━ AR(1) モデルの最小二乗法による推定

　まずは説明の簡単化のために、AR(1) モデルを考えましょう。同様の議論は、AR(p) モデルに簡単に拡張できます。

　第 8 章で見たように、AR(1) モデルは

$$y_t = c + \phi y_{t-1} + \varepsilon_t, \ \varepsilon_t \sim \text{i.i.d.} \ (0, \sigma^2) \tag{10.3}$$

というモデルです。これはモデルの形としては線形回帰モデルになっており、よって最小二乗法で推定することができます。ただし、最小二乗法を用いて AR(1) モデルを推定する際に少し注意が必要なのは、ここでの被説明変数は y_t であり、説明変数は y_{t-1} になっているということです。例えば、T 個のデータ $\{y_1, ..., y_T\}$ を観測したとすると、y_0 がないので、被説明変数 y_1 に対しては説明変数がないことになります。よってこの場合、上記のモデルは $t = 2$ から始まり、$t = T$ で終わるものと考えます。つまり、$\{(y_t, y_{t-1})\}, t = 2, ..., T$ の $T-1$ 個の組に対して、

	［被説明変数］			［説明変数］	
$(t = 2)$	y_2	$= c + \phi \times$		y_1	$+ \varepsilon_2$
$(t = 3)$	y_3	$= c + \phi \times$		y_2	$+ \varepsilon_3$
		$\vdots$			
$(t = T-1)$	y_{T-1}	$= c + \phi \times$		y_{T-2}	$+ \varepsilon_{T-1}$
$(t = T)$	y_T	$= c + \phi \times$		y_{T-1}	$+ \varepsilon_T$

の $T-1$ 個の式が観測されると考えるわけです。

　同様の問題は、1 次の標本自己相関を計算するときにも起こっていたことを

思い出してください。このことに注意して、パラメーター$c, \phi,$ およびσ^2 の最小二乗推定量を、単回帰モデルの最小二乗推定量の計算式を用いて計算すると、以下の最小二乗推定量が得られます。

（ϕ と c の最小二乗推定量）

$$\hat{\phi} = \frac{\sum_{t=2}^{T}(y_t - \overline{y}_2)(y_{t-1} - \overline{y}_1)}{\sum_{t=2}^{T}(y_{t-1} - \overline{y}_1)^2}, \quad \hat{c} = \overline{y}_2 - \hat{\phi}\overline{y}_1$$

$$\overline{y}_1 = \frac{1}{T-1}\sum_{t=1}^{T-1} y_t, \quad \overline{y}_2 = \frac{1}{T-1}\sum_{t=2}^{T} y_t$$

（σ^2 の最小二乗推定量）

$$\hat{\sigma}^2 = \frac{1}{T-3}\sum_{t=2}^{T}\hat{\varepsilon}_i^2, \quad \hat{\varepsilon}_t = y_t - \hat{c} - \hat{\phi}y_{t-1}$$

　ここで、推定に用いたデータの数（y_t と y_{t-1} の組の数）は、$T-1$ であることに注意しましょう。これが、ここでの分散の推定において和を $T-3$ で割っている理由です（すなわち、データ数 $T-1$ から、推定した切片と係数パラメーター（c と ϕ）の数である 2 を引いた数です）。

━━ AR(p) モデルの最小二乗推定

　同様に、AR(p) モデルである

$$y_t = c + \phi_1 y_{t-1} + \phi_2 y_{t-2} + \ldots + \phi_p y_{t-p} + \varepsilon_t, \quad \varepsilon_t \sim \text{i.i.d. } (0, \sigma^2)$$

を最小二乗法で推定することも可能です。ただし、ここでも AR(1) モデルの場合と同様の問題が起こります。つまり、T 個のデータ $\{y_1, \ldots, y_T\}$ が観測されているとすると、被説明変数 y_t の説明変数は直近の p 個の過去の値、すなわち、$y_{t-1}, .., y_{t-p}$ であることから、被説明変数としてモデルを当てはめることができる時点は $t = p+1$ から $t = T$ となるので、推定に用いることのできるデータの（組

の）数は、$\{(y_t, y_{t-1}, ..., y_{t-p})\}$, $t = p+1, ..., T$ の $T-p$ 個になるということです。使用できるデータの数に注意が必要なこと以外は、通常の重回帰分析における最小二乗法による推定と同じですので、推定についてはこれ以上の説明は必要ないでしょう。

図10.3.1 データの数と推定に使える式の数

推定に使えるデータは y_t, $t = 1, ..., T$ の T 個

$y_T, y_{T-1}, y_{T-2}\cdots, y_{T-p}, \cdots\cdots, y_{p+2}, y_{p+1}, y_p, y_{p-1}, ..., y_2, y_1,$

最初の**被説明変数**は y_{p+1}、**説明変数**は $y_p, y_{p-1}, ..., y_1$

$y_T, y_{T-1}, y_{T-2}\cdots, y_{T-p}, \cdots\cdots, y_{p+2}, y_{p+1}, y_p, y_{p-1}, ..., y_2, y_1,$

次の**被説明変数**は y_{p+2}、**説明変数**は $y_{p+1}, y_p, ..., y_2$

$y_T, y_{T-1}, y_{T-2}\cdots, y_{T-p}, \cdots\cdots, y_{p+2}, y_{p+1}, y_p, y_{p-1}, ..., y_2, y_1,$

最後($T-p$番目)の**被説明変数**は y_T、**説明変数**は $y_{T-1}, y_{T-2}, ..., y_{T-p}$,

$y_T, y_{T-1}, y_{T-2}\cdots, y_{T-p}, \cdots\cdots, y_{p+2}, y_{p+1}, y_p, y_{p-1}, ..., y_2, y_1,$

■ ARモデルの最小二乗推定量の注意点

このように、AR モデルは最小二乗法によって推定することができます。実際、最小二乗法は AR モデルの推定に最もよく用いられている推定法です。ただし、AR モデルは時系列モデルであり、その説明変数は過去の自分自身の値であるというやや特殊な状況であるため、10.1 節で説明した最小二乗推定量の良い性質の中で成り立たないものが出てきます。

10.1 節では、y_i と x_{ik}, $i = 1, ..., N$, $k = 1, ..., K$ が横断面データであるという前提で説明をしていました（つまり、i について独立なデータです）が、AR モデルに従う時系列データにおいて y_t は時系列データであり、t について独立ではない

ので、横断面データで成り立っていた最小二乗推定量の良い性質は必ずしも成り立ちません。

具体的には、ここで得た AR(p) モデル（切片、係数、分散）の最小二乗推定量は一致性は満たしますが、残念ながら不偏性は満たしません。結果として、ガウスマルコフの定理（不偏推定量についての定理）も適用できないため、そこで保証されていた最小二乗推定量の推定量としての最適性も理論的には保証されていないことになります。しかしながら、その他にも様々な理論的に良い性質があるため（特に計算が簡単であるため）、AR モデルの推定において最小二乗法が実際の分析では最もよく使われています。ここでは紙面の都合上、AR モデルの最小二乗推定についてこれ以上詳しくは説明しませんが、AR モデルの最小二乗法による推定および得られた最小二乗推定量の性質について、さらに興味ある読者の方は沖本 (2010)、藪 (2023)[1] を参照してください。

図10.3.2 AR(p) モデルの最小二乗推定量の性質

AR(p) モデルの最小二乗推定量は不偏性を満たさず、よってガウスマルコフの定理（最小二乗推定量の最適性についての定理）も成り立ちません。

---

1) 沖本竜義 (2010)「経済・ファイナンスデータの計量時系列分析」朝倉書店、藪友良 (2023)「実践する計量経済学」東洋経済新報社。

10.4

最尤法による推定

最尤法について（離散型確率変数の場合）

　自己回帰移動平均モデルの推定には、最尤法（Maximum Likelihood Method; MLE）と呼ばれる推定法がよく用いられます。最尤法は非常に汎用性の高い推定法で、様々なモデルを最尤法で推定できます。以下では、まず最尤法について簡単に説明し、次節以降で時系列モデルの推定にどのように最尤法を適用するかを説明します。まずは、離散型確率変数の最尤法について見ていきましょう。

　最尤法の最尤という部分は、「最も尤もらしい（もっとも、もっともらしい）」という意味です。つまり、最尤法は「最も尤もらしい推定法」ということです。以下では、最尤法がどのように推定値を決定するのか、どのような意味で最も尤もらしいのかを見ていきましょう。まずは簡単な例について、最尤法がどのようにパラメーターの値を決定するのかを見てみます。

　例えば、y_i, $i = 1,..., 10$ は $\Pr(y_i = 1) = p$ であるベルヌーイ分布に独立に従うとします。さらに、y_i のデータとして

$$\{y_1, y_2, ..., y_{10}\} = \{1, 0, 0, 1, 0, 0, 1, 0, 0, 0\}$$

という 10 個のデータが無作為に（独立に）得られたとしましょう。このデータから p を推定する場合、推定値としてどのような値がもっともらしいでしょうか？ 最尤法では、まずデータが観測される結合確率（連続型確率変数の場合は結合密度）を考えます。つまり、このデータであれば

$$\Pr(y_1 = 1, y_2 = 0, y_3 = 0, y_4 = 1, y_5 = 0, y_6 = 0, y_7 = 1, y_8 = 0, y_9 = 0, y_{10} = 0)$$

という確率です。ここでは、y_i が互いに独立に得られたとしているので、上記の結合確率はさらに周辺確率の積として、

$$\Pr(y_1 = 1)\Pr(y_2 = 0)\Pr(y_3 = 0) \times \ldots \times \Pr(y_9 = 0)\Pr(y_{10} = 0)$$

のように書き直すことができます。この確率は、$\Pr(y_i = 1) = p$ であること（よって、このとき $\Pr(y_i = 0) = 1 - p$ であることに注意してください）、および、このデータでは1が3回、0が7回観測されているので、上記の確率は

$$p \times (1 - p) \times (1 - p) \times \ldots \times (1 - p) \times (1 - p) = p^3 (1 - p)^7$$

と書き直せます。これがこのデータが**観測される確率**です。p の関数になっていることに注意してください。

　このように、実際のデータが観測される確率を未知パラメーターの関数と見なしたものを、**尤度関数** (likelihood function) と言います。最尤法では、この==実際のデータが観測される確率、すなわち尤度関数を最大にする p の値を最尤推定値とします。==

　なぜ、このように p の値を決定するのでしょうか？
　それは、このデータが観測されたということは、このデータが観測される確率が高かったからであると考えられ、このように考えると、このデータが観測される確率が最も高くなるような p の値は、このモデルの真の p の値として最も尤もらしい値と言えるからです。

最尤推定法（離散型確率変数の場合）

最尤推定法とは、データが離散型確率変数（の実現値）である場合、その観測されたデータが出現する確率を最も高くするモデルの未知パラメーターの値を推定値とする推定法、すなわち、尤度関数を最大にするパラメーターの値を推定値とする推定法です。

最尤推定値の計算

　ある目的関数を最大化する変数の値は、その目的関数のその変数による（偏）導関数を0にした方程式を解くことによって求まります。上記の例においては、$p^3(1-p)^7$ が目的関数であり、これを p について最大化することになりますが、この目的関数に対してその計算を行うのは、計算が非常に煩雑になってしまうという問題があります。

　このような場合には、計算を簡単にするため、目的関数の自然対数を取ったものを新たに目的関数として設定し、その新たに設定した目的関数を最大化する p の値を見つける、ということをします。上記の目的関数の自然対数を取ったものは（ここでは、自然対数の底 e は省略して書きます）、

$$\log[\,p^3(1-p)^7\,] = 3\log(p) + 7\log(1-p)$$

となります。このように、尤度関数の対数を取ったものを**対数尤度関数**と言います。この目的関数（すなわち対数尤度関数）を最大化する p の値は、p による導関数を0と置いて得た方程式、つまり

$$\frac{d[3\log p + 7\log(1-p)]}{dp} = \frac{3}{p} - \frac{7}{1-p} = 0$$

の（p についての）解になります。上記の式を解くために、まず1番右の等号の両辺に $p(1-p)$ を掛けると、

$$3(1-p) - 7p = 0 \Leftrightarrow 3 - 10p = 0$$

となります。この方程式を p について解くと、$p = 0.3$ になります。これが、p の（最尤）推定値です。このデータでは1が10回のうち3回出ているので、1が出る確率の推定値が0.3となるのは直観的にも納得のいくものでしょう。

　さらに、より一般的にデータとして $y_i = j_i$, $i = 1, ..., N$（ここで、j_i は0か1の値を表します）が観測されたとしましょう。この場合、第4章で見たように、$y_i = j_i$ となる確率は

$$\Pr(y_i = j_i) = p^{j_i}(1-p)^{1-j_i}$$

と表すことができるので、尤度関数は

$$L(p) = \prod_{i=1}^{N} p^{j_i}(1-p)^{1-j_i}$$

となります。また、対数尤度関数は

$$\log L(p) = \sum_{i=1}^{N}\left[j_i \log p + (1-j_i)\log(1-p)\right]$$
$$= \log p \sum_{i=1}^{N} j_i + \log(1-p)\sum_{i=1}^{N}(1-j_i)$$

となります。この対数尤度関数を最大化する p の値、すなわち p の最尤推定値 $\hat{p}_{MLE}$ は、最大化の 1 階の条件である

$$\frac{d\log L(p)}{dp} = \frac{1}{p}\sum_{i=1}^{N} j_i - \frac{1}{1-p}\sum_{i=1}^{N}(1-j_i) = 0$$

を解くことによって、

$$\frac{1}{p}\sum_{i=1}^{N} j_i - \frac{1}{1-p}\sum_{i=1}^{N}(1-j_i) = 0$$
$$\Leftrightarrow (1-p)\sum_{i=1}^{N} j_i - p\sum_{i=1}^{N}(1-j_i) = 0 \quad (両辺に\ p(1-p)\ をかける)$$
$$\Leftrightarrow \sum_{i=1}^{N} j_i - p\sum_{i=1}^{N} j_i - pN + p\sum_{i=1}^{N} j_i = 0$$
$$\Leftrightarrow \sum_{i=1}^{N} j_i - pN = 0$$
$$\Leftrightarrow p_{MLE} = \frac{1}{N}\sum_{i=1}^{N} j_i = \frac{1の出た回数}{N}$$

のように得られます。これは、N 個の観測値に対して 1 の出た割合ですから、

1 の出る確率の推定値として納得のいくものでしょう。

最尤法について（連続型確率変数の場合）

先ほどは、離散型確率変数のデータに対して最尤法の説明をしましたが、ここでは連続型確率変数のデータに対しての最尤法について説明します。

例として、正規分布の期待値 μ と分散 σ^2 を最尤法によって推定することを考えてみましょう。例えば、y_i, $i=1,...,N$ はそれぞれ独立に正規分布 $N(\mu, \sigma^2)$ に従っているとします。連続型確率変数の場合は、結合確率ではなく結合密度を考えます。今、$y_i \sim N(\mu, \sigma^2)$ ですから、y_i の結合密度関数は

$$f(y_i; \mu, \sigma^2) = \frac{1}{\sqrt{2\pi\sigma^2}} \exp\left[-\frac{(y_i - \mu)^2}{2\sigma^2}\right]$$

で与えられます。また y_i, $i=1,...,N$ はそれぞれ独立ですから、それらの結合密度関数は

$$f(y_N, y_{N-1},...,y_1; \mu, \sigma^2) = f(y_N; \mu, \sigma^2)f(y_{N-1}; \mu, \sigma^2)\cdots f(y_1; \mu, \sigma^2)$$
$$= \prod_{i=1}^{N} f(y_i; \mu, \sigma^2)$$
$$= \prod_{i=1}^{N} \frac{1}{\sqrt{2\pi\sigma^2}} \exp\left[-\frac{(y_i - \mu)^2}{2\sigma^2}\right]$$

となります。連続型確率変数のデータの最尤法では、この密度関数をパラメーター（ここでは μ と σ^2）の関数と見なしたものが尤度関数です。すなわち、この場合の尤度関数 $L(\mu, \sigma^2)$ は

$$L(\mu, \sigma^2) = f(y_N, y_{N-1}, ..., y_1; \mu, \sigma^2)$$

となります。

さて、この尤度関数を最大化する μ と σ^2 の値が μ と σ^2 の最尤推定量となりますが、この関数を μ と σ^2 について直接最大化するのは計算的に大変です。

よって、先ほどの離散型の場合と同様に、実際の計算においてはその対数をとったもの、すなわち対数尤度関数

$$
\begin{aligned}
\log L(\mu, \sigma^2) &= \log f(y_N, y_{N-1}, ..., y_1; \mu, \sigma^2) \\
&= \log \left\{ \prod_{i=1}^{N} \frac{1}{\sqrt{2\pi\sigma^2}} \exp \left[-\frac{(y_i - \mu)^2}{2\sigma^2} \right] \right\} \\
&= \sum_{i=1}^{N} \log \left\{ \frac{1}{\sqrt{2\pi\sigma^2}} \exp \left[-\frac{(y_i - \mu)^2}{2\sigma^2} \right] \right\} \\
&= \sum_{i=1}^{N} \left\{ \log(1) - \frac{1}{2}\log(2\pi\sigma^2) - \frac{(y_i - \mu)^2}{2\sigma^2} \right\} \\
&= -\frac{N}{2}\log(2\pi) - \frac{N}{2}\log(\sigma^2) - \frac{1}{2\sigma^2}\sum_{i=1}^{N}(y_i - \mu)^2
\end{aligned}
$$

を最大化することによって、最尤推定量を計算します。

この対数尤度関数を最大化する μ と σ^2 の値は、最大化のための1階の条件、すなわち

$$
\frac{\partial \log L(\mu, \sigma^2)}{\partial \mu} = \frac{1}{\sigma^2}\sum_{i=1}^{N}(y_i - \mu) = 0
$$

および、

$$
\frac{\partial \log L(\mu, \sigma^2)}{\partial \sigma^2} = -\frac{N}{2}\frac{1}{\sigma^2} + \frac{1}{2\sigma^4}\sum_{i=1}^{N}(y_i - \mu)^2 = 0
$$

から成る連立方程式の、μ と σ^2 についての解になります。実際に解いてみると、まず1つ目の式より、μ についての解は

$$\frac{1}{\sigma^2}\sum_{i=1}^{N}(y_i - \mu) = 0 \Leftrightarrow \sum_{i=1}^{N}(y_i - \mu) = 0$$

$$\Leftrightarrow \sum_{i=1}^{N} y_i - N\mu = 0$$

$$\Leftrightarrow \mu = N^{-1}\sum_{i=1}^{N} y_i$$

となります。これより、μ の最尤推定量は

$$\hat{\mu}_{MLE} = N^{-1}\sum_{i=1}^{N} y_i$$

になることがわかります。

次に 2 つ目の式より、

$$-\frac{N}{2}\frac{1}{\sigma^2} + \frac{1}{2\sigma^4}\sum_{i=1}^{N}(y_i - \mu)^2 = 0 \Leftrightarrow \frac{N}{\sigma^2} = \frac{1}{\sigma^4}\sum_{i=1}^{N}(y_i - \mu)^2$$

$$\Leftrightarrow N\sigma^2 = \sum_{i=1}^{N}(y_i - \mu)^2$$

（両辺に σ^4 をかけて）

$$\Leftrightarrow \sigma^2 = N^{-1}\sum_{i=1}^{N}(y_i - \mu)^2$$

となります。これより、σ^2 の最尤推定量は

$$\hat{\sigma}^2_{MLE} = N^{-1}\sum_{i=1}^{N}(y_i - \hat{\mu}_{MLE})^2$$

となることがわかります。

最尤推定法（連続型確率変数の場合）

連続型確率変数における最尤法は、そのデータが与えられたもとで、結合確率密度関数をパラメーターの関数と見なした関数、すなわち尤度関数の値を最大にするパラメーターの値を推定値とする推定法です。

　一般に、最尤法によって求めた推定量、すなわち最尤推定量には、ざっくりと言うと（特定の条件の下で）以下のような良い性質があります。

・一致性
最尤推定量は一致性を持ちます。

・最適性
最尤指定量は、特定の条件を満たす推定量の中で標本の大きさが十分に大きいときには、（推定量の分散が1番小さいという意味で）1番良い推定量です。

　最尤推定量についての詳細は本書ではこれ以上述べませんが、興味のある読者の方は難波 (2015)[2] などを参照してみると良いでしょう。

---

2) 　難波明生 (2015)「計量経済学講義」 日本評論社。

10.5
自己回帰移動平均モデルの
最尤法による推定

━━ AR(1) モデルの最尤推定

　時系列データの文脈では、最尤法は自己回帰移動平均モデルの推定によく用いられます。10.3 節では、AR(p) モデルの推定には最小二乗法がよく用いられると述べましたが、実は AR(p) モデルも最尤法で推定することができます。本節では、時系列データにどのように最尤法を適用するかについて理解するため、まずは最尤法によって自己回帰モデルをどのように推定するかについて説明し、それをもとに最尤法による ARMA(p, q) モデルの推定について説明していきます。

　まずは、最尤法による AR(1) モデルの推定法についてです。10.3 節で見たように、AR(1) モデルは最小二乗法でも推定することができ、実際の分析では最小二乗法で推定することがほとんどです。これは、最尤法を適用するにはモデルに含まれる確率変数に特定の確率分布を仮定する必要がある一方、最小二乗法ではそのような追加的な仮定が必要ないという利点があることも理由の 1 つでしょう。

　くり返しになりますが、最尤法を適用するにはモデルに含まれる確率変数に特定の分布を仮定する必要があります。式（10.3）の AR(1) モデルにおいて最尤法を適用する場合にもっともよく用いられる仮定は、誤差項に正規分布を仮定することです。すなわち、推定するモデルは

$$y_t = c + \phi y_{t-1} + \varepsilon_t, \ \ \varepsilon_t \sim \text{i.i.d.} N(0, \sigma^2) \tag{10.4}$$

になります。

例えば、データとして $\{y_t\}_{t=1}^{T}$ が観測されとしましょう。この場合、y_t は連続型確率変数になりますから、最尤法を適用するには先ほど見たように、$\{y_t\}_{t=1}^{T}$ の結合確率密度関数を求める必要があります。結合確率密度関数さえ求まれば、後はそれを最大化するパラメーターの値を求めれば、それが最尤推定量になります。それでは、結合確率密度関数はどのように求めれば良いのでしょうか？

任意の時系列データ $\{y_t\}_{t=1}^{T}$ について、情報集合を $\Omega_t = \{y_t, ..., y_1\}$ としましょう。また、$f(y_t)$ を y_t の（無条件分布の）確率密度関数とし、$f(y_t|\Omega_{t-1})$ を情報集合 Ω_{t-1} で条件付けした y_t の（条件付き分布の）確率密度関数を表すとします。時系列データに最尤法を適用する場合には、次の事実が非常に有用となります。

> ### 時系列データの結合密度関数の分解
>
> 任意の時系列データ $\{y_t\}_{t=1}^{T}$ の結合確率密度関数 $f(y_T, y_{T-1}, ..., y_1)$ は、$f(y_t|\Omega_{t-1})$ を用いて、
>
> $$f(y_T, y_{T-1}, ..., y_1) = f(y_T|\Omega_{T-1})f(y_{T-1}|\Omega_{T-2}) \ldots f(y_2|\Omega_1)f(y_1)$$
>
> と分解することができます。

このような事実より、式 (10.4) の AR(1) モデルにおける $\{y_t\}_{t=1}^{T}$ の結合密度関数は、その条件付き密度関数 $f(y_t|\Omega_{t-1})$, $t = 2, ..., T$ と $f(y_1)$ がわかれば求まることがわかります。まず、$f(y_t|\Omega_{t-1})$, $t = 2, ..., T$ を求めてみると、式 (10.4) より、y_t の Ω_{t-1} で条件付けした分布は

$$y_t \mid \Omega_{t-1} \sim N(c + \phi y_{t-1}, \sigma^2)$$

ですから、その条件付き確率密度関数は

$$f(y_t \mid \Omega_{t-1}) = \frac{1}{\sqrt{2\pi\sigma^2}} \exp\left\{ -\frac{[y_t - (c + \phi y_{t-1})]^2}{2\sigma^2} \right\}$$

となります。残りは $f(y_1)$ ですが、これは y_1 の無条件分布の確率密度関数に

なっています。8.3 節では、ε_t に特定の分布を仮定せずに、y_t の無条件期待値と無条件分散の値を求めました。それらは

$$E(y_t) = \frac{c}{1-\phi} \ , \ \mathrm{var}(y_t) = \frac{\sigma^2}{1-\phi^2}$$

で与えられます。実は、ε_t に正規分布を仮定したときには、y_t の無条件分布も正規分布になることを示すことができます（これを示すのはそれほど難しくないのですが、スペースの都合上省略します）。よって、y_1 の分布は

$$y_1 \sim N\left(\frac{c}{1-\phi}, \frac{\sigma^2}{1-\phi^2} \right)$$

となり、その確率密度関数は

$$f(y_1) = \frac{1}{\sqrt{2\pi[\sigma^2/(1-\phi^2)]}} \exp\left(-\frac{\{y_t - [c/(1-\phi)]\}^2}{2[\sigma^2/(1-\phi^2)]} \right)$$

となります。これらの結果より、式 (10.4) の AR(1) モデルの対数尤度関数は、

$$\begin{aligned}
\log L(c, \phi, \sigma^2) &= \sum_{t=2}^{T} \log f(y_t \mid \Omega_{t-1}) + \log f(y_1) \\
&= -\frac{T-1}{2}\log(2\pi) - \frac{T-1}{2}\log(\sigma^2) - \frac{1}{2\sigma^2}\sum_{t=2}^{T}(y_t - c - \phi y_{t-1})^2 \\
&\quad - \frac{1}{2}\log(2\pi) - \frac{1}{2}\log\left(\frac{\sigma^2}{1-\phi^2} \right) - \frac{1}{2\left(\frac{\sigma^2}{1-\phi^2} \right)}\left(y_1 - \frac{c}{1-\phi} \right)^2
\end{aligned}$$

となります。これを最大化する c, ϕ, σ^2 の値が、ε_t に正規分布を仮定した場合の、AR(1) モデルの最尤推定量です。

　この場合の c, ϕ, σ^2 の最尤推定量は、先ほどの最小二乗推定量のように明示的な形で求めることができないため、何らかの数値計算によって求めることになります。数値計算の方法についての詳細は、本書の想定レベルを超えてしまうためここでは説明しませんが、統計ソフトで AR(1) モデルを最尤法で推定した

場合は、上記の目的関数を最大化するパラメーターの値を何らかの数値計算法で求めていることには留意してください。

なお、異なる数値計算法を用いると、基本的には計算結果も異なりえますので、それぞれの統計ソフトが用いている数値計算法によっては、それぞれ異なった推定結果になりえます。また数値計算法によっては、シミュレーションなどを用いているものもあり、その場合は同じ統計ソフトが同じ数値計算法を適用しているのに、計算する度に（非常に小さな違いですが）値が異なることがありえます。注意してください。

━━ AR(1) モデルの条件付き最尤推定法

先ほどの AR(1) モデルの最尤法では、y_1 の無条件分布も最尤法を適用する際に利用しました。これに対して、y_1 の無条件分布は用いず、y_1 が与えられたという条件の下での、残りの $y_2, \ldots, y_T$ の y_1 で条件付けした結合分布のみから尤度関数を構成し、最尤法を適用する方法があります。このような最尤法を、**条件付き最尤法**と言います。通常、条件付き最尤法の方が、（無条件の）最尤法よりも計算が簡単になります。

AR(1) モデルの条件付き最尤推定においては、尤度関数の構成に y_1 の無条件分布を含まない、すなわち $f(y_1)$ を含まないで構成します。よってこの場合、条件付き最尤法の対数尤度関数（条件付き対数尤度関数）は、

$$\log L^C (c, \phi, \sigma^2) = \sum_{t=2}^{T} \log f(y_t \mid \Omega_{t-1})$$

$$= -\frac{T-1}{2} \log(2\pi) - \frac{T-1}{2} \log(\sigma^2) - \frac{1}{2\sigma^2} \sum_{t=2}^{T} (y_t - c - \phi y_{t-1})^2$$

という形になります（条件付き対数尤度関数とういうことで、L に上付き文字 C（"conditional" の頭文字）を付けています）。先ほどと比べて、対数尤度関数の形が非常に簡略化されたことがわかるでしょう。

この対数尤度関数を最大化する c, ϕ, σ^2 の値は明示的に計算できますが（計算は 1 階の条件、すなわちこれらのパラメーターについての偏微分を 0 と置いて得られる連立方程式を解くという、先ほどと同じ手順であるので省略します）、実は AR(1) モデルの係数 c, ϕ の条件付き最尤指定量は、AR(1) モデルの c, ϕ の最小二乗推定量と同じになります。すなわち、c および ϕ の条件付き最尤推定量 $\hat{c}_{CMLE}$ および $\hat{\phi}_{CMLE}$ は、

$$\hat{\phi}_{CMLE} = \frac{\sum_{t=2}^{T}(y_t - \bar{y}_2)(y_{t-1} - \bar{y}_1)}{\sum_{t=2}^{T}(y_{t-1} - \bar{y}_1)^2}, \quad \hat{c}_{CMLE} = \bar{y}_2 - \hat{\phi}_{CMLE}\bar{y}_1,$$

$$\bar{y}_1 = \frac{1}{T-1}\sum_{t=1}^{T-1}y_t, \quad \bar{y}_2 = \frac{1}{T-1}\sum_{t=2}^{T}y_t$$

となります。このように、異なる推定法で求めた推定量が同じ推定量になるということはしばしばあります。特に、それぞれ良い性質を持つとされる異なる推定法の場合、結果として得られる推定量が同じになるというのは、その推定量がそれだけ良いということを示唆しており、直観的にも納得のいくものでしょう。

このように条件付き最尤法による c, ϕ の推定量と、最小二乗法による c, ϕ の推定量は同じになりますが、これらによる σ^2 の推定量は同じではありません。条件付き最尤法による σ^2 の推定量は、

$$\hat{\sigma}^2_{CMLE} = \frac{1}{T-1}\sum_{t=2}^{T}\hat{\varepsilon}^2_{t,CMLE}, \quad \hat{\varepsilon}_{t,CMLE} = y_t - \hat{c}_{CMLE} - \hat{\phi}_{CMLE}$$

になります。異なるとはいえ違いは些細なもので、最小二乗推定量では $T-3$ で割っていたものが、$T-1$ で割るようになっただけです。これらの違いは T が大きくなるにつれてどんどん小さくなっていきますので、T が十分に大きければどちらを使っても結果はほとんど違いません（当然、その場合はどちらを使っても分析結果はほぼ同じになります）。

AR(p) モデルの最尤推定 および条件付き最尤推定

次に、AR(p) モデルの最尤推定を考えてみましょう。ここでは、先ほどと同様に誤差項に正規分布を仮定した

$$y_t = c + \phi_1 y_{t-1} + \phi_2 y_{t-2} + \ldots + \phi_p y_{t-p} + \varepsilon_t, \ \varepsilon_t \sim \text{i.i.d.} N(0, \sigma^2) \tag{10.5}$$

という AR(p) モデルを考えます。

AR(p) モデルの最尤推定も、AR(1) モデルの最尤推定と考え方は全く同じです。すなわち、観測されるデータ $\{y_T, \ldots, y_1\}$ についての結合密度関数を求め、それを未知パラメーターの関数と見なして尤度関数を求め、その対数、つまり対数尤度関数を最大化する未知パラメーターの値を最尤推定値とするということです。最尤推定においては、尤度関数の形を求めるのが 1 つの難所なのですが、先ほど見たように結合密度関数は条件付き密度関数の積に分解できるので、この尤度関数を求める問題は条件付き密度関数を求める問題に帰着されます。

よって、AR(p) モデルの場合にも、まずは結合密度関数を条件付き密度関数の積に分解するということが必要になりますが、AR(1) モデルの場合と違って、AR(p) モデルは直近の過去の p 個の値に依存するため、結合密度関数の分解は

$$f(y_T, \ldots, y_{p+1}, y_p, \ldots, y_1) = f(y_T | \Omega_{T-1}) \ldots f(y_{p+1} | \Omega_p) f(y_p, \ldots, y_1)$$

のような分解になります。ここでは引き続き、$\Omega_t = \{y_t, \ldots y_1\}$ です。

この表現においては、y_{p+1} までの条件付き密度関数しか使われていません。これは、詳しくは後述しますが、AR(p) モデルの構造上、時点 p 以前の y_t について条件付き密度関数を明示的に求めるのが困難になるからです（ただし、もちろん存在します）。逆に、モデルの構造上、$y_t, t = p+1, \ldots, T$ について $f(y_t | \Omega_{t-1})$ を求めるのは非常に簡単です。式 (10.5) より明らかなように、y_t の Ω_{t-1}（Ω_{t-1} は $y_{t-1}, \ldots, y_{t-p}$ を含んでいることに注意してください）が与えられた下での条件付

き分布は、

$$y_t | \Omega_{t-1} \sim N(c + \phi_1 y_{t-1} + \phi_2 y_{t-2} + \ldots + \phi_p y_{t-p}, \sigma^2)$$

となりますので、その条件付き密度関数は

$$f(y_t | \Omega_{t-1}) = \frac{1}{\sqrt{2\pi\sigma^2}} \exp\left\{ -\frac{[y_t - (c + \phi_1 y_{t-1} + \phi_2 y_{t-2} + \cdots + \phi_p y_{t-p})]^2}{2\sigma^2} \right\}$$

となります。

ただし、AR(1) モデルのときと異なり、最初の p 個の y_t の無条件結合密度関数 $f(y_p, y_{p-1}, \ldots, y_1)$ を明示的に求めるのは困難です（第 12 章で説明する状態空間モデルなどを用いる必要があります）。よって、AR(p) モデルの場合にも、この部分を用いないで最初の p 個の y_t で条件付けした $\{y_T, \ldots, y_{p+1}\}$ の条件付き結合密度関数のみを用いて、尤度関数を構築した条件付最尤法がよく用いられます。この構築の仕方は、先ほどの AR(1) モデルとやり方は全く同じなので、ここでは省略します。この条件付き最尤推定量は、AR(1) モデルのときと同様に、最小二乗法による推定量と同じになります。

　最尤法による自己回帰モデルの推定の手順をまとめると、以下のようになります。

最尤法による AR(p) モデルの推定の手順

(1) 結合密度関数の条件付き密度関数の分解などを用いて、$\{y_T, y_{T-1}, \ldots, y_1\}$ の結合密度関数 $f(y_T, y_{T-1}, \ldots, y_1)$ を求める。

(2) (1) で求めた結合密度関数を、未知パラメーターの関数と見なして尤度関数、および対数尤度関数を構築する。

(3) (2) で求めた対数尤度関数を最大にする未知パラメーターの値を（通常、何らかの数値計算法によって求め）最尤推定値とする。

また、条件付き最尤推定の手順をまとめると、以下のようになります。

条件付き最尤法による AR(p) モデルの推定の手順

前述の「最尤法による AR(p) モデルの推定の手順」のステップ (1) と (2) において、（無条件）結合密度関数ではなく、最初の p 個の y_t で条件付けした条件付き結合密度関数を求め、それをもとに対数尤度関数を構築します。その対数尤度関数を用いて、「最尤法による AR(p) モデルの推定の手順」のステップ (3) を行います（条件付き最尤法の場合、明示的な解が求まります）。

　最尤法も条件付き最尤法も、T の数が十分に大きければどちらを用いても推定精度はほとんど同じです。ただし、最尤法の方が用いている情報量が多いため、T が小さいときには最尤法の方が推定精度が良くなりますが、通常、実際の分析に影響を及ぼすほどではありません。推定精度をより正確に分析するため、あるいは未知パラメーターの真の値についての検定を考えるためには、推定量の分布を導出する必要がありますが、これは本書の想定レベルを超えるため解説をしません。興味がある方は、10.4 節で紹介した「沖本 (2010)」を参照してください。

■ 自己回帰移動平均モデルの最尤推定

　最後に、自己回帰移動平均モデルの最尤法による推定について説明します。とはいえ、推定の手順としては先ほど述べた自己回帰モデルの推定と全く同じです。ただし、ステップ (1) で要求される結合密度関数を求めるのが困難になります。自己回帰移動平均モデルの最尤推定の最大の難所が、この結合密度関数を求める部分なのです。

　自己回帰移動平均モデルは、自己回帰モデルの場合と異なり、条件付き最尤推定のように推定を簡単にすることもできません。ゴリゴリと（無条件の）結

合密度関数を求める他ありません。この無条件の密度関数を求める方法として、AR(p) モデルのところでも少し言及しましたが、第 12 章で説明する状態空間モデルを用いる方法があります。いったん結合密度関数が求まれば、あとはそこから対数尤度関数を構築し、ステップ (3) に進むだけです。なお、ARMA(p, q) モデルの結合密度関数の求め方については、第 12 章で解説します。

10.5 自己回帰移動平均モデルの最尤法による推定

第10章のまとめ

- 未知パラメーターの推定法には様々なものがあり、どの推定法が適しているかはモデルによって異なる。一般に、自己回帰モデルの推定には最小二乗法が、自己回帰移動平均モデルの推定には最尤法がよく用いられる。

- 最小二乗法は線形回帰モデルの推定によく用いられる手法であり、自己回帰モデルは線形回帰モデルと見なせるので、最小二乗法を適用することができる。

- 最小二乗法においては、残差平方和を最小にするように未知パラメーターの値を決定する。

- 最尤法とは、（対数）尤度関数を最大化する未知パラメーターの値を推定値（量）とする推定法である。尤度関数とは、実際に観測されたデータが出現する尤もらしさを表すもので、離散型確率変数の場合は実際に観測されたデータの出現する確率、連続型確率変数の場合は、結合密度関数の値で表現される。

- $AR(p)$ モデルを最尤推定することもできるが、その場合、誤差項に何らかの分布を仮定する必要がある。また、最初の p 個の y_t についての（無条件）結合密度関数を求めるのは困難なため、この計算を避けるために条件付き最尤推定を用いることができるが、これは最小二乗法と同じになる。

- $ARMA(p, q)$ モデルの推定には最尤法が用いられるが、結合密度関数の計算が簡単ではなく、また $AR(p)$ モデルの場合と異なり条件付き最尤推定によって推定を簡単にすることもできない。この結合密度関数の計算方法には、第12章で説明する状態空間モデルを用いた方法などがある。

第10章 自己回帰モデルと自己回帰移動平均モデルの推定

297

第11章

自己回帰条件付き不均一分散モデル

変動性の変動の分析

　本章では、経済やファイナンスの時系列変数の分析によく用いられる、自己回帰条件付き不均一分散モデル、およびその一般化について説明します。前章までに出てきた自己回帰モデルや自己回帰移動平均モデルは、(過去の観測値で条件付けした) 条件付き期待値が変動するモデルでしたが、本章で紹介する自己回帰条件付き不均一分散モデルは、条件付き分散が変動するモデルです。このモデルによって、自己回帰モデルや自己回帰移動平均モデルでは表現できない時系列変数の変動を表現でき、さらに自己回帰モデルなどと組み合わせることによって、より柔軟な時系列モデルを構築することができます。

11.1

条件付き分散の変動

━━ 自己回帰条件付き不均一分散モデル

　将来の値は確率変数であるとすると、その値は確率的に変動するということ
ですから、何らかの確率分布を持っています。前章までで説明した自己回帰モ
デルや自己回帰移動平均モデルは、確率分布の特徴のうち、**条件付き期待値**に
焦点をあて、その変動を表現するモデルでした。

　これらのモデルでは、過去の変数で条件付けした条件付き期待値は過去の変
数の関数になっており、それらの変数に依存して、その値が決定されます。ま
た、これらのモデルでは、将来の時系列変数の条件付き期待値を計算し、その
値を将来の予測値とするというやり方で、将来の値の予測を行ってきました。

　しかしながら、確率分布の特徴を表す指標は期待値だけではありません。確
率分布の特徴を表す指標としてもう1つ重要なものとして、**分散**が挙げられま
す。分散とは、ある確率分布に従う確率変数が、期待値から平均的にどの程度
離れた値を取るかを測る指標です。確率分布の分散が大きければ、その確率分
布からの実現値が、その確率分布の期待値から離れた値を取る確率は大きくな
りますし、分散が小さければ、より期待値に近い値を取りやすくなります。予
測の観点から言えば、これは**予測の精度**と関連しています。一般的には、（予測
のバイアス [1] が0であれば）予測の分散が小さい予測ほど良い予測ということに
なります。

---

[1]　予測のバイアスとは、予測誤差の期待値のことです。

自己回帰モデルや自己回帰移動平均モデルでは、将来の値の条件付き分散は過去の値に依存せず一定です（モデルの構造がそのようになっています）。しかしながら、実は株価収益率や為替などの経済やファイナンスの分野で扱われる時系列変数は、条件付き分散が変動することが知られています（より正確に言えば、条件付き分散が変動するようなモデルの方が、実際のデータへの当てはまりが良いということです）。そのような変数を分析する際に用いられるモデルとして代表的なモデルが、本章で紹介する**自己回帰条件付き不均一分散モデル**です。英語では Autoregressive Conditional Heteroscedasticity Model、略して、ARCH モデル（アーチモデル）と呼ばれます。

　ARCH モデルは、1982 年にロバート・エンゲル（Robart Engel）氏によって提案され、現在は経済やファイナンスの時系列変数を分析する際の標準的なモデルになっています。条件付き分散の変動を考慮することは、金融資産のリスクを管理する際に非常に重要であり、ARCH モデルはリスク管理の分野においても重要な役割を果たしています。ロバート・エンゲル氏はこの業績によって、2003 年にノーベル経済学賞を受賞しました。

　本章では、この ARCH モデルを紹介し、またそのいくつかの主要な性質、モデルに含まれる未知パラメーターの推定方法などについても説明します。また、ARCH モデルを一般化したモデルとして有名な**一般化自己回帰条件付き不均一分散モデル**、英語では Generalized ARCH model、略して GARCH モデル（ガーチモデル）についても説明します。

11.2
経済、ファイナンスデータの特徴

ボラティリティクラスタリング

　先ほど述べたとおり、経済やファイナンスのデータには「条件付き分散が変動している」という特徴があります。まずはこれを見てみましょう。以下では、第6章で使用した日経平均株価終値の対数階差変化率を y_t とし、y_t にどのような時系列モデルを当てはめるのが良いのかを考えてみます。

　まずは y_t の標本コレログラムからですが、図11.2.1のようになります（オレンジの実線は5%の棄却点です。ここではわかりやすくするために、0次の自己相関を外して表示しています）。

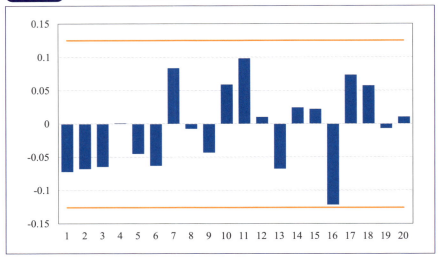

図11.2.1　日経平均終値対数階差変化率のコレログラム

図のコレログラムを見ると、自己相関はほとんど有意ではなく、これは y_t がほぼ**自己無相関**であることを示唆しています。また、y_t の標本平均を求めてみると -0.0021 であり、こちらもほとんど 0 に近い値を取っています。

この結果から考えると、y_t の動きを表現するモデルの 1 つの候補として、期待値 0、分散 σ^2 の独立同分布 (i.i.d.)、すなわち

$$y_t = v_t, \quad v_t \sim \text{i.i.d.}\,(0, \sigma^2)$$

が考えられます。ここで、$v_t \sim \text{i.i.d.}\,(0, \sigma^2)$ は v_t が期待値 0、分散 σ^2 の i.i.d. 系列であることを意味しています。i.i.d. 系列の自己相関は、全ての次数で 0 になることに注意してください。このモデルは図 11.2.1 のコレログラムと整合的です。

このモデルは（役に立つかは別として）一見すると、このデータを生み出すモデルとして、それなりにもっともらしいものに見えます。しかしながら、データの特徴をより詳細に見ていくと、このモデルではとらえきれない特徴があることがわかってきます。このことを見てみましょう。

図 11.2.2(a) は y_t をプロットしたもの、図 11.2.2(b) は σ の値を y_t の標本標準偏差の値に設定した i.i.d. 系列（分布は正規分布としました）を、y_t と同じ数だけ（244 個）発生させプロットしたものです。

この 2 つのプロットを見ると、i.i.d. 系列は変動の大きさが時間を通して一定であるのに対して、実際のデータである y_t の動きは、ところどころ大きな変動が続いたり、小さな変動が続いたりする場合があるのが見て取れます。

このような動きは多くの金融データに共通して見られる特徴であり、**ボラティリティクラスタリング**と呼ばれます。ボラティリティとは変動性を意味する言葉なので、ボラティリティクラスタリングは変動が集中して起こっている様子を表しています（ファイナンスの分野では、確率変数の標準偏差のこともボラティリティと呼びます）。金融変数のこのような特徴は、i.i.d. 系列の動き

図11.2.2 実際のデータとi.i.d.系列の比較

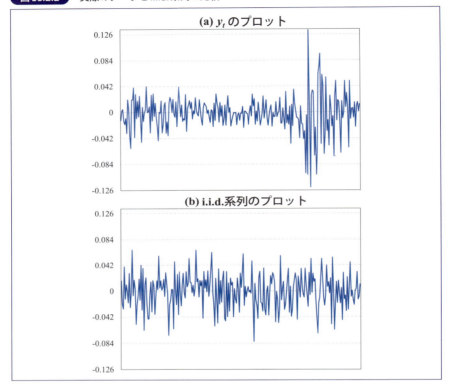

にはない特徴なので、実際の y_t の動きには i.i.d. 系列ではうまく表現できない特徴があるということになります。言い換えれば、i.i.d. 系列は y_t のモデルとして適していないということを示唆しています。

　このような y_t と i.i.d. 系列の動きの違いは、実はそれぞれの2乗の自己相関を見ることによってより明確になります。図 11.2.3 は、実際のデータにおける y_t の2乗の標本コレログラムと、上記で発生させた i.i.d. 系列の2乗の標本コレログラムです。

　これら2つの標本コレログラムを見てみると、i.i.d. 系列は独立ですから、当然その2乗も独立であり（独立であれば、どのように変換しても独立です）、そ

の自己相関は全ての次数で 0 なので、標本コレログラムでもどの次数でも自己相関は有意になっていません。しかしながら、実際のデータについては、その 2 乗に非常に高い**正の自己相関がある**ことが示唆されています。

これらの結果を見てみると、y_t のモデルとしては i.i.d. 系列ではなく、この 2 乗の自己相関をうまく表現できるようなモデルが望ましいことがわかります。またこれらの結果は、y_t 自体の予測は困難ですが、y_t の 2 乗には予測可能性が

図11.2.3 2乗のコレログラム

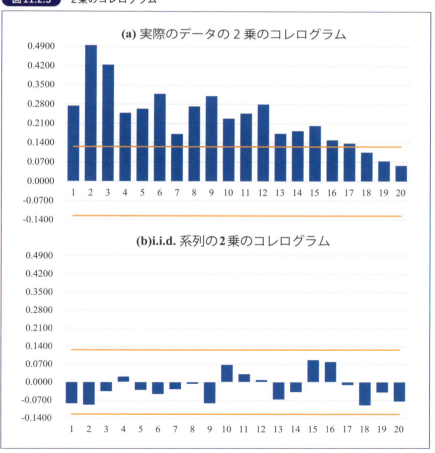

あることを示唆しています。この2乗の自己相関をうまく表現できるモデルこそが、次節で正式に紹介する **ARCH モデル**です。

ファイナンスの分野では、金融時系列変数の標準偏差をボラティリティと呼び（ただし、文献によっては分散のことをボラティリティと呼んでいることもあります）、上記のように変動の大きさが変わる時系列モデルのことを、**ボラティリティ変動モデル**と言います。

ARCH モデルは代表的なボラティリティ変動モデルですが、ボラティリティ変動モデルは ARCH モデルだけではありません。現在では、ARCH モデルの他にも様々なボラティリティ変動モデルが考案されています。それらのモデルの

図11.2.4　金融データと i.i.d. データの違い

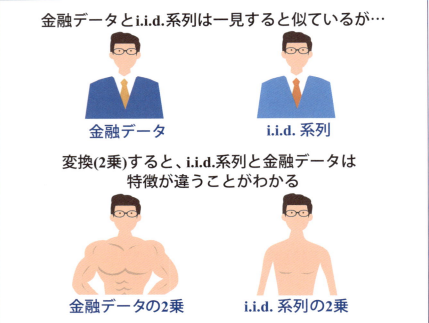

モデルは実際のデータの動きをよく表現できる必要があります。ARCH モデルは、金融データの動きをよく表現できる代表的なモデルです。

1つである GARCH モデルについては、本章でも後ほど解説します。ARCH および GARCH モデル以外のボラティリティ変動モデルについて知りたい方は、渡部 (2000)[2] を参照してみてください。

ボラティリティの変動をモデル化することの重要性としては、以下の2つを挙げることができます。

> ・ボラティリティ（標準偏差）は、y_t の区間予測に影響を与える。
> ・ボラティリティ自体が重要なリスク指標である。

2つ目について、金融資産のリスク管理という観点から少し補足すると、ある金融資産（の収益率）の変動が将来的に大きくなるのか小さくなるのかは、リスク管理などの観点から大変重要な問題です。金融資産の組み合わせのことを、金融資産のポートフォリオと言います。通常、ポートフォリオの期待収益率が同じであれば、変動が小さいポートフォリオの方が望ましく、そのようなポートフォリオを達成するのは投資家にとって非常に興味のある問題でしょう。

「所与の期待収益率のもとで、どのように最小の分散を持つようなポートフォリオを組むのか」等の研究をするポートフォリオについての理論は、**ポーフォトフォリオ理論**として知られており、ファイナンスの分野では既にたくさんの研究があります。そこでは、ポートフォリオを構成する金融資産の分散は既にわかっているとされていることが多いのですが、実際にはこれらは直接観測できないものであるため、観測されたデータから推定する必要があります。さらに、実際の金融資産の分散は日々変動するということですから、これらの問題を考慮する際には、変動性の予測を行う必要があり、そこでは様々なボラティリティ変動モデルが使用されています。

次節以降では、その代表的なモデルである ARCH モデルおよび GARCH モデルを紹介していきましょう。

---

[2]　渡部敏明 (2000)『ボラティリティ変動モデル（シリーズ現代金融工学 4）』朝倉書店。

11.3

ARCHモデルとその特徴

━━ ボラティリティの変動をモデル化する

ARCHモデルの具体的な定式化について説明していきます。ARCHモデルにもARモデルと同様に次数があり、次数 m のARCHモデル（これはARCH(m)モデルと表記されます）は以下のように定義されます。

$$y_t = \sqrt{h_t}\,v_t, \ v_t \sim \text{i.i.d.}(0,1), \ t = 1,2,...$$
$$h_t = \omega + \alpha_1 y_{t-1}^2 + \alpha_2 y_{t-2}^2 + ... + \alpha_m y_{t-m}^2 \tag{11.1}$$

ここで、$v_t \sim$ i.i.d. (0, 1) は v_t が期待値0, 分散1のi.i.d. 系列であることを意味しています。また、v_t は過去の y_t、つまり $y_s, s < t$ と**独立**であると仮定します。このモデルにおける未知パラメーターは、$\omega, \alpha_1, \alpha_2 ..., \alpha_m$ になります。

━━ ARCHモデルの特徴

ここでは、ARCHモデルが金融変数の特徴の1つである、2乗の自己相関をうまく表現できるのかについて考えてみます。このことについて理論的に考える前に、まずはシミュレーションによって、結果についておおまかなアイデアを得ることにしましょう。

以下のARCH(1)モデルを考えます。

$$y_t = \sqrt{h_t}\,v_t, \ v_t \sim \text{i.i.d.}(0,1), \ t = 1,2,...$$
$$h_t = \omega + \alpha_1 y_{t-1}^2 \tag{11.2}$$

このARCH(1)モデルにおいて、パラメーター ω と α_1 を、(a) $\omega = 0.1, \alpha_1 = 0.5$, (b) $\omega = 0.1, \alpha_1 = 0.25$ とした場合を考えます（$y_0 = 0$ としました）。これらのパラ

メーターの値の下で、それぞれ大きさ 244 の標本を発生させます。図 11.3.1 は、発生させた標本のそれぞれをプロットしたものです。図 11.3.1(a) は、上記の (a) の場合、図 11.3.1(b) は上記 (b) の場合です。いずれの場合も、変動が大きくなったり小さくなったりしており、この点においては先ほど見た実際の金融データの動きと似通った動きをしていることがわかります。

図 11.3.1　ARCH(1) モデルからの標本のプロット

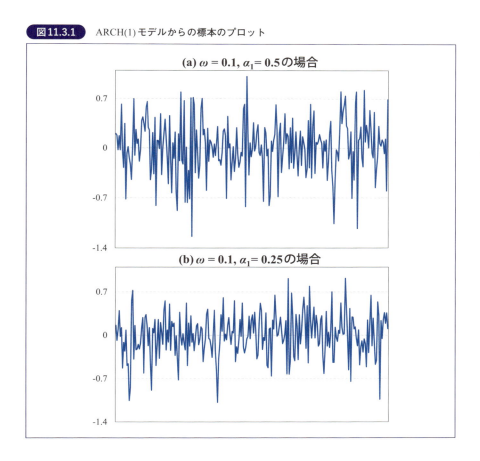

次に、これらのデータに対して y_t の標本自己相関の値を見てみましょう。図 11.3.2 は、先ほどの (a) の場合と (b) の場合について、y_t の標本コレログラムを描いたものです（オレンジの線は棄却点を表します）。

図11.3.2 ARCHモデルに従う y_t の標本コレログラム

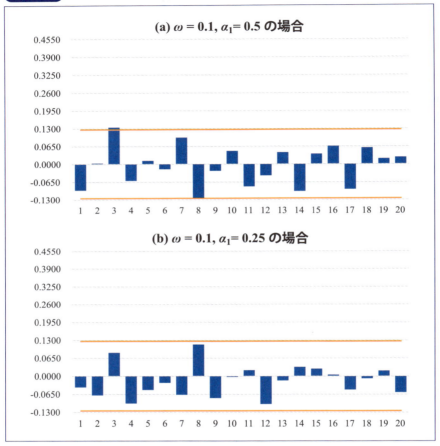

　これらのコレログラムより、ARCH(1)モデルから発生させた標本に対して、その自己相関はいずれのパラメーターの組み合わせの場合もほぼ0であることがわかります。これは、先ほど見た実際の金融データの特徴と一致しています。

　次に、それぞれの場合における y_t^2 の標本自己相関の値を見ていきましょう。図11.3.3は、先ほどの(a)および(b)の場合における y_t^2 の標本コレログラムです。

図11.3.3 ARCH モデルに従う y_t の y_t^2 のコレログラム

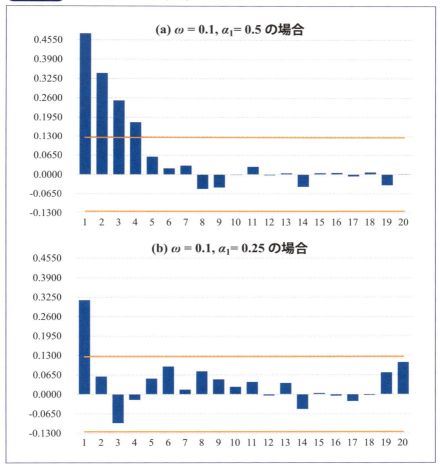

これらを見ると、y_t^2 には有意な正の自己相関があることがわかります。これは、i.i.d. 系列には見られない特徴です。これらは、y_t が ARCH モデルに従う場合、y_t 自体に自己相関はないが、y_t^2 には自己相関が生じていることを示唆しています。

後者の特徴は、11.2 節において実際の金融データでも観察された特徴と共通しており、ARCH モデルが実際のデータの動きを表現するのに適したモデルで

ある可能性を示唆しています。また、この2つの図からは、a_1 が大きいほど、自己相関も大きくなるような印象を受けます（あくまで印象で、本来はこの図からだけでは確かなことは言えません。後ほど、この印象が実際にその通りであることを確認します）。

i.i.d. 系列と ARCH モデルの自己相関についてまとめると、以下のようになります。

モデル	自己相関	2乗の自己相関
i.i.d. 系列	ない	ない
ARCH モデル	ない	ある

ここでは、次数1の ARCH モデルから発生させた標本について見てみましたが、より高次の ARCH モデルはパラメーターの数も増えるため、より柔軟に y_t^2 の自己相関を表現できると考えるのは自然でしょう。

次節では、ARCH モデルの理論的な性質についてより詳細に見ていきます。

312

11.4

ARCHモデルの理論的性質

重複期待値の法則

　前節ではシミュレーションによって、ARCHモデルは金融変数の特徴の1つである2乗の自己相関をうまく表現できていることを見ました。本節では、式(11.1)によって定式化されるARCHモデルの特徴をより理論的に見ていきましょう。

　この章では期待値の計算をする際に、**重複期待値の法則（繰り返し期待値の法則）**と呼ばれる、期待値の計算に非常に便利な公式を繰り返し用いるのですが、その法則を述べておきましょう。

　2つの確率変数 X と Y について、X で条件付けした Y の条件付き期待値の期待値は、Y の無条件期待値に等しい。すなわち、

$$E(Y) = E[E(Y|X)]$$

が成り立ちます。

　重複期待値の法則は、Y について無条件期待値を計算するのは難しいが、X については比較的容易に期待値を計算することができる場合に、Y の無条件期待値を計算するのに非常に有用です。なぜなら、X で条件付けした Y の条件付き期待値は X の関数になるので、重複期待値の法則によれば、X についてのこの関数の期待値さえ計算できれば、Y についての無条件期待値を求めることができるからです。

また、重複期待値の法則の条件付き期待値バージョンとしては、

$$E(Y|X_1,\ldots,X_m) = E[E(Y|X_1,\ldots,X_m,X_{m+1},\ldots,X_n)|X_1,\ldots,X_m]$$

も成り立ちます。ここで、Y と X_i, $i=1,\ldots n$ は確率変数で $m \leq n$ です。この式は、（左辺の）Y の条件付き期待値は、（右辺の）より条件付けする変数が多い条件付き期待値を、左辺と同じ変数で条件付けして計算した条件付き期待値と等しいことを意味しています。この式の特別な場合（左辺の期待値を無条件期待値にして $n=1$ としたもの）が、先ほど出てきた無条件期待値についての重複期待値の法則になります。

以下でよく用いるのは、$E(Y|X)=C$ のように条件付き期待値がある定数 C になるような場合です（さらに、$C=0$ である場合が多いです）。定数の期待値は定数ですから、このときは次のようになり、

$$E(Y) = E[E(Y|X)] = E(C) = C$$

Y の無条件期待値も C となることがわかります。

■ ARCHモデルの条件付き期待値と条件付き分散

まずは、y_t の条件付き期待値を見てみましょう。情報集合を $\Omega_t = \{y_t, y_{t-1},\ldots\}$（無限の過去まで続く）とします[3]。式 (11.1) の定式化において、h_t は過去の m 個の y_t、すなわち $y_{t-1}, y_{t-2}, \ldots, y_{t-m}$ の 2 乗の（線形の）関数になっており、Ω_{t-1} が与えられたときには確率変数ではありません。よって、y_t の Ω_{t-1} で条件付けした条件付き期待値は次のように計算でき、

$$
\begin{aligned}
E(y_t|\Omega_{t-1}) &= E(\sqrt{h_t}\,v_t|\Omega_{t-1}) \\
&= \sqrt{h_t}\,E(v_t|\Omega_{t-1}) \\
&= \sqrt{h_t}\,E(v_t) \\
&= \sqrt{h_t} \times 0 = 0
\end{aligned}
$$

---

[3]　ここでは議論の単純化のため、情報集合は無限の過去の値を含むとします。

0 であることがわかります。この計算の 2 行めは、h_t が過去の y_t の関数であることより Ω_{t-1} で条件付けした期待値の外側に出せること、また 3 行目は、v_t は過去の y_t と独立であるとの仮定から $E(v_t \mid \Omega_{t-1}) = E(v_t)$ であることより導出されます。条件付き期待値が 0 であれば、無条件期待値も 0 であることは重複期待値の法則より得られますので、上記の結果は $E(y_t) = 0$ も意味します。

同様に、y_t の Ω_{t-1} で条件付けした条件付き分散、$\mathrm{var}(y_t \mid \Omega_{t-1})$ を求めてみると、次のように求まります。

$$
\begin{aligned}
\mathrm{var}(y_t \mid \Omega_{t-1}) &= E\{[y_t - E(y_t \mid \Omega_{t-1})]^2 \mid \Omega_{t-1}\} \\
&= E(y_t^2 \mid \Omega_{t-1}) \\
&= E(h_t v_t^2 \mid \Omega_{t-1}) \\
&= h_t E(v_t^2 \mid \Omega_{t-1}) \\
&= h_t E(v_t^2) \\
&= h_t \times 1 = h_t
\end{aligned}
$$

この計算において、1 行目の等式は条件付き分散の定義より、2 行目の等式は先ほど求めたように $E(y_t \mid \Omega_{t-1}) = 0$ であることより、3 行目の等式は式 (11.1) の y_t の定式化を代入することにより、4 行目の等式は、h_t は過去の y_t の関数であるため、Ω_{t-1} で条件付けした期待値の外に出せることより、5 行目の等式は、v_t が過去の y_t と独立であることから $E(v_t^2 \mid \Omega_{t-1}) = E(v_t^2)$ であることより導出されます。

これらの結果をまとめると、以下のようになります。

ARCH(m) モデルの条件付き期待値と分散の値

式 (11.1) で与えられる、ARCH(m) モデルに従う時系列変数 y_t の条件付き期待値と条件付き分散の値は、

$$
E(y_t \mid \Omega_{t-1}) = 0, \quad \mathrm{var}(y_t \mid \Omega_{t-1}) = h_t
$$

で与えられます。ここで、Ω_t は情報集合 $\Omega_t = \{y_t, y_{t-1}, \ldots\}$ を表します。ま

た、y_t の無条件期待値は

$$E(y_t) = 0$$

で与えられます。

　上記の結果は、y_t の条件付き分散が実は h_t に等しいことを表しており、h_t は過去の y_t の 2 乗の関数であることから、ARCH(m) モデルにおいては、条件付き分散は過去の y_t の 2 乗の値に依存して変動することがわかります。さらに、α_j の符号が正であれば、y_{t-j} の絶対値の値が大きくなるほど条件付き分散 h_t の値も大きくなることがわかります。

　ただし、先ほどは条件付き期待値から無条件期待値が求まりましたが、上記の条件付き分散の結果からは無条件分散は直ちには求まらず、少し工夫を要します。これについては、また後ほど考えることにします。

■━━ ARCH モデルのパラメーターの制約

　ARCH モデルにおいて、h_t は条件付き分散となることを見ましたが、条件付き分散ですから h_t は全ての t において常に正でなくてはなりません。実は式 (11.1) において、パラメーターに何の制約もない状態（どんな値を取っても良いとする）では、この条件は必ずしも満たされません。例えば、α_j のうちどれかが負の値であるとすると、その α_j についての項 $\alpha_j y_{t-j}^2$ は負の値になり、y_{t-j}^2 が大きな値を取った場合には、他の全ての項を足した全体としての h_t の値が負の値になってしまう可能性があるのです。

　このようなことを防ぐため（全ての t について、h_t が正の値になるため）のもっとも簡単な条件としては、

$$\omega > 0, \ \alpha_1 \geq 0, \ \alpha_2 \geq 0, \ \dots, \ \alpha_m \geq 0$$

というものが考えられます。このとき、全ての t について h_t が常に正になることは簡単に確かめられるでしょう。実際のデータを分析する際には、これらモ

11.4 ARCHモデルの理論的性質

デルの未知パラメーターを推定しますが、その際にはパラメーターの推定値が
この条件を満たすように推定する必要があります。以降では、パラメーターが
常にこの条件を満たしているとします。

ARCHモデルの自己相関

前節の結果より、ARCH モデルに従う時系列変数 y_t の条件付き分散は過去の
y_t の値に依存して変動することがわかりました。本節では、ARCH モデルに従
う時系列変数 y_t およびその 2 乗である y_t^2 の自己相関について、理論的な性質を
見ていきましょう。

まず、y_t の k 次の自己共分散を γ_k とすると、0 次の自己共分散は（$E(y_t) = 0$
であることに注意してください）、

$$\gamma_0 = \text{cov}(y_t, y_t) = \text{var}(y_t) = E(y_t^2)$$

で与えられます。この値は、実はパラメーターの値によっては存在しないので
すが、ここではひとまずこの値が存在するとします。この値については後ほど
詳細に議論します。

次に、$k \geq 1$ については自己共分散の定義より、

$$
\begin{aligned}
\gamma_k &= \text{cov}(y_t, y_{t-k}) \\
&= E(y_t y_{t-k}) \\
&= E\left(\sqrt{h_t}\, v_t \sqrt{h_{t-k}}\, v_{t-k}\right) \\
&= E\left(\sqrt{h_t} \sqrt{h_{t-k}}\, v_{t-k}\right) E(v_t) \\
&= E\left(\sqrt{h_t} \sqrt{h_{t-k}}\, v_{t-k}\right) \times 0 = 0
\end{aligned}
$$

となります。ここで 2 行目の等式は共分散の定義と $E(y_t) = 0$ であることより、
3 行目の等式は式 (11.1) の ARCH モデルの定義を代入することにより、4 行目
は v_t が h_t, h_{t-k}, v_{t-k} と独立であるという仮定より、それぞれ得られます。そし
てこの結果より、以下の結論を得ることができます。

> **ARCH(m) モデルの自己相関**
>
> 式 (11.1) で与えられる ARCH(m) モデルに従う時系列変数 y_t は、**自己無相関です**。

ただし、$y_t = h_t^{1/2} v_t$ において、h_t は過去の y_t の値に依存しているため、y_t は（自己無相関ですが）独立ではないことに注意してください。

■ ARCH モデルの2乗の自己相関

次に、ARCH モデルに従う時系列変数 y_t の2乗の自己相関について考えてみましょう。実際の金融データでは2乗に強い自己相関があったので、ARCH モデルがそれらの動きを表現する良いモデルであるためには、ARCH モデルに従う時系列変数の2乗にも自己相関がある必要があります。先ほどはこれをシミュレーションによって確認しましたが、ここでは理論的に確認しましょう。

これは、y_t^2 を以下のように AR(m) モデルで書き表すことによって、非常に簡単に確認することができます。まずは、w_t を y_t^2 より h_t を引いたものとして、

$$w_t = y_t^2 - h_t$$

と定義します。このとき、情報集合 Ω_{t-1} で条件付けした w_t の条件付き期待値は、

$$
\begin{aligned}
E(w_t \mid \Omega_{t-1}) &= E(y_t^2 \mid \Omega_{t-1}) - E(h_t \mid \Omega_{t-1}) \\
&= E(h_t v_t^2 \mid \Omega_{t-1}) - h_t \\
&= h_t E(v_t^2 \mid \Omega_{t-1}) - h_t \\
&= h_t E(v_t^2) - h_t \\
&= h_t - h_t = 0
\end{aligned}
$$

となります。

ここで、2行目の第1項は式 (11.1) より、2行目の第2項および3行目は h_t が過去の y_t の関数であるので、Ω_{t-1} で条件付けした場合には確率変数ではなく

なることより、4行目は v_t が過去の y_t と独立であるので $E(v_t^2 \mid \Omega_{t-1}) = E(v_t^2)$ となることより、5行目は $E(v_t^2) = 1$ という仮定より、それぞれ得ることができます。さらに、上記の結果、および重複期待値の法則より、w_t の無条件期待値も $E(w_t) = 0$ となることがわかります。

さらに、$E(w_t) = 0$ および

$$w_t = y_t^2 - h_t = h_t v_t^2 - h_t = h_t(v_t^2 - 1)$$

であることに注意すると、w_t の自己共分散は、$k \geq 1$ に対して、

$$
\begin{aligned}
\mathrm{cov}(w_t, w_{t-k}) &= E(w_t w_{t-k}) \\
&= E[h_t h_{t-k}(v_t^2 - 1)(v_{t-k}^2 - 1)] \\
&= E[h_t h_{t-k}(v_{t-k}^2 - 1)]E(v_t^2 - 1) \\
&= E[h_t h_{t-k}(v_{t-k}^2 - 1)] \times 0 = 0
\end{aligned}
$$

となることがわかります。また後述するように、w_t の無条件分散は ARCH モデルのパラメーターの関数になりますが、これは時間によらず一定なので、ある定数と見なせます。その定数を σ^2 としましょう。つまり、w_t の無条件分散は $\mathrm{var}(w_t) = \sigma^2$ ということです。

このとき、w_t は期待値 0、分散 σ^2 であり、自己無相関な系列になります。これはホワイトノイズの定義です。すなわち、w_t はホワイトノイズであることを意味しています（厳密には、w_t の無条件分散である σ^2 は ARCH モデルのパラメーター、$\alpha_j, j = 1, \ldots, m$ の値によっては必ずしも存在せず、この場合は 0 次の自己共分散も定義できません。ただし、パラメーター、$\alpha_j, j = 1, \ldots, m$ がある条件を満たせば、σ^2 が存在することを示すことができます。この条件については後述します）。

w_t の定義を書き直すと、y_t^2 は次のように書き表すことができます。

$$y_t^2 = h_t + w_t$$

この式に、さらに式 (11.1) の h_t の定義を代入すると、

$$y_t^2 = \omega + \alpha_1 y_{t-1}^2 + \alpha_2 y_{t-2}^2 + \ldots + \alpha_m y_{t-m}^2 + w_t$$

という式を得ます。先ほど確認したように w_t はホワイトノイズですから、これは y_t^2 が AR(m) モデルに従っていることを意味しています。またこれは、y_t^2 の自己相関はこの AR(m) モデルの自己相関と等しいことを意味していますが、AR(m) モデルの自己相関は通常 0 ではないので、y_t^2 の自己相関が 0 でないことを意味しています。

ここまでの結果をまとめると、次のようになります。

ARCH モデルの 2 乗の AR モデル表現

式 (11.1) で与えられる ARCH(m) モデルに従う時系列変数 y_t について、その 2 乗、y_t^2 は以下の AR(m) モデルに従います。

$$y_t^2 = \omega + \alpha_1 y_{t-1}^2 + \alpha_2 y_{t-2}^2 + \ldots + \alpha_m y_{t-m}^2 + w_t \tag{11.3}$$

ここで、w_t は $E(w_t) = 0$, $\mathrm{cov}(w_t, w_{t-k}) = 0$, $\mathrm{var}(w_t) = \sigma^2$ を満たすホワイトノイズです。ただし、w_t の分散が存在するためには、パラメーター、$\alpha_1, \ldots, \alpha_m$ がある条件を満たす必要があります。

■ ARCH モデルの 2 乗の無条件分散

y_t^2 が上記のような AR(m) モデルに従っている場合、パラメーター、$\alpha_1, \ldots, \alpha_m$ が第 8 章で述べた定常性の条件を満たしているのであれば、その無条件期待値が存在し、

$$\mathrm{var}(y_t) = E(y_t^2) = \frac{\omega}{1 - \alpha_1 - \alpha_2 - \cdots - \alpha_m}$$

で与えられます。

先ほどは、ARCH モデルの無条件期待値が 0、自己無相関であることを見ま

11.4 ARCH モデルの理論的性質

した。ここでは、パラメーターがある制約条件を満たせば、無条件分散が時間に依存せず一定であることを述べました。これらの結果は、ARCH モデルに従う時系列変数 y_t はそれ自体が、実はホワイトノイズであることを意味しています。少し紛らわしいですが、先ほどは w_t という変数（y_t の 2 乗が従う AR モデルの誤差項）がホワイトノイズであるということ見ましたが、ここでは y_t そのものがホワイトノイズであるということを言っていることに注意してください。

ところで、(11.3) 式の w_t の無条件分散が存在するためには、パラメーター α_1, ..., α_m が、定常性の条件に加えて、ある条件を満たす必要があります。任意の m の値に対して、この条件を書くのは実はいろいろと複雑な数学的表現を用いなくてはならず、本書の想定レベルを超えるので控えますが、$m = 1$ の場合、つまり式 (11.2) で与えられる ARCH(1) モデルに対しては非常に簡単に書き表すことができ、以下のようになります。

> **式 (11.3) の誤差項 w_t の無条件分散の存在条件**
>
> 式 (11.3) で与えられえる y_t^2 の AR(m) モデルに対して、$m = 1$ のとき、
>
> $$\alpha_1 < 1 \quad \text{および} \quad 3\alpha_1^2 < 1$$
>
> が満たされれば、w_t の無条件分散が存在する。

ARCH モデルの性質についての注意点

ARCH モデルは、経済やファイナンスの分野で標準的なモデルとして様々な場面で使用され、すでに様々な教科書や参考書で説明されています。そこでは ARCH モデルの説明として、よく「分散が変動するモデル」と紹介されていますが、これは厳密に言えばやや不正確です。

ARCH モデル（および後述する GARCH モデルもそうですが）は、厳密には**条件付分散が変動するモデル**です。前節で見たように、ARCH モデルにおいて無条件分散は、パラメーターがある条件を満たせば存在し（有限であり）時間

を通じて一定です（つまり変動しません）。条件付き分散と無条件分散については、特にボラティリティ変動モデルの説明において、よく混同されているので注意してください。他にも、「ARCH モデルは非定常過程である」という説明も間違った説明です。[4]

　前節で見たように、（式 (11.1) で定義される）ARCH モデルは無条件期待値が 0 であり、自己無相関であり、さらにパラメーターがある条件を満たせば、無条件分散が存在し（有限であり）時間に依存せず一定です。これらの結果は、ARCH モデルに従う時系列変数 y_t はホワイトノイズであることを意味していますが、ホワイトノイズは弱定常ですから、ARCH モデルに従う時系列変数 y_t は弱定常過程になります。

　前節では、v_t に特定の分布を仮定せず議論を進めました。実際の分析において v_t の分布としてよく用いられるのは、（標準）**正規分布**です。この場合、Ω_{t-1} で条件付けした y_t の条件付き分布も正規分布、すなわち $y_t | \Omega_{t-1} \sim N(0, h_t)$ となります。しかしながら、これはあくまでも**条件付き分布**であり、y_t の無条件分布（定常分布）は正規分布にはなりません。ARCH モデルにおいて v_t に正規分布を仮定した場合、y_t の無条件分布は、正規分布よりも裾の厚い分布になります。正規分布より裾が厚いとは、図 11.4.1 のような分布のことです。このような分布は、**ファットテールを持つ分布**もしくは**ファットテール分布** (fat tailed distribution) と言われます。

　ファットテールを持つ分布に従う確率変数の実現値は、分布の裾の方の値（期待値からより離れた値）を取る確率が正規分布よりも高くなります。ファイナンス変数の（無条件）分布はファットテールを持っていることがよく知られていますが、ARCH モデルはこの点においてもファイナンス変数のモデルとして適していることがわかります。

---

[4] これはおそらく、ARCH モデルを無条件分散が変動するモデルと間違って認識していることからくる誤解かと思われます。無条件分散が変動するのであればホワイトノイズの定義を満たしませんし、定常性の定義も満たしません。

図11.4.1 正規分布とファットテール分布

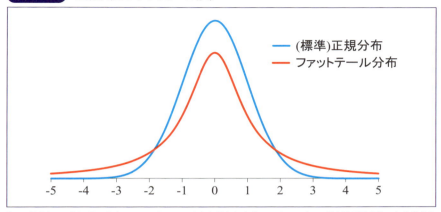

正規分布より裾の厚い分布はファットテール分布と言われます。ARCHモデルに従う時系列変数の無条件分布は、ファットテール分布になります。

ARCHモデルの推定

ARCHモデルの推定には、最尤法がよく用いられます。例えば、データとして $\{y_t\}_{t=1}^T$ が観測されているとしましょう。第10章で見たように、最尤法を用いるには観測される変数、$\{y_t\}_{t=1}^T$ についての結合密度関数を導出する必要があります。また、これも第10章で見たように、この結合密度関数は、y_t の条件付き密度関数の積に分解できるため、y_t の条件付き分布の密度関数が求まれば、結合密度関数を導出することができます。

式 (11.1) で与えられる ARCH(m) モデルにおいて、v_t に標準正規分布を仮定すると、h_t は情報集合 $\Omega_{t-1} = \{y_{t-1}, \ldots y_1\}$ の関数ですから、y_t の Ω_{t-1} で条件付けした条件付分布は

$$y_t \mid \Omega_{t-1} \sim N(0, h_t), \quad h_t = \omega + \alpha_1 y_{t-1}^2 + \alpha_2 y_{t-2}^2 + \ldots + \alpha_m y_{t-m}^2$$

となります。これより、y_t の条件付き密度関数 $f(y_t \mid \Omega_{t-1})$ は

$$f(y_t \mid \Omega_{t-1}) = \frac{1}{\sqrt{2\pi h_t}} \exp\left(-\frac{y_t^2}{2h_t}\right)$$

で与えられます。よって、その条件付対数尤度関数は

$$\log L(\omega, \alpha_1, ..., \alpha_m) = \sum_{t=m+1}^{T} \log f(y_t \mid \Omega_{t-1})$$

$$= -\frac{T-m}{2}\log(2\pi) - \frac{1}{2}\sum_{t=m+1}^{T}\log h_t - \frac{1}{2}\sum_{t=m+1}^{T}\frac{y_t^2}{h_t}$$

によって与えられます。

この条件付き対数尤度関数を最大化する $\omega, \alpha_1, ..., \alpha_m$ の値が、ARCH(m) モデルの**条件付き最尤推定量**になります。

324

11.5
GARCH モデルの定式化とその性質

ARCHモデルの一般化 - GARCH モデル

　ボラティリティの変動をより柔軟に表現するために、ARCH モデルを一般化したものとしてよく用いられるモデルに GARCH (Generalized ARCH の略) モデルがあります（これは「ガーチ」モデルと発音します）。GARCH モデルと ARCH モデルの違いは、式 (11.1) における h_t の定式化だけですので、以下では GARCH モデルの h_t の定式化についてのみ述べます（残りの部分は式 (11.1) と同じです）。

　GARCH(r, m) モデルは、次のように h_t を定式化します。

$$h_t = \omega + \beta_1 h_{t-1} + \beta_2 h_{t-2} + \ldots + \beta_r h_{t-r}$$
$$+ \alpha_1 y_{t-1}^2 + \alpha_2 y_{t-2}^2 + \ldots + \alpha_m y_{t-m}^2 \tag{11.4}$$

　GARCH モデルの場合も、ARCH モデルのときとほぼ同様の議論により、（パラメーターに関するある条件の下で）条件付き期待と条件付き分散は、情報集合 $\Omega_t = \{y_t, y_{t-1}, \ldots\}$ に対して $E(y_t | \Omega_{t-1}) = 0$ および $\mathrm{var}(y_t | \Omega_{t-1}) = h_t$ となります。

　GARCH モデルの定式化を見てみると、ARCH モデルとは異なり、過去のショックの 2 乗 (y_{t-m}^2) だけではなく、過去の条件付き分散 (h_{t-r}) も現在の条件付き分散 (h_t) に影響を与えています。実際のデータにおいては、複雑なパターンの 2 乗の相関が長期にわたって観測されることが多く、このようなデータに ARCH モデルを当てはめると、m が大きくなりより多くのパラメーターが必要となります。一般に、パラメーターの数が増えるとパラメーターの推定はより難しくなるため、モデルの適合度が同じであれば、モデルのパラメーターは少ない方が良いのですが、GARCH モデルは ARCH モデルより柔軟に h_t の動き

を記述できるため、より少ないパラメーターでデータの2乗の自己相関をよく記述できるというメリットがあります。

■ GARCH モデルにおける y_t^2 の ARMA 表現

ARCH モデルにおいては y_t^2 が AR モデルに従うことを見ましたが、GARCH モデルにおいては、y_t^2 が ARMA モデルに従うことを示すことができます。以下ではこれを確認しましょう。

ARMA モデルは AR モデルよりも柔軟なモデルですので、GARCH モデルが ARCH モデルよりも柔軟に y_t^2 の自己相関を表現できる理由がここからもわかります。

ARCH モデルのときと同様に、w_t を $w_t = y_t^2 - h_t$ とします。これより、$y_t^2 = h_t + w_t$ および $h_t = y_t^2 - w_t$ が成り立ちます。前者の式に GARCH モデルの h_t の定式化を代入し、さらにそのときの右辺に現れる式に後者の式を代入すると、y_t^2 を次のように書き直すことができます。

$$
\begin{aligned}
y_t^2 &= h_t + w_t \\
&= \omega + \beta_1 h_{t-1} + \beta_2 h_{t-2} + \ldots + \beta_r h_{t-r} \\
&\quad + \alpha_1 y_{t-1}^2 + \alpha_2 y_{t-2}^2 + \ldots + \alpha_m y_{t-m}^2 + w_t \\
&= \omega + \beta_1 (y_{t-1}^2 - w_{t-1}) + \beta_2 (y_{t-2}^2 - w_{t-2}) + \ldots + \beta_r (y_{t-r}^2 - w_{t-r}) \\
&\quad + \alpha_1 y_{t-1}^2 + \alpha_2 y_{t-2}^2 + \ldots + \alpha_m y_{t-m}^2 + w_t \\
&= \omega + (\alpha_1 + \beta_1) y_{t-1}^2 + (\alpha_2 + \beta_2) y_{t-2}^2 + \ldots + (\alpha_p + \beta_p) y_{t-p}^2 \\
&\quad + w_t - \beta_1 w_{t-1} - \beta_2 w_{t-2} - \ldots - \beta_r w_{t-r}
\end{aligned}
$$

ここで、$p = \max\{r, m\}$ です。また、$j > m$ である j に対して $\alpha_j = 0$ とし、$i > r$ である i に対して $\beta_i = 0$ であるとします。GARCH モデルに従う y_t に対して、y_t^2 をこのように表現した場合、w_t がホワイトノイズであることに注意すると（厳密には、w_t がホワイトノイズになるためにはパラメーターについてある条件を満たす必要があります）、y_t^2 が ARMA(p, r) モデルに従っていることがわかります。この結果を、以下にまとめておきましょう。

11.5 GARCH モデルの定式化とその性質

GARCH モデルの 2 乗の ARMA モデル表現

式 (11.4) で与えられる GARCH(r, m) モデルに従う時系列変数 y_t について、その 2 乗、y_t^2 は以下の ARMA(p, r) モデルに従います。

$$y_t^2 = \omega + (\alpha_1 + \beta_1)\, y_{t-1}^2 + (\alpha_2 + \beta_2)y_{t-2}^2 + \ldots + (\alpha_p + \beta_p)y_{t-p}^2$$
$$+ w_t - \beta_1 w_{t-1} - \beta_2 w_{t-2} - \ldots - \beta_r\, w_{t-r}$$

ここで、$p = \max\{r, m\}$ であり、w_t は $E(w_t) = 0$, $\mathrm{cov}(w_t, w_{t-k}) = 0$, $\mathrm{var}(w_t) = \sigma^2$ を満たすホワイトノイズです。ただし、w_t の分散が有限であるためには、パラメーター、$\alpha_1, \cdots, \alpha_m, \beta_1, \cdots, \beta_r$ がある条件を満たす必要があります。

なお、この GARCH モデルの y_t^2 についての ARMA 表現においては、以下の 2 点に注意してください。

① AR 係数は $\alpha_j + \beta_j$ である。
② MA 係数は $-\beta_j$ である。

ARCH モデルの AR 表現のときと違い、係数の関係がやや複雑になっています。

このGARCH モデルの 2 乗の ARMA 表現を用いれば、GARCH モデルにおける y_t^2 の期待値を簡単に求めることができます。例えば、GARCH$(1, 1)$ モデル：

$$h_t = \omega + \beta_1 h_{t-1} + \alpha_1 y_{t-1}^2$$

において、y_t^2 が ARMA$(1,1)$ モデル：

$$y_t^2 = \omega + (\alpha_1 + \beta_1) y_{t-1}^2 - \beta_1 w_{t-1}$$

に従うので、第 8 章の ARMA モデルの結果より

$$E(y_t^2) = \frac{\omega}{1 - \alpha_1 - \beta_1}$$

であることがわかります。

　GARCH モデルは少ないパラメーターでデータの動きを柔軟に表現できるため、実際の分析においては、GARCH(1,1) モデルで十分にデータの動きを説明できる場合も多くあります。

第11章のまとめ

・経済やファイナンス分野の時系列変数には、大きな変動が続いたり、逆に小さな変動が続いたりする特徴的な動きがある。このような特徴は、ボラティリティクラスタリングと呼ばれる。このような時系列変数の動きは、自己回帰移動平均モデルのような「条件付き期待値が変化するが、条件付き分散は一定のモデル」ではうまく表現できない。

・自己回帰条件付き不均一分散モデル、すなわち ARCH モデルは条件付き分散が変動するモデルであり、経済やファイナンス変数に見られるボラティリティクラスタリングをうまく表現することができる。

・ボラティリティクラスタリングは時系列変数の 2 乗に自己相関があることに起因しているが、ARCH モデルに従う変数はこの 2 乗が AR モデルに従うことを示すことができ、これは ARCH モデルが 2 乗の自己相関を柔軟に表現できることを意味する。

・よくある勘違いの 1 つに、ARCH モデルは非定常過程というものがあるが、ARCH モデルはパラメーターがある条件を満たすもとで、定常過程である。

・ARCH モデルは、過去の観測値の条件付きでは正規分布に従うが、その無条件分布は正規分布より裾の厚い（これをファットテールと言う）分布に従っている。多くのファイナンスの時系列変数は、無条件分布がファットテールになっていることが知られており、ARCH モデルはその点においてもファイナンス変数のモデルとして適している。

・一般化自己回帰条件付き不均一分散モデル、すなわち GARCH モデルは ARCH モデルを一般化したものであり、このモデルにおいては変数の 2 乗が ARMA モデルに従うので、ARCH モデルよりもより少ないパラメーター数で柔軟に時系列変数の 2 乗の自己相関構造を表現できる。

状態空間モデル

観測できない変数の分析

　状態空間モデルとは、観測方程式と状態方程式という2つの方程式からなるモデルであり、モデルには直接観測することができる観測変数と、直接は観測されない状態変数の2つの種類の変数が含まれます。観測変数は状態変数と誤差項の関数として、状態変数は過去の状態変数と誤差項の関数として定式化されます。様々なモデルが状態空間モデルとして表現でき、例えば、第8章で紹介した自己回帰移動平均モデルも状態空間モデルとして表現することができます。

12.1

状態空間モデル

━━━ 観測できない変数を推定する

　状態空間モデルとは、観測される変数（この変数を**観測変数**と呼びます）を、ある観測されない変数（この変数を**状態変数**と呼びます）と観測されない誤差項（確率変数）の関数とし、さらに状態変数がある**確率過程**に従うとして定式化したモデルです。様々なモデルを状態空間モデルとして表現することができ（このような表現を**状態空間表現**と言います）、このことによってそれらのモデルを統一的に扱うことができるため、状態空間モデルにおいて発達した手法をそれらのモデルに適用することもできるという大変便利なモデルです。

　例えば、第8章で紹介した自己回帰移動平均モデルも状態空間モデルとして表現できます。また、状態空間モデルはそれ自体が時系列変数の様々な変動を表現することができる非常に柔軟性の高いモデルであり、現実の現象のモデルとして幅広い分野で使用されています。

　状態空間モデルにおいては、状態変数は直接は観測されず、観測できるのは状態変数（および、確率変数である誤差項）の関数である観測変数のみです。しかしながら、実際の分析においては状態変数の値に興味があることが多いため、何らかの方法を用いて状態変数の値を推定したいということがしばしばあります。状態空間モデルにおいては、与えられた観測変数のデータより状態変数を推定する手法も発展しており、本章でもそれらを紹介します。

　状態空間モデルにも様々な種類があります。特に、関数が線形か非線形か、および誤差項の分布が正規分布かそうでないかという分類がよく使用されます。正規分布はガウシアン分布とも呼ばれるため、誤差項が正規分布に従う状

態空間モデルをガウシアン状態空間モデルと言います。本章では、**線形ガウシアン状態空間モデル**に焦点を当てて説明をします。

本章で扱わない状態空間モデルについて

先ほども述べましたが、状態空間モデルはその特殊ケースとして様々なモデルを含んでいます。そのうちのいくつかは本章でも紹介しますが、紙面の都合上、本書では取り上げていないモデルもたくさんあり、本章では状態空間モデルに含まれるモデルについて代表的なものにとどめています。本章を読んで、状態空間モデルに興味を持った方は、例えば森平 (2019)[1] を参照してみてください。

図12.1.1 状態空間モデル

状態空間モデルは、観測変数と状態変数の2種類の変数から成るモデルです。観測変数は観測されますが、状態変数は観測されません。

---

1) 森平爽一郎 (2019)「経済・ファイナンスのためのカルマンフィルター入門」、朝倉書店

12.2

線形ガウシアン状態空間モデル

状態方程式と観測方程式

　状態空間モデルにおいては、通常、観測変数と状態変数はベクトル変数であるとします。そのため、状態空間モデルを説明する際に、行列やベクトルを使った表現を用いる必要が出てきます。本章で使用するもののほとんどは、基本的な行列やベクトルの知識があれば理解できるものですが、やや高度なものもあり、それらについては 12.8 節の補論に説明してありますので適宜参照してください。

　以降では、ベクトルを小文字かつ太字で書き、行列を大文字かつ太字で書きます。例えば、$\mathbf{y}_t$ と書いた場合、これは時点 t におけるあるベクトル変数を表します。また、その成分を明示したいときには、$\mathbf{y}_t = [y_{1,t}, y_{2,t}, ..., y_{K,t}]^{\mathrm{T}}$ のように書きます。ここで上付き文字の " T " は、ベクトルや行列の転置を表します（英語で転置を意味する transpose の T です）。この場合、$\mathbf{y}_t$ は $K \times 1$ ベクトル、$y_{i,t}$ は $\mathbf{y}_t$ の i 番目の成分を表します。同様に、$\mathbf{X}_t$ と書いた場合は、これは時点 t におけるある行列変数を表します。行列の成分を明示したいときには、$\mathbf{X}_t = [x_{ij,t}]$, $i=1,...,K$, $j=1,...,M$ のように書きます。このように書いた場合、$\mathbf{X}_t$ は K 行 M 列の行列であり、$x_{ij,t}$ は行列 $\mathbf{X}_t$ の (i, j) 成分を表します。

　線形ガウシアン状態空間モデルは、以下のような**観測方程式**と**状態方程式**の 2 つの方程式から構築されます。

- **観測方程式**　　$\mathbf{y}_t = \mathbf{d} + \mathbf{Z}\boldsymbol{\alpha}_t + \boldsymbol{\varepsilon}_t$ 　　　　　　　　　　　　　(12.1)
- **状態方程式**　　$\boldsymbol{\alpha}_t = \mathbf{c} + \mathbf{T}\boldsymbol{\alpha}_{t-1} + \mathbf{R}\boldsymbol{\eta}_t$, 　$\boldsymbol{\alpha}_1 \sim N(\mathbf{a}_1, \mathbf{P}_1)$

ここで、$\mathbf{y}_t$ は $n \times 1$ ベクトルで実際に観測される変数（観測変数）、$\boldsymbol{\alpha}_t$ は $m \times 1$ ベクトルで直接は観測されない変数（状態変数）です。また、$\mathbf{d}$ は $n \times 1$ ベクトル、$\mathbf{c}$ は $m \times 1$ ベクトル、$\mathbf{Z}$ は $n \times m$ 行列、$\mathbf{T}$ は $m \times m$ 行列、$\mathbf{R}$ は $m \times v$ 行列とします。ここでは、$\mathbf{y}_t, t=1,\dots,T$ が観測されるとしましょう。$\boldsymbol{\alpha}_1$ は状態変数の最初の時点（時点1）の値、$\boldsymbol{\varepsilon}_t$ と $\boldsymbol{\eta}_t$ は誤差項であり、それぞれ $n \times 1$ ベクトル、$v \times 1$ ベクトルとし、

$$\boldsymbol{\varepsilon}_t \sim \text{i.i.d. } N(\mathbf{0}, \mathbf{S}), \quad \boldsymbol{\eta}_t \sim \text{i.i.d. } N(\mathbf{0}, \mathbf{Q})$$

であるとします。

ここで、$N(\boldsymbol{\mu}, \boldsymbol{\Sigma})$ は期待値 $\boldsymbol{\mu}$、分散共分散行列 $\boldsymbol{\Sigma}$ の**多変量正規分布**を表します（多変量正規分布については、12.8 節の補論を参照してください）。i.i.d. が前に付くと、さらに（時間を通じて）独立同分布であることも意味します。本書では、$\boldsymbol{\varepsilon}_t$ の成分と $\boldsymbol{\eta}_t$ の成分、および $\boldsymbol{\alpha}_1$ の成分は互いに独立であると仮定します。

このモデルにおける未知パラメーターは、$\mathbf{d}, \mathbf{c}, \mathbf{Z}, \mathbf{T}, \mathbf{R}, \mathbf{S}, \mathbf{Q}$ であり、これらは**システムパラメーター**と呼ばれます。ここでは説明の簡単化のために、システムパラメーターの値は時間を通じて一定の定数であるとしましたが、時間に依存して変化するという定式化をすることもできます。また、$\mathbf{a}_1$ と $\mathbf{P}_1$ は**初期値**と呼ばれ、後ほど紹介する状態変数を推定するアルゴリズムをスタートさせる際には、分析者が自分で決めなければならないパラメーターです。

正規分布はガウシアン分布とも呼ばれること、また観測方程式において $\mathbf{y}_t$ は $\boldsymbol{\alpha}_t$（と誤差項 $\boldsymbol{\varepsilon}_t$）の線形の関数であること、状態方程式において $\boldsymbol{\alpha}_t$ は $\boldsymbol{\alpha}_{t-1}$（と誤差項 $\boldsymbol{\eta}_t$）の線形の関数であることから、このモデルは**線形ガウシアン状態空間モデル**と呼ばれます。以後、特に断らない限りは、状態空間モデルと言えば線形ガウシアン状態空間モデルを意味しているとします。

図12.2.1 状態空間モデルの分類

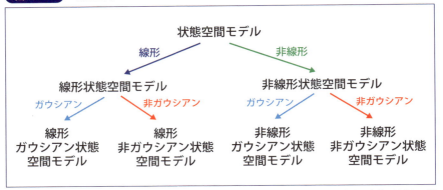

状態空間モデルは、線形か非線形か、およびガウシアンか非ガウシアンかで分けられます。本書では主に、線形ガウシアン状態空間モデルを説明します。

　式 (12.1) の状態空間モデルの定式化を、少し詳しく見てみましょう。まず状態方程式を見てみると、状態変数 α_t は過去の α_t の値と誤差項 η_t の現在の値に依存して決定しており、自律的に変動しています（ここに外部からの入力項を入れてモデルを拡張することも可能ですが、ここでは最も基本的な状態空間モデルを考えます）。この状態変数 α_t は、直接は観測できません。観測できるのは観測変数 y_t であり、これは観測方程式にあるように、状態変数と誤差項の線形の関数として定式化されます。現実世界に対応させるとすると、本当に観測したいのは状態変数の α_t であるが、様々な理由によりそれは直接は観測できず、ノイズ（誤差項）が含まれる形でしか観測されないような状況を表していると見なすことができます。

　以上が、最もシンプルな状態空間モデルの定式化です。12.1 節でも述べたように、このシンプルな定式化ですら実際に用いられる実に様々なモデルを特別な場合として含んでいます。

　次節では、どのようなモデルが状態空間モデルの特殊ケースとなるのかを少し見てみましょう。

12.3

状態空間モデルの特殊ケース

━━ AR(1) プラスノイズモデル

これは特殊ケースというよりは、状態空間モデルにおいて、状態変数と観測変数のベクトルの次元が1である場合、すなわち $n = m = 1$ である場合と言った方が適切かもしれません。様々な分析でよく用いられるモデルです。

具体的には、式 (12.1) において、$n = m = v = 1, \mathbf{d} = 0, \mathbf{Z} = \mathbf{R} = 1$ とした以下のようなモデルです。

- **観測方程式**　$y_t = \alpha_t + \varepsilon_t,$　　　　　$\varepsilon_t \sim$ i.i.d. $N(0, \sigma_\varepsilon^2)$
- **状態方程式**　$\alpha_t = c + \phi\alpha_{t-1} + \eta_t,$　　$\eta_t \sim$ i.i.d. $N(0, \sigma_\eta^2)$

このとき、α_t は AR(1) モデルに従い、y_t は AR(1) モデルにノイズ ε_t を足したものになっています（よって **AR(1) プラスノイズモデル**と呼ばれます）。

━━ ローカルレベルモデル

これは先ほどの AR(1) プラスノイズモデルにおいて、$c = 0, \phi = 1$ としたモデルです。つまり、

- **観測方程式**　$y_t = \alpha_t + \varepsilon_t,$　　　$\varepsilon_t \sim$ i.i.d. $N(0, \sigma_\varepsilon^2)$
- **状態方程式**　$\alpha_t = \alpha_{t-1} + \eta_t,$　　$\eta_t \sim$ i.i.d. $N(0, \sigma_\eta^2)$

というモデルのことです。このとき、α_t は**ランダムウォーク**と呼ばれる確率過程に従っており、y_t はその α_t にノイズ ε_t を足したものになっています。そのた

め、このモデルは**ランダムウォークプラスノイズモデル**とも呼ばれます。ランダムウォークは代表的な非定常確率過程であり、時系列分析において重要な確率過程ですが、詳しい解説は本書の想定レベルを超えてしまうため、本書では詳しくは取り上げません。興味のある読者の方は、沖本 (2000)[2] などを参照してください。

━━━ 自己回帰移動平均モデル

12.1 節で既に述べましたが、自己回帰移動平均モデルは状態空間モデルで表すことができます。これは非常に有用な結果で、第 10 章でも言及した通り、この結果を用いると、自己回帰移動平均モデルを最尤法によって推定することが可能になります。

この点について少し述べておきましょう。状態空間モデルは最尤法によって推定することができます。これはつまり、状態空間モデルで表現できるモデルは全て（状態空間モデルに直してしまえば）最尤法によって推定できることを意味しています。このことからも、様々なモデルを状態空間モデルで表現することは非常に便利であることがわかります。

一般の ARMA(p, q) モデルを状態空間モデルで表現することは可能ですが、表現がやや煩雑になり、いきなりその表現を導入するとわかりづらいので、まずは単純な場合から少しずつ拡張していきましょう。

なお、以下ではいくつかの ARMA(p, q) モデルの状態空間表現を紹介しますが、実は ARMA(p, q) モデルの状態空間表現は 1 つではありません。例えば、以下ではまず AR(2) モデルの状態空間表現を紹介しますが、これらの他にも複数の AR(2) モデルの状態空間表現が考えられます。これらは単に同じモデルの別表現ですので、どの表現を用いても分析結果は同じになりますが、状態変数の表しているものは一般には異なっているので注意してください。

---

2) 沖本竜義 (2010)「経済・ファイナンスデータの計量時系列分析」朝倉書店。

12.4

ARMAモデルの状態空間表現

AR(2)モデルの状態空間表現

AR(1) モデルの状態空間表現は、AR(1) プラスノイズモデルにおいて観測方程式にノイズがない状態、つまり、$\sigma_\varepsilon^2 = 0$ としたモデルです（このとき、誤差項 ε_t の期待値は 0 分散も 0 ですから、全ての t について $\varepsilon_t = 0$、つまりノイズがない状態になります）。AR(2) モデルの状態空間表現を導くには、多少の工夫が必要です。まずは状態方程式から考えていきましょう。

状態変数は、2×1 ベクトル $\boldsymbol{\alpha}_t = [\alpha_{1,t}, \alpha_{2,t}]^\mathrm{T}$ であるとします。このとき、$\boldsymbol{\alpha}_t$ が以下の状態方程式に従っている場合、$\alpha_{1,t}$ は AR(2) モデルに従います。

$$\begin{bmatrix} \alpha_{1,t} \\ \alpha_{2,t} \end{bmatrix} = \begin{bmatrix} c \\ 0 \end{bmatrix} + \begin{bmatrix} \phi_1 & \phi_2 \\ 1 & 0 \end{bmatrix} \begin{bmatrix} \alpha_{1,t-1} \\ \alpha_{2,t-1} \end{bmatrix} + \begin{bmatrix} 1 \\ 0 \end{bmatrix} \eta_t, \ \eta_t \sim \mathrm{i.i.d.} N(0, \sigma_\eta^2)$$

これは、式 (12.1) の状態方程式において

$$\mathbf{c} = \begin{bmatrix} c \\ 0 \end{bmatrix}, \ \mathbf{T} = \begin{bmatrix} \phi_1 & \phi_2 \\ 1 & 0 \end{bmatrix}, \ \mathbf{R} = \begin{bmatrix} 1 \\ 0 \end{bmatrix}$$

とすることに相当します。

まず、$\alpha_{1,t}$ が AR(2) モデルに従うことを確認してみましょう。上記のベクトルと行列を用いた表現において、$\alpha_{1,t}$ および $\alpha_{2,t}$ について右側を計算すると、

$$\alpha_{1,t} = c + \phi_1 \alpha_{1,t-1} + \phi_2 \alpha_{2,t-1} + \eta_t$$
$$\alpha_{2,t} = \alpha_{1,t-1}$$

となります。1 行目の $\alpha_{1,t}$ についての式の右側に $\alpha_{2,t-1}$ がありますが、2 行目より $\alpha_{2,t} = \alpha_{1,t-1}$ ですので、t に $t-1$ を代入すると、$\alpha_{2,t-1} = \alpha_{1,t-2}$ であることがわかります。これを上記の式の 1 行目に代入すると、

$$\alpha_{1,t} = c + \phi_1 \alpha_{1,t-1} + \phi_2 \alpha_{1,t-2} + \eta_t$$

となり、$\alpha_{1,t}$ は AR(2) モデルに従っていることがわかります。

　上記の議論より、状態変数 $\boldsymbol{\alpha}_t$ において $\alpha_{1,t}$、つまり状態変数の 1 つ目の成分が AR(2) モデルに従うことがわかりました。では、y_t が AR(2) モデルに従うには、観測方程式をどのように定式化すれば良いでしょうか？
　これは、以下のようにすれば良いことがわかります。

・観測方程式　$y_t = [1, 0]\boldsymbol{\alpha}_t$

　これは式 (12.1) の状態空間モデルにおいて、$n = 1$ $(m = 2)$, $\mathbf{d} = 0$, $\mathbf{Z} = [1, 0]$ とすることに相当します（誤差項がないので、σ_ε^2 はもちろん 0 です）。この定式化によって、$y_t = \alpha_{1,t}$ となりますから、y_t は $\alpha_{1,t}$ と等しい、つまり AR(2) モデルに従うということになります。

━━ AR(p) モデルの状態空間表現

　先ほどの AR(2) モデルについての議論と同様の議論により、AR(p) モデルの状態空間表現も簡単に求めることができます。状態変数の次元は $m = p$、つまり、$\boldsymbol{\alpha}_t = [\alpha_{1,t}, \alpha_{2,t}, ..., \alpha_{p,t}]^\mathrm{T}$ とします。具体的には、以下のようになります。

・**観測方程式** $\quad y_t = [1, 0, 0, ..., 0]\boldsymbol{\alpha}_t$

・**状態方程式**

$$
\begin{bmatrix} \alpha_{1,t} \\ \alpha_{2,t} \\ \alpha_{3,t} \\ \vdots \\ \alpha_{p-1,t} \\ \alpha_{p,t} \end{bmatrix} = \begin{bmatrix} c \\ 0 \\ 0 \\ \vdots \\ 0 \\ 0 \end{bmatrix} + \begin{bmatrix} \phi_1 & \phi_2 & \phi_3 & \cdots & \phi_{p-1} & \phi_p \\ 1 & 0 & 0 & \cdots & 0 & 0 \\ 0 & 1 & 0 & \cdots & 0 & 0 \\ \vdots & \vdots & \vdots & \ddots & \vdots & \vdots \\ 0 & 0 & 0 & \cdots & 0 & 0 \\ 0 & 0 & 0 & \cdots & 1 & 0 \end{bmatrix} \begin{bmatrix} \alpha_{1,t-1} \\ \alpha_{2,t-1} \\ \alpha_{3,t-1} \\ \vdots \\ \alpha_{p-1,t-1} \\ \alpha_{p,t-1} \end{bmatrix} + \begin{bmatrix} 1 \\ 0 \\ 0 \\ \vdots \\ 0 \\ 0 \end{bmatrix} \eta_t, \ \eta_t \sim i.i.d.N(0, \sigma_\eta^2)
$$

そしてこのとき、

$$\alpha_{1,t} = c + \phi_1\alpha_{1,t-1} + \phi_2\alpha_{2,t-1} + \phi_3\alpha_{3,t-1} + ... + \phi_{p-1}\alpha_{p-1,t-1} + \phi_p\alpha_{p,t-1} + \eta_t$$

$$\alpha_{k,t} = \alpha_{k-1,t-1}, k = 2, ..., p$$

となります。また先ほどと同様の議論（を繰り返すこと）により、

$$\alpha_{1,t} = c + \phi_1\alpha_{1,t-1} + \phi_2\alpha_{1,t-2} + \phi_3\alpha_{1,t-3} + ... + \phi_p\alpha_{1,t-p} + \eta_t$$

となること、つまり $\alpha_{1,t}$ が AR(p) モデルに従うことを示すことができます。

MA(1) モデルの状態空間表現

MA(1) モデルの状態空間表現は、例えば以下のようなものがあります。

・**観測方程式** $\quad y_t = d + \begin{bmatrix} 1, \theta \end{bmatrix} \begin{bmatrix} \alpha_{1,t} \\ \alpha_{2,t} \end{bmatrix}$

・**状態方程式** $\quad \begin{bmatrix} \alpha_{1,t} \\ \alpha_{2,t} \end{bmatrix} = \begin{bmatrix} 0 & 0 \\ 1 & 0 \end{bmatrix} \begin{bmatrix} \alpha_{1,t-1} \\ \alpha_{2,t-1} \end{bmatrix} + \begin{bmatrix} 1 \\ 0 \end{bmatrix} \eta_t, \eta_t \sim i.i.d.N(0, \sigma_\eta^2)$

このとき、$\alpha_{1,t} = \eta_t, \alpha_{2,t} = \alpha_{1,t-1} = \eta_{t-1}$ となるので、y_t は

$$y_t = d + \alpha_{1,t} + \theta\alpha_{2,t} = d + \eta_t + \theta\eta_{t-1}$$

という MA(1) モデルに従うことが確認できます。また、他にも

- 観測方程式 　$y_t = \begin{bmatrix} 1, & 0 \end{bmatrix} \begin{bmatrix} \alpha_{1,t} \\ \alpha_{2,t} \end{bmatrix}$

- 状態方程式 　$\begin{bmatrix} \alpha_{1,t} \\ \alpha_{2,t} \end{bmatrix} = \begin{bmatrix} c \\ 0 \end{bmatrix} + \begin{bmatrix} 0 & \theta \\ 0 & 0 \end{bmatrix} \begin{bmatrix} \alpha_{1,t-1} \\ \alpha_{2,t-1} \end{bmatrix} + \begin{bmatrix} 1 \\ 1 \end{bmatrix} \eta_t,\ \eta_t \sim \text{i.i.d.} N(0, \sigma_\eta^2)$

とすれば、$\alpha_{2,t} = \eta_t$、$\alpha_{1,t} = c + \theta \alpha_{2,t-1} + \eta_t = c + \theta \eta_{t-1} + \eta_t$ となります。これは $\alpha_{1,t}$ が MA(1) モデルに従っていることを意味しているので、この状態空間モデルにおいて、y_t は

$$y_t = \alpha_{1,t} = c + \eta_t + \theta \eta_{t-1}$$

という MA(1) モデルに従うことがわかります。

　この例からもわかる通り、同じモデルでもその状態空間表現は1つとは限りません。一般に、ARMA(p, q) モデルは複数の状態空間表現を持っています。

図12.4.1 複数の状態空間表現

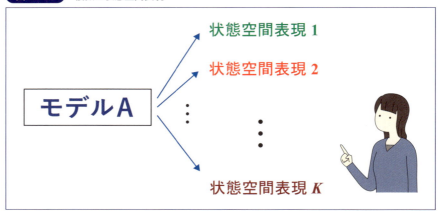

通常、ある1つのモデルに対して、その状態空間表現は複数存在します。全て同じ y_t を表していますが、状態変数が表しているものは状態空間表現ごとに異なり得ます。

12.4 ARMAモデルの状態空間表現

MA(q) モデルの状態空間表現

MA(q) モデルの状態空間表現としては、例えば、以下のようものが考えられます。

・**観測方程式**　$y_t = [1, 0, 0, ..., 0]\boldsymbol{\alpha}_t, \ \boldsymbol{\alpha}_t = [\alpha_{1,t}, ..., \alpha_{q,t}, \alpha_{q+1,t}]^{\mathrm{T}}$

・**状態方程式**

$$
\begin{bmatrix} \alpha_{1,t} \\ \alpha_{2,t} \\ \alpha_{3,t} \\ \alpha_{4,t} \\ \vdots \\ \alpha_{q,t} \\ \alpha_{q+1,t} \end{bmatrix} = \begin{bmatrix} c \\ 0 \\ 0 \\ 0 \\ \vdots \\ 0 \\ 0 \end{bmatrix} + \begin{bmatrix} 0 & \theta_1 & \theta_2 & \theta_3 & \cdots & \theta_{q-1} & \theta_q \\ 0 & 0 & 0 & 0 & \cdots & 0 & 0 \\ 0 & 1 & 0 & 0 & \cdots & 0 & 0 \\ 0 & 0 & 1 & 0 & \cdots & 0 & 0 \\ \vdots & \vdots & \vdots & \vdots & \ddots & \vdots & \vdots \\ 0 & 0 & 0 & 0 & \cdots & 0 & 0 \\ 0 & 0 & 0 & 0 & \cdots & 1 & 0 \end{bmatrix} \begin{bmatrix} \alpha_{1,t-1} \\ \alpha_{2,t-1} \\ \alpha_{3,t-1} \\ \alpha_{4,t-1} \\ \vdots \\ \alpha_{q,t-1} \\ \alpha_{q+1,t-1} \end{bmatrix} + \begin{bmatrix} 1 \\ 1 \\ 0 \\ 0 \\ \vdots \\ 0 \\ 0 \end{bmatrix} \eta_t, \ \eta_t \sim \mathrm{i.i.d.} N(0, \sigma_\eta^2)
$$

このとき、$\alpha_{2,t} = \eta_t, \alpha_{j,t} = \alpha_{j-1,t-1}, j = 3, ..., q+1$ なので、

$$
\alpha_{3,t} = \alpha_{2,t-1} = \eta_{t-1}
$$
$$
\alpha_{4,t} = \alpha_{3,t-1} = \eta_{t-2}
$$
$$
\alpha_{5,t} = \alpha_{4,t-1} = \eta_{t-3}
$$
$$
\vdots
$$
$$
\alpha_{q+1,t} = \alpha_{q,t-1} = \eta_{t-q+1}
$$

となります。よって、$\alpha_{1,t}$ は

$$
\alpha_{1,t} = c + \theta_1 \alpha_{2,t-1} + \theta_2 \alpha_{3,t-1} + \theta_3 \alpha_{4,t-1} + ... + \theta_q \alpha_{q+1,t-1} + \eta_t
$$
$$
= c + \theta_1 \eta_{t-1} + \theta_2 \eta_{t-2} + \theta_3 \eta_{t-3} + ... + \theta_q \eta_{t-q} + \eta_t
$$

という MA(q) モデルに従っていることがわかり、$y_t = \alpha_{1,t}$ なので、y_t も同じ MA(q) モデルに従っていることがわかります。

第12章 状態空間モデル

343

ARMA(1, 1) モデルの状態空間表現

ARMA(1, 1) モデルの状態空間表現は、以下のようなものが考えられます。

- **観測方程式**　$y_t = [1, 0]\boldsymbol{\alpha}_t,\ \boldsymbol{\alpha}_t = [\alpha_{1,t}, \alpha_{2,t}]^{\mathrm{T}}$

- **状態方程式**　$\begin{bmatrix} \alpha_{1,t} \\ \alpha_{2,t} \end{bmatrix} = \begin{bmatrix} c \\ 0 \end{bmatrix} + \begin{bmatrix} \phi & \theta \\ 0 & 0 \end{bmatrix} \begin{bmatrix} \alpha_{1,t-1} \\ \alpha_{2,t-1} \end{bmatrix} + \begin{bmatrix} 1 \\ 1 \end{bmatrix} \eta_t,\ \eta_t \sim \text{i.i.d.} N(0, \sigma_\eta^2)$

この表現において、y_t が ARMA(1,1) モデルに従うことを確認しましょう。まず、状態方程式より $\alpha_{2,t} = \eta_t$ となります。さらに、

$$\alpha_{1,t} = c + \phi \alpha_{1,t-1} + \theta \alpha_{2,t-1} + \eta_t$$
$$= c + \phi \alpha_{1,t-1} + \theta \eta_{t-1} + \eta_t$$

となりますから、$\alpha_{1,t}$ は ARMA(1,1) モデルに従うことがわかり、$y_t = \alpha_{1,t}$ ですから、y_t も（同じ）ARMA(1, 1) モデルに従うことがわかります。

ARMA(p, q) モデルの状態空間表現

最後に、一般の ARMA(p, q) モデルの状態空間表現の例を 1 つ書いておきましょう。ただし、表記を簡単にするために少し行列表記を用います（これは行列の表記に慣れていないと少しわかりにくいかもしれません。その場合、ARMA(p, q) モデルにも状態空間表現があるということだけわかれば問題ありません）。

まずは、以下のベクトルを定義します。

$$\boldsymbol{\phi} = [\phi_1, \phi_2, \ldots, \phi_p]^{\mathrm{T}}, \quad \boldsymbol{\theta} = [\theta_1, \theta_2, \ldots, \theta_q]^{\mathrm{T}}$$

また、$k \times k$ 単位行列を $\mathbf{I}_k$、$k \times m$ ゼロ行列を $\mathbf{0}_{k,m}$ と表記します。つまり、

$$
\mathbf{I}_k = k\text{行}\left\{
\begin{bmatrix}
1 & 0 & \cdots & 0 \\
0 & 1 & \cdots & 0 \\
\vdots & \vdots & \ddots & \vdots \\
0 & 0 & \cdots & 1
\end{bmatrix}
\right., \quad
\mathbf{0}_{k,m} = k\text{行}\left\{
\begin{bmatrix}
0 & 0 & \cdots & 0 \\
0 & 0 & \cdots & 0 \\
\vdots & \vdots & \ddots & \vdots \\
0 & 0 & \cdots & 0
\end{bmatrix}
\right.
$$

$$
\underbrace{\phantom{\begin{bmatrix} 1 & 0 & \cdots & 0 \end{bmatrix}}}_{k\text{列}} \qquad \underbrace{\phantom{\begin{bmatrix} 0 & 0 & \cdots & 0 \end{bmatrix}}}_{m\text{列}}
$$

です。これらを用いて、ARMA(p, q) モデルの状態空間表現は次のように表すことができます。

・観測方程式

$$
y_t = [1, 0, 0, \ldots, 0]\boldsymbol{\alpha}_t, \ \boldsymbol{\alpha}_t = [\alpha_{1,t}, \alpha_{2,t}, \ldots, \alpha_{p,t}, \alpha_{p+1,t}, \ldots, \alpha_{p+q,t}]^\mathrm{T}
$$

・状態方程式

$$
\boldsymbol{\alpha}_t = \mathbf{c} + \mathbf{T}\boldsymbol{\alpha}_{t-1} + \mathbf{R}\eta_t, \quad \eta_t \sim \text{i.i.d. } N(0, \sigma_\eta^2)
$$

と表すことができます。ここで、

$$
\mathbf{c} = \begin{bmatrix} c \\ \mathbf{0}_{p+q-1,1} \end{bmatrix}, \
\mathbf{T} = \begin{bmatrix}
\boldsymbol{\phi}^\mathrm{T} & \boldsymbol{\theta}^\mathrm{T} \\
\mathbf{I}_{p-1} \ \mathbf{0}_{p-1,1} & \mathbf{0}_{p-1,q} \\
 & \mathbf{0}_{1,p+q} \\
\mathbf{0}_{q-1,p} & \mathbf{I}_{q-1} \ \mathbf{0}_{q-1,1}
\end{bmatrix}, \
\mathbf{R} = \begin{bmatrix} 1 \\ \mathbf{0}_{p-1,1} \\ 1 \\ \mathbf{0}_{q-1,1} \end{bmatrix}
$$

です。このとき、先ほどの議論と同様の議論を丁寧に繰り返すことにより、y_t は

$$
y_t = c + \phi_1 y_{t-1} + \ldots + \phi_p y_{t-p} + \eta_t + \theta_1 \eta_{t-1} + \ldots + \theta_q \eta_{t-q}
$$

という、ARMA(p, q) モデルに従うことが確認できます。

12.5

状態変数の推定

━━ 予測、濾波、平滑

　実際の分析においては、状態変数は何らかの興味のある変数に対応していることが多く、その場合は状態変数を推定できれば非常に有用です。ここでは、状態変数の推定について考えてみましょう。

　状態空間モデルにおける状態変数の推定には大きく分けて、**予測**、**濾波**、**平滑**の 3 つがあります。これらは全て状態変数の条件付き期待値によって状態変数の値を推定していますが、そこで用いられている情報量が異なります。用いる情報量は予測、濾波、平滑の順で段々と増えていきます。

　それでは、これらについて詳しく見ていきましょう。ここでは、式 (12.1) で与えられた状態空間モデルについて考えます。

　式 (12.1) の $n \times 1$ ベクトル $\mathbf{y}_t$ に対して、$\mathbf{y}_t$ から $\mathbf{y}_1$ まで並べたものを

$$\mathbf{Y}_t = [\mathbf{y}_t^\mathrm{T}, \mathbf{y}_{t-1}^\mathrm{T}, \ldots, \mathbf{y}_1^\mathrm{T}]^\mathrm{T}$$

としましょう。このとき、条件付き期待値 $E(\boldsymbol{\alpha}_t \mid \mathbf{Y}_s)$ を求めることを考えます。この条件付き期待値を求めることを、s の値に応じて次のように区別します。

(P) $s = t - 1$ のときには、$\boldsymbol{\alpha}_t$ の (1 期先) 予測をする (または予測値を得る)

(F) $s = t$ のときには、$\boldsymbol{\alpha}_t$ を濾波する (濾波値を得る)

(S) $s = T$ のときには、$\boldsymbol{\alpha}_t$ を平滑する (平滑値を得る)

　なお、英語では予測、濾波、平滑をそれぞれ、Prediction (プリディクショ

ン)、Filtering(フィルタリング)、Smoothing(スムージング)、と言います。

まず予測では、それまでに観測して得られた y_t についての情報(観測値)から、次の時点の状態変数の値を推定します。次に濾波では、現時点までの y_t についての情報をもとに、現時点の状態変数の値を推定します。最後に平滑では、得られた全ての情報を使って、過去も含めた全ての時点の状態変数の値を推定します。これらは分析の目的に応じて使い分けられます。

本節では、まずはこれら予測値、濾波値、平滑値を計算する公式を与え、次節でそれらの導出を行います。また、これらは異なった情報をもとにした状態変数の条件付き期待値ですが、同様に状態変数の条件付き分散を計算する公式も併せて述べておきましょう。

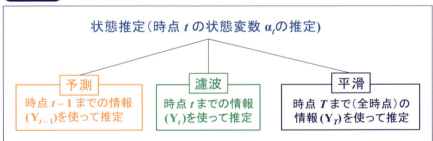

図12.5.1 状態推定の3つの種類

状態推定は、用いる情報量によって予測、濾波、平滑の3つに分けられます。予測 < 濾波 < 平滑の順で情報量が増えていきます。

ここでは、式(12.1)のシステムパラメーターは既知であるとします(これは本来は未知なので推定しないといけませんが、推定方法は後ほど説明します)。式(12.1)の状態変数の条件付き期待値(ベクトル)と、条件付き分散共分散行列をそれぞれ

$$\mathbf{a}_{t|s} = E(\mathbf{\alpha}_t | \mathbf{Y}_s) \text{ および } \mathbf{P}_{t|s} = \mathrm{var}(\mathbf{\alpha}_t | \mathbf{Y}_s) = E[(\mathbf{\alpha}_t - \mathbf{a}_{t|s})(\mathbf{\alpha}_t - \mathbf{a}_{t|s})^{\mathrm{T}} | \mathbf{Y}_s]$$

と表すことにします。また、$\mathbf{a}_{1|0}$ と $\mathbf{P}_{1|0}$ は初期値 $\mathbf{a}_1$ と $\mathbf{P}_1$ に等しいとします。このとき、状態変数 $\mathbf{\alpha}_t, t=1,\ldots,T$ の濾波値と予測値は、次の公式を交互に用いるこ

とによって計算することができます。この公式は、**カルマンフィルターアルゴリズム**として非常に有名です。

- ・濾波式 $\quad \mathbf{a}_{t|t} = \mathbf{a}_{t|t-1} + \mathbf{P}_{t|t-1}\mathbf{Z}^{\mathrm{T}}\mathbf{F}_t^{-1}(\mathbf{y}_t - \mathbf{Z}\mathbf{a}_{t|t-1} - \mathbf{d})$

  $\quad\quad\quad\quad \mathbf{P}_{t|t} = \mathbf{P}_{t|t-1} - \mathbf{P}_{t|t-1}\mathbf{Z}^{\mathrm{T}}\mathbf{F}_t^{-1}\mathbf{Z}\mathbf{P}_{t|t-1}$

  $\quad\quad\quad\quad \mathbf{F}_t = \mathbf{Z}\mathbf{P}_{t|t-1}\mathbf{Z}^{\mathrm{T}} + \mathbf{S}$

- ・予測式 $\quad \mathbf{a}_{t|t-1} = \mathbf{c} + \mathbf{T}\,\mathbf{a}_{t-1|t-1}$

  $\quad\quad\quad\quad \mathbf{P}_{t|t-1} = \mathbf{T}\mathbf{P}_{t-1|t-1}\mathbf{T}^{\mathrm{T}} + \mathbf{R}\mathbf{Q}\mathbf{R}^{\mathrm{T}}$

また、平滑値は以下の公式を用いて $t = T - 1$ から始まり、$t = T - 2, ..., 3, 2, 1$ と順に時点を遡って計算していくことができます。

- ・平滑式 $\quad \mathbf{a}_{t|T} = \mathbf{a}_{t|t} + \mathbf{P}_t^{*}(\mathbf{a}_{t+1|T} - \mathbf{a}_{t+1|t})$

  $\quad\quad\quad\quad \mathbf{P}_{t|T} = \mathbf{P}_{t|t} + \mathbf{P}_t^{*}(\mathbf{P}_{t+1|T} - \mathbf{P}_{t+1|t})\mathbf{P}_t^{*\mathrm{T}}$

  $\quad\quad\quad\quad \mathbf{P}_t^{*} = \mathbf{P}_{t|t}\mathbf{T}^{\mathrm{T}}\mathbf{P}_{t+1|t}^{-1}$

ここで、これらの公式を用いた状態変数の推定について、いくつか注意点を述べておきます。

- ・観測された $\mathbf{y}_t$ の情報（観測値）から、観測できない状態変数 $\boldsymbol{\alpha}_t$ について推定している。
- ・条件付き期待値による推定であるので、この推定方法に一致性はない。
- ・推定の分散は $\boldsymbol{\alpha}_t$ の条件付き分散に等しいが、これは $\mathbf{y}_t$ の値には依存しないで決まる。

2つ目の注意点ですが、「データがいくら増えていっても、これらの推定値は状態変数の実際の値に収束することはない」ということを意味しています。言い換えると、「データが増えても、推定量の分散は0に収束しない」ということです。なお、次節の例でも見るように、この方法による推定の分散はある一定

値よりも小さくはなりません。

3つ目の注意点は、公式を注意深く見ると、条件付き分散の計算には観測値y_tの情報が使われておらず、システムパラメーターの値のみによって決定されていることがわかります。

以上、これらの注意点より、状態推定は通常の未知パラメーターの推定とは異なっていることがわかります。

さらに、この推定方法は、線形ガウシアン状態空間モデルにおける状態変数の推定方法ですが、例え誤差項が正規分布に従っていない場合（つまり、ただの線形状態空間モデルの場合）でも、非常に良い性質を持っています[3]。

図12.5.2 カルマンフィルターアルゴリズムのフローチャート

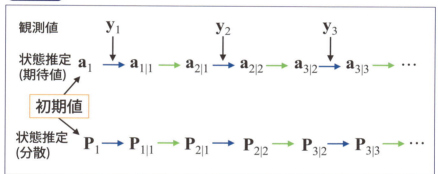

青線は濾波式、緑線は予測式を表します。初期値が与えられ、アルゴリズムがスタートします。y_tが観測されると、濾波式によって状態の推定値は$a_{t|t-1}$から$a_{t|t}$へ更新されます。分散の値の更新は、y_tの観測とは関係なく起こります。

状態推定の例：AR(1)プラスノイズモデル

ここでは状態推定の例として、先ほど出てきたAR(1)プラスノイズモデルを取りあげます。まずは、先ほどのAR(1)プラスノイズモデルにおいて、システムパラメーターを$\sigma_\varepsilon^2 = \sigma_\eta^2 = 1$, $c = 1$, $\phi = 0.5$として、y_t, $t = 1, \ldots, 100$のデータを発生させます。この発生させたデータに対して、予測値、濾波値、平滑値を求め、それぞれ状態変数の値と一緒にプロットしたものが図12.5.3です。なお、初期

---

[3] 具体的には、この状態変数α_tの推定量はY_s（sは$t-1$かtかTとする）についての線形不偏最小分散推定量になっています。

値は $a_1 = 0.5$, $P_1 = 4/3$ としました。初期値にこの値を選んだ理由については、12.7 節の最初で詳しく述べます。

図12.5.3　状態変数の予測値、濾波値、平滑値

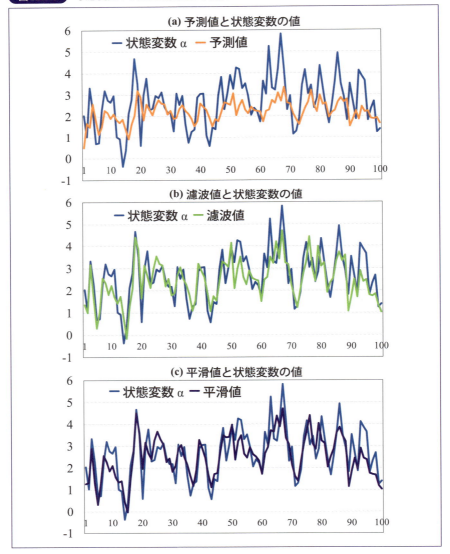

12.5 状態変数の推定

　図 12.5.3 を見てみると、予測値は濾波値や平滑値と比べて、実際の状態変数の値との乖離が比較的大きいことがわかります。これは、予測値が用いている情報量が 1 番小さいので自然な結果です。また、濾波値と平滑値にはそれほどの違いが見られないことから、濾波値の計算の際に追加的に加えられた情報、すなわち $\mathbf{y}_t$ の値が推定の分散を大きく改善していることが示唆されています。

　では、これらの推定の分散、すなわち条件付き分散の値を見ていきましょう。図 12.5.4 は、予測分散、濾波分散、平滑分散の値を縦軸に取り、横軸に時間を取ったプロットです。この図より、予測分散、濾波分散、平滑分散の順で段々と小さくなっていることがわかります。これは、この順で使用している情報量がどんどん増えていっているので、分散が小さくなる、すなわち推定の精度が上がるのは自然と言えます。

　また、図 12.5.3 のプロットからの印象通り、予測分散と比較して濾波分散は大きく減少しており、濾波分散から平滑分散への減少は小さいこともわかります。通常、程度の差はあれど、常にこのような傾向があります。

　予測分散および濾波分散は、データが増えるにつれて最初は減少しますが 0 に収束することはなく、途中からほぼ一定になります（ある値に収束します）。また、平滑分散も両端が少し大きくなりますが、これも中間の値はほぼ一定（ある値に収束します）になります。これは、これらの推定量が一致推定量ではないことを意味しています。

図 12.5.4　状態推定の分散

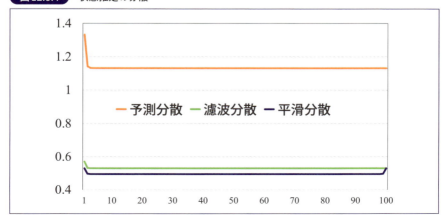

12.6

状態変数推定の公式の導出

濾波式と予測式の導出

　本節では、12.5 節で紹介した状態推定に用いる公式を導出します。導出には、補論で紹介する多変量正規分布の性質を用います。まずは濾波式、次に予測式を導出してみましょう（平滑式の導出は省略します）。

　式 (12.1) における $[\boldsymbol{\alpha}_1^{\mathsf{T}}, \boldsymbol{\alpha}_2^{\mathsf{T}},...,\boldsymbol{\alpha}_T^{\mathsf{T}}, \mathbf{y}_1^{\mathsf{T}},...,\mathbf{y}_T^{\mathsf{T}}]^{\mathsf{T}}$ の結合分布を考えます。式 (12.1)
の状態空間モデルである

$$\mathbf{y}_t = \mathbf{d} + \mathbf{Z}\boldsymbol{\alpha}_t + \boldsymbol{\varepsilon}_t, \quad \boldsymbol{\alpha}_t = \mathbf{c} + \mathbf{T}\boldsymbol{\alpha}_{t-1} + \mathbf{R}\boldsymbol{\eta}_t$$

$$\begin{bmatrix} \boldsymbol{\varepsilon}_t \\ \boldsymbol{\eta}_t \end{bmatrix} \sim \text{i.i.d.} N\left(\begin{bmatrix} \mathbf{0} \\ \mathbf{0} \end{bmatrix}, \begin{bmatrix} \mathbf{S} & \mathbf{0} \\ \mathbf{0} & \mathbf{Q} \end{bmatrix} \right), \quad \boldsymbol{\alpha}_1 \sim N(\mathbf{a}_1, \mathbf{P}_1)$$

において、$\boldsymbol{\alpha}_t, t=2,...,T$ は $\boldsymbol{\alpha}_{t-1}$ と $\boldsymbol{\eta}_t$ の線形の関数であり、$\boldsymbol{\alpha}_1$ と $\boldsymbol{\eta}_t$ は多変量正規分布に従うので、12.8 節で説明される多変量正規分布の性質 2 と性質 3 より、$\boldsymbol{\alpha}_t, t=1,...,T$ も全て多変量正規分布に従い、その結合分布も多変量正規分布になります。また、$\mathbf{y}_t$ は $\boldsymbol{\alpha}_t$ と $\boldsymbol{\varepsilon}_t$ の線形の関数なので、先ほどと同様の理由により、$\mathbf{y}_t, t=1,...,T$ も全て多変量正規分布に従い、$[\boldsymbol{\alpha}_1^{\mathsf{T}}, \boldsymbol{\alpha}_2^{\mathsf{T}},...,\boldsymbol{\alpha}_T^{\mathsf{T}}, \mathbf{y}_1^{\mathsf{T}},...,\mathbf{y}_T^{\mathsf{T}}]^{\mathsf{T}}$ の結合分布も多変量正規分布になります。

　次に、$\boldsymbol{\alpha}_t$ と $\mathbf{y}_t$ の $\mathbf{Y}_{t-1}= [\mathbf{y}_{t-1}^{\mathsf{T}},...,\mathbf{y}_1^{\mathsf{T}}]^{\mathsf{T}}$ という条件付きの分布を求めてみましょう。$[\boldsymbol{\alpha}_1^{\mathsf{T}}, \boldsymbol{\alpha}_2^{\mathsf{T}},...,\boldsymbol{\alpha}_T^{\mathsf{T}}, \mathbf{y}_1^{\mathsf{T}},...,\mathbf{y}_T^{\mathsf{T}}]^{\mathsf{T}}$ が多変量正規分布に従うので、12.8 節の性質 4 より、$\boldsymbol{\alpha}_t$ の $\mathbf{Y}_{t-1}= [\mathbf{y}_{t-1}^{\mathsf{T}},...,\mathbf{y}_1^{\mathsf{T}}]^{\mathsf{T}}$ という条件付きの分布も多変量正規分布に従います。つまり、

$$\boldsymbol{\alpha}_t \mid \mathbf{Y}_{t-1} \sim N(\mathbf{a}_{t|t-1}, \mathbf{P}_{t|t-1})$$

となります。ここで、$\mathbf{a}_{t|t-1} = E(\boldsymbol{\alpha}_t \mid \mathbf{Y}_{t-1})$、および $\mathbf{P}_{t|t-1} = \mathrm{var}(\boldsymbol{\alpha}_t \mid \mathbf{Y}_{t-1})$ を表します。

$\mathbf{y}_t = \mathbf{d} + \mathbf{Z}\boldsymbol{\alpha}_t + \boldsymbol{\varepsilon}_t,\ \boldsymbol{\varepsilon}_t \sim \mathrm{i.i.d.}N(\mathbf{0}, \mathbf{S})$ であるので、

$$E(\mathbf{y}_t \mid \mathbf{Y}_{t-1}) = \mathbf{d} + \mathbf{Z}\,E(\boldsymbol{\alpha}_t \mid \mathbf{Y}_{t-1}) = \mathbf{d} + \mathbf{Z}\mathbf{a}_{t|t-1}$$

$$\mathrm{var}(\mathbf{y}_t \mid \mathbf{Y}_{t-1}) = \mathbf{Z}\,\mathrm{var}(\boldsymbol{\alpha}_t \mid \mathbf{Y}_{t-1})\mathbf{Z}^{\mathrm{T}} + \mathbf{S} = \mathbf{Z}\mathbf{P}_{t|t-1}\mathbf{Z}^{\mathrm{T}} + \mathbf{S}$$

$$\begin{aligned}
\mathrm{cov}(\boldsymbol{\alpha}_t, \mathbf{y}_t \mid \mathbf{Y}_{t-1}) &= E[(\boldsymbol{\alpha}_t - \mathbf{a}_{t|t-1})(\mathbf{y}_t - \mathbf{d} - \mathbf{Z}\mathbf{a}_{t|t-1})^{\mathrm{T}} \mid \mathbf{Y}_{t-1}] \\
&= E[(\boldsymbol{\alpha}_t - \mathbf{a}_{t|t-1})(\mathbf{d} + \mathbf{Z}\boldsymbol{\alpha}_t + \boldsymbol{\varepsilon}_t - \mathbf{d} - \mathbf{Z}\mathbf{a}_{t|t-1})^{\mathrm{T}} \mid \mathbf{Y}_{t-1}] \\
&= E[(\boldsymbol{\alpha}_t - \mathbf{a}_{t|t-1})(\boldsymbol{\alpha}_t - \mathbf{a}_{t|t-1})^{\mathrm{T}}\mathbf{Z}^{\mathrm{T}} + (\boldsymbol{\alpha}_t - \mathbf{a}_{t|t-1})\boldsymbol{\varepsilon}_t^{\mathrm{T}} \mid \mathbf{Y}_{t-1}] \\
&= E[(\boldsymbol{\alpha}_t - \mathbf{a}_{t|t-1})(\boldsymbol{\alpha}_t - \mathbf{a}_{t|t-1})^{\mathrm{T}} \mid \mathbf{Y}_{t-1}]\,\mathbf{Z}^{\mathrm{T}} \\
&= \mathbf{P}_{t|t-1}\mathbf{Z}^{\mathrm{T}}
\end{aligned}$$

となります。よって、$[\boldsymbol{\alpha}_t^{\mathrm{T}}, \mathbf{y}_t^{\mathrm{T}}]^{\mathrm{T}}$ は $\mathbf{Y}_{t-1}$ という条件付きで、

$$\begin{bmatrix} \boldsymbol{\alpha}_t \\ \mathbf{y}_t \end{bmatrix} \middle| \mathbf{Y}_{t-1} \sim N\left(\begin{bmatrix} \mathbf{a}_{t|t-1} \\ \mathbf{d}_t + \mathbf{Z}_t\mathbf{a}_{t|t-1} \end{bmatrix}, \begin{bmatrix} \mathbf{P}_{t|t-1} & \mathbf{P}_{t|t-1}\mathbf{Z}_t^{\mathrm{T}} \\ \mathbf{Z}_t\mathbf{P}_{t|t-1} & \mathbf{F}_t \end{bmatrix} \right)$$

という多変量正規分布に従うことがわかります。ここで、$\mathbf{F}_t = \mathbf{Z}\mathbf{P}_{t|t-1}\mathbf{Z}^{\mathrm{T}} + \mathbf{S}$ です。

よって、12.8 節の性質 4 で与えられる多変量正規分布の**条件付き期待値と分散の公式**を適用して、濾波式である

$$\mathbf{a}_{t|t} = E(\boldsymbol{\alpha}_t \mid \mathbf{Y}_t) = E(\boldsymbol{\alpha}_t \mid \mathbf{y}_t, \mathbf{Y}_{t-1}) = \mathbf{a}_{t|t-1} + \mathbf{P}_{t|t-1}\mathbf{Z}_t^{\mathrm{T}}\mathbf{F}_t^{-1}(\mathbf{y}_t - \mathbf{d}_t - \mathbf{Z}_t\mathbf{a}_{t|t-1})$$

および、

$$\mathbf{P}_{t|t} = \mathrm{var}(\boldsymbol{\alpha}_t \mid \mathbf{Y}_t) = \mathrm{var}(\boldsymbol{\alpha}_t \mid \mathbf{y}_t, \mathbf{Y}_{t-1}) = \mathbf{P}_{t|t-1} - \mathbf{P}_{t|t-1}\mathbf{Z}_t^{\mathrm{T}}\mathbf{F}_t^{-1}\mathbf{Z}_t\mathbf{P}_{t|t-1}$$

を得ます。

次に、予測式を導出します。予測式において、$\mathbf{a}_{t|t-1}$ は

$$
\begin{aligned}
\mathbf{a}_{t|t-1} &= E(\boldsymbol{\alpha}_t \mid \mathbf{Y}_{t-1}) \\
&= E(\mathbf{c} + \mathbf{T}\boldsymbol{\alpha}_{t-1} + \mathbf{R}\boldsymbol{\eta}_t \mid \mathbf{Y}_{t-1}) \\
&= \mathbf{c} + \mathbf{T}E(\boldsymbol{\alpha}_{t-1} \mid \mathbf{Y}_{t-1}) + \mathbf{R}\,E(\boldsymbol{\eta}_t \mid \mathbf{Y}_{t-1}) \\
&= \mathbf{c} + \mathbf{T}\mathbf{a}_{t-1|t-1}
\end{aligned}
$$

のように求まります。また、$\mathbf{P}_{t|t-1}$ は（やや途中計算を省略して）

$$
\begin{aligned}
\mathbf{P}_{t|t-1} &= \mathrm{var}(\boldsymbol{\alpha}_t \mid \mathbf{Y}_{t-1}) \\
&= E[(\boldsymbol{\alpha}_t - \mathbf{a}_{t|t-1})(\boldsymbol{\alpha}_t - \mathbf{a}_{t|t-1})^{\mathrm{T}} \mid \mathbf{Y}_{t-1}] \\
&= E[(\mathbf{c} + \mathbf{T}\boldsymbol{\alpha}_{t-1} + \mathbf{R}\boldsymbol{\eta}_t - \mathbf{c} - \mathbf{T}\mathbf{a}_{t-1|t-1})(\mathbf{c} + \mathbf{T}\boldsymbol{\alpha}_{t-1} + \mathbf{R}\boldsymbol{\eta}_t - \mathbf{c} - \mathbf{T}\mathbf{a}_{t-1|t-1})^{\mathrm{T}} \mid \mathbf{Y}_{t-1}] \\
&= E\{[\mathbf{T}(\boldsymbol{\alpha}_{t-1} - \mathbf{a}_{t-1|t-1}) + \mathbf{R}\boldsymbol{\eta}_t]\,[\mathbf{T}(\boldsymbol{\alpha}_{t-1} - \mathbf{a}_{t-1|t-1}) + \mathbf{R}\boldsymbol{\eta}_t]^{\mathrm{T}} \mid \mathbf{Y}_{t-1}\} \\
&= \mathbf{T}E[(\boldsymbol{\alpha}_{t-1} - \mathbf{a}_{t-1|t-1})(\boldsymbol{\alpha}_{t-1} - \mathbf{a}_{t-1|t-1})^{\mathrm{T}} \mid \mathbf{Y}_{t-1}]\mathbf{T}^{\mathrm{T}} + \mathbf{R}E(\boldsymbol{\eta}_t\boldsymbol{\eta}_t^{\mathrm{T}} \mid \mathbf{Y}_{t-1})\mathbf{R}^{\mathrm{T}} \\
&= \mathbf{T}\mathbf{P}_{t-1|t-1}\mathbf{T}^{\mathrm{T}} + \mathbf{R}\mathbf{Q}\mathbf{R}^{\mathrm{T}}
\end{aligned}
$$

のように求まります。

状態推定の公式の導出の手順

- $\boldsymbol{\alpha}_1$ が正規分布に従い、$\boldsymbol{\alpha}_t$ は $\boldsymbol{\alpha}_{t-1}$ と正規分布に従う誤差項 $\boldsymbol{\eta}_t$ の線形の関数であるので、$\boldsymbol{\alpha}_t,\ t=2,\ldots,T$ も正規分布に従います。
- $\mathbf{y}_t$ は $\boldsymbol{\alpha}_t$ と正規分布に従う誤差項 $\boldsymbol{\varepsilon}_t$ の関数なので、やはり正規分布に従います。よって、$\boldsymbol{\alpha}_t, \mathbf{y}_t,\ t=1,\ldots,T$ は正規分布に従います。
- $\boldsymbol{\alpha}_t$ と $\mathbf{y}_t$ の $\mathbf{Y}_{t-1}$ の条件付き期待値と分散を求め、それをもとに $\boldsymbol{\alpha}_t$ の $\mathbf{Y}_t$ （$\mathbf{y}_t$ と $\mathbf{Y}_{t-1}$）の条件付き期待値と分散を求めて、濾波式を導出します。
- 状態方程式より、$\boldsymbol{\alpha}_t$ の $\mathbf{Y}_{t-1}$ の条件付き期待値と分散を求め、予測式を導出します。

12.7

システムパラメーターの推定

━━ 初期値の設定

　初期値 $\mathbf{a}_1$ と $\mathbf{P}_1$ は、分析者が自ら設定しなければならないパラメーターです。これは分析者が任意の値に設定することができますが、状態変数 $\boldsymbol{\alpha}_t$ が定常である場合には（$\mathbf{T}$ がある条件を満たせば、$\boldsymbol{\alpha}_t$ は定常になります [4),5)]）、初期値 $\mathbf{a}_1$ と $\mathbf{P}_1$ として、$\boldsymbol{\alpha}_t$ の**無条件期待値（定常期待値）**と**無条件分散（定常分散）**を用いるのが自然です。これを求めてみましょう [6)]。

　下記の説明では、**vec オペレーター**と呼ばれる行列に対する操作と、**クロネッカープロダクト**と呼ばれる行列に対する計算記号を用いています。これらは12.8 節の補論で説明していますので、適宜参照してください。

　状態変数 $\boldsymbol{\alpha}_t$ の無条件期待値を $E(\boldsymbol{\alpha}_t) = \boldsymbol{\mu}_\alpha$、無条件分散を $\mathrm{var}(\boldsymbol{\alpha}_t) = \boldsymbol{\Sigma}_\alpha$ とします。今、$\boldsymbol{\alpha}_t$ が定常である（そのための条件を $\mathbf{T}$ が満たす）と仮定したので、$\boldsymbol{\alpha}_t$ の式の両辺の期待値を取ることによって、$\boldsymbol{\mu}_\alpha$ として

$$E(\boldsymbol{\alpha}_t) = \mathbf{c} + \mathbf{T}E(\boldsymbol{\alpha}_{t-1}) + \mathbf{R}E(\boldsymbol{\eta}_t)$$
$$\rightarrow \boldsymbol{\mu}_\alpha = \mathbf{c} + \mathbf{T}\boldsymbol{\mu}_\alpha$$
$$\rightarrow (\mathbf{I}_m - \mathbf{T})\boldsymbol{\mu}_\alpha = \mathbf{c}$$
$$\rightarrow \boldsymbol{\mu}_\alpha = (\mathbf{I}_m - \mathbf{T})^{-1}\mathbf{c}$$

を得ます。また両辺の分散を取って、

---

4)　具体的には、行列 $\mathbf{T}$ の全ての固有値の絶対値が 1 より小さくなることです。

5)　より厳密には、$\mathbf{T}$ が上記の条件を満たせば、$\boldsymbol{\alpha}_t$ は**漸近的に定常になる**と言います。初期値が実際に無条件期待値と無条件分散に設定されれば、$\boldsymbol{\alpha}_t$ は定常になります。

6)　状態変数が定常でない場合の初期値の設定の仕方については 野村俊一 (2016)「カルマンフィルタ、R を使った時系列予測と状態空間モデル」（共立出版）を参照してください。

$$\text{var}(\boldsymbol{\alpha}_t) = \text{var}(\mathbf{T}\boldsymbol{\alpha}_{t-1}) + \text{var}(\mathbf{R}\boldsymbol{\eta}_t)$$
$$= \mathbf{T}\,\text{var}(\boldsymbol{\alpha}_{t-1})\mathbf{T}^{\mathrm{T}} + \mathbf{R}\text{var}(\boldsymbol{\eta}_t)\mathbf{R}^{\mathrm{T}}$$
$$\rightarrow \boldsymbol{\Sigma}_\alpha = \mathbf{T}\,\boldsymbol{\Sigma}_\alpha\mathbf{T}^{\mathrm{T}} + \mathbf{R}\mathbf{Q}\mathbf{R}^{\mathrm{T}}$$

を得ます。さらに、この両辺の vec オペレータを取り、vec オペレータの性質：
$\text{vec}(\mathbf{ABC}) = (\mathbf{C}^{\mathrm{T}} \otimes \mathbf{A})\text{vec}(\mathbf{B})$ を使うと（ここで、$\otimes$ はクロネッカープロダクトと呼ばれる行列演算です）、

$$\text{vec}(\boldsymbol{\Sigma}_\alpha) = \text{vec}(\mathbf{T}\boldsymbol{\Sigma}_\alpha\mathbf{T}^{\mathrm{T}}) + \text{vec}(\mathbf{R}\mathbf{Q}\mathbf{R}^{\mathrm{T}})$$
$$= (\mathbf{T} \otimes \mathbf{T})\text{vec}(\boldsymbol{\Sigma}_\alpha) + \text{vec}(\mathbf{R}\mathbf{Q}\mathbf{R}^{\mathrm{T}})$$
$$\rightarrow [\mathbf{I}_{m^2} - \mathbf{T} \otimes \mathbf{T}]\text{vec}(\boldsymbol{\Sigma}_\alpha) = \text{vec}(\mathbf{R}\mathbf{Q}\mathbf{R}^{\mathrm{T}})$$
$$\rightarrow \text{vec}(\boldsymbol{\Sigma}_\alpha) = [\mathbf{I}_{m^2} - \mathbf{T} \otimes \mathbf{T}]^{-1}\text{vec}(\mathbf{R}\mathbf{Q}\mathbf{R}^{\mathrm{T}})$$

が得られます。これらの結果より、$\boldsymbol{\alpha}_t$ が定常である場合は、初期値は次のように設定することができます（これらは、システムパラメーター$\mathbf{c}, \mathbf{T}, \mathbf{R}, \mathbf{Q}$ の関数であることに注意してください）。

$$\mathbf{a}_1 = (\mathbf{I}_m - \mathbf{T})^{-1}\mathbf{c} \quad \text{および} \quad \text{vec}(\mathbf{P}_1) = [\mathbf{I}_{m^2} - \mathbf{T} \otimes \mathbf{T}]^{-1}\text{vec}(\mathbf{R}\mathbf{Q}\mathbf{R}^{\mathrm{T}})$$

また、これは状態ベクトル $\boldsymbol{\alpha}_t$ の無条件期待値と無条件分散を求めていることになりますので、例えば 12.4 節の ARMA(p, q) モデルの状態空間表現についてこの値を求めれば、この状態空間表現においては$\alpha_{i,t} = y_{t-i+1}$ という関係があるので、ベクトル $[y_t, y_{t-1}, \ldots, y_{t-p+1}]^{\mathrm{T}}$ の無条件期待値、無条件分散を求めることができます。これは、ARMA(p, q) モデルの無条件最尤法を行うときに、非常に便利な方法です。

図12.7.1 カルマンフィルターの初期値の設定

カルマンフィルターをスタートさせるには分析者が初期値 a_1 と P_1 を設定する必要がある。

a_1 は時点1の状態変数 $α_1$ の期待値(ベクトル)、P_1 は $α_1$ の分散(行列)である。

$α_t$ が(漸近的に)定常である場合は、a_1 は $α_t$ の無条件期待値(定常期待値)、P_1 は $α_t$ の無条件分散(定常分散)とするのが自然である(これによって、$α_t$ は実際に定常になる)。

$α_t$ の無条件期待値と無条件分散を、状態方程式から計算する。これらはシステムパラメーターの関数となる。

最尤法による未知パラメーターの推定

ここまでの議論では、システムパラメーターは全て既知であるとしてきました。実際の応用では、システムパラメーターはもちろん**未知パラメーター**を含んでいるので、これらを何らかの方法で推定する必要があります。

状態空間モデルの未知パラメーターの推定方法として代表的な推定方法は、**最尤法**です。以下では、式 (12.1) の状態空間モデルを最尤法によって推定する方法を説明します。

$θ$ を、システムパラメーターに含まれる未知パラメーター(のベクトル)とします。最尤法について簡単に説明すると、最尤法では**尤度関数**を最大化するパラメーターの値を推定値とします。ここでの尤度関数とは、$\{\mathbf{y}_T, \mathbf{y}_{T-1}, ..., \mathbf{y}_1\}$ の結合密度関数 $f(\mathbf{Y}_T) = f(\mathbf{y}_T, ..., \mathbf{y}_1)$ を、未知パラメーターの関数として見たものです。また、この結合密度関数 $f(\mathbf{Y}_T)$ は、

$$f(\mathbf{Y}_T) = f(\mathbf{y}_T | \mathbf{Y}_{T-1}) f(\mathbf{y}_{T-1} | \mathbf{Y}_{T-2}) \ldots f(\mathbf{y}_2 | \mathbf{Y}_1) f(\mathbf{y}_1)$$

のように条件付き密度関数の積に分解できるので、条件付き密度関数 $f(\mathbf{y}_t | \mathbf{Y}_{t-1})$ がわかれば計算できます。$f(\mathbf{y}_t | \mathbf{Y}_{t-1})$ は、$\mathbf{y}_t | \mathbf{Y}_{t-1}$ の分布がわかればわかりますが、先ほどの議論により、この分布は多変量正規分布であり、その期待値と分散は

$$E(\mathbf{y}_t | \mathbf{Y}_{t-1}) = \mathbf{d} + \mathbf{Z} \mathbf{a}_{t|t-1} \quad \text{および} \quad \text{var}(\mathbf{y}_t | \mathbf{Y}_{t-1}) = \mathbf{F}_t$$

で与えられます。ここで、$\mathbf{a}_{t|t-1}$ と $\mathbf{F}_t$ は 12.5 節で説明した方法によって計算します。よって、$f(\mathbf{y}_t | \mathbf{Y}_{t-1})$ は

$$f(\mathbf{y}_t | \mathbf{Y}_{t-1}) = (2\pi)^{-n/2} | \mathbf{F}_t |^{-1/2} \exp\left[-\frac{1}{2}(\mathbf{y}_t - \mathbf{d} - \mathbf{Z} \mathbf{a}_{t|t-1})^{\mathrm{T}} \mathbf{F}_t^{-1}(\mathbf{y}_t - \mathbf{d} - \mathbf{Z} \mathbf{a}_{t|t-1}) \right]$$

となります。時点 $t = 1$ の部分については、$\mathbf{a}_{1|0}$ と $\mathbf{P}_{1|0}$ に初期値 $\mathbf{a}_1$ と $\mathbf{P}_1$ を代入し計算します（$\mathbf{a}_{1|0} = \mathbf{a}_1$, $\mathbf{P}_{1|0} = \mathbf{P}_1$）。状態変数 $\boldsymbol{\alpha}_t$ が定常な場合は、先ほど見たように、$\mathbf{a}_1$ と $\mathbf{P}_1$ として $\boldsymbol{\alpha}_t$ の無条件期待値と無条件分散を使用することができます。これらの手順より、尤度関数 $L(\boldsymbol{\theta}) = f(\mathbf{Y}_T)$ を計算でき、さらにその対数を取った対数尤度関数 $\log L(\boldsymbol{\theta})$ が計算できます。最尤法では、この対数尤度関数を最大にする $\boldsymbol{\theta}$ の値を推定値とします。

　上記で説明した最尤法は、第 10 章で AR(p) モデルの推定に用いたような条件付き最尤法ではなく、$f(\mathbf{y}_1)$ という $\mathbf{y}_1$ の無条件分布も含めた（無条件）最尤法になっています。よって、例えば AR(p) モデルや ARMA(p, q) モデルの状態空間表現にこの手順で最尤法を行えば、それらのモデルに含まれるパラメーターについて、（無条件）最尤法によって推定することができます。

　ここでは最尤法を適用する際に、誤差項に（多変量）正規分布を仮定しましたが、もしこの正規分布の仮定が満たされない場合には、ここでの最尤推定量は**疑似最尤推定量**と呼ばれる推定量になり、誤差項の正規性の仮定が満たされない場合でも一致性を保持するという非常に良い性質を持っています。正規性の仮定が満たされない場合にも、12.5 節で述べた状態推定に用いた方法や、ここで述べた最尤推定量が良い性質をもっているのは、状態空間モデルの分析においてこれらの推定法がよく用いられる理由になっています。

12.8

補論

多変量正規分布について

$n \times 1$ 確率ベクトル $\mathbf{x} = [x_1, ..., x_n]^\mathrm{T}$ が**多変量（n 変量）正規分布**に従うとは、$\mathbf{x}$ の結合確率密度関数が

$$f(\mathbf{x}; \boldsymbol{\mu}, \boldsymbol{\Sigma}) = (2\pi)^{-n/2} \, |\boldsymbol{\Sigma}|^{-1/2} \exp\left(-\frac{1}{2}(\mathbf{x} - \boldsymbol{\mu})^\mathrm{T} \boldsymbol{\Sigma}^{-1}(\mathbf{x} - \boldsymbol{\mu})\right)$$

で与えられることを意味します。ここで、パラメーター $\boldsymbol{\mu} = [\mu_1, ..., \mu_n]^\mathrm{T}$ は $n \times 1$ ベクトルであり、$\boldsymbol{\Sigma} = [\sigma_{ij}], i, j = 1, ..., n$ は $n \times n$ 行列です。このとき、$\mathbf{x}$ の期待値ベクトルと分散共分散行列は、

$$E(\mathbf{x}) = \boldsymbol{\mu} \quad \text{および} \quad \mathrm{var}(\mathbf{x}) = E[(\mathbf{x} - \boldsymbol{\mu})(\mathbf{x} - \boldsymbol{\mu})^\mathrm{T}] = \boldsymbol{\Sigma}$$

になります[7]。以後、$\mathbf{x}$ が期待値ベクトル $\boldsymbol{\mu}$、分散共分散行列 $\boldsymbol{\Sigma}$ の多変量正規分布に従う場合は、$\mathbf{x} \sim N(\boldsymbol{\mu}, \boldsymbol{\Sigma})$ と書くことにします。

多変量正規分布に関しては、次の性質が成り立ちます。

・性質1：どの部分集合も多変量正規分布

$\mathbf{x} = [x_1, ..., x_n]^\mathrm{T} \sim N(\boldsymbol{\mu}, \boldsymbol{\Sigma})$ のとき、どのような $\{x_1, ..., x_n\}$ の部分集合を取ってきても、やはり多変量正規分布に従います。例えば、適当に x_i を 1 つ取ってくれば、1 変量の正規分布に従い、適当に 3 つ $\{x_i, x_j, x_k\}$ を取ってくれば 3 変量の正規分布に従います。

---

[7] 確率ベクトル $\mathbf{x} = [x_1, ..., x_n]^\mathrm{T}$ に対してその期待値ベクトル $E(\mathbf{x})$ とはベクトルのそれぞれの成分の期待値を並べたもの、すなわち $E(\mathbf{x}) = [E(x_1), ..., E(x_n)]^\mathrm{T}$ のことです。行列の期待値も同様に定義されます。

・性質2：線形変換しても正規分布

$\mathbf{c}$ を $n \times 1$ ベクトル、$\mathbf{A}$ を $n \times n$ 行列とします。$\mathbf{x} \sim N(\boldsymbol{\mu}, \boldsymbol{\Sigma})$ のとき、$\mathbf{y} = \mathbf{c} + \mathbf{Ax}$ の分布は $\mathbf{y} \sim N(\mathbf{c} + \mathbf{A}\boldsymbol{\mu}, \mathbf{A}\boldsymbol{\Sigma}\mathbf{A}^{\mathrm{T}})$ となります。

・性質3：多変量正規確率変数の和は、やはり多変量正規分布に従う

$\mathbf{x} \sim N(\boldsymbol{\mu}_x, \boldsymbol{\Sigma}_{xx}), \mathbf{y} \sim N(\boldsymbol{\mu}_y, \boldsymbol{\Sigma}_{yy}), \mathrm{cov}(\mathbf{x}, \mathbf{y}) = E[(\mathbf{x} - \boldsymbol{\mu}_x)(\mathbf{y} - \boldsymbol{\mu}_y)^{\mathrm{T}}] = \boldsymbol{\Sigma}_{xy}$ であれば、$\mathbf{z} = \mathbf{x} + \mathbf{y}$ の分布は $\boldsymbol{\mu}_z = E(\mathbf{z}) = \boldsymbol{\mu}_x + \boldsymbol{\mu}_{y,}$ および

$$
\begin{aligned}
\mathrm{var}(\mathbf{z}) &= E[(\mathbf{z} - \boldsymbol{\mu}_z)(\mathbf{z} - \boldsymbol{\mu}_z)^{\mathrm{T}}] \\
&= E[(\mathbf{x} - \boldsymbol{\mu}_x + \mathbf{y} - \boldsymbol{\mu}_y)(\mathbf{x} - \boldsymbol{\mu}_x + \mathbf{y} - \boldsymbol{\mu}_y)^{\mathrm{T}}] \\
&= E[(\mathbf{x} - \boldsymbol{\mu}_x)(\mathbf{x} - \boldsymbol{\mu}_x)^{\mathrm{T}} + (\mathbf{x} - \boldsymbol{\mu}_x)(\mathbf{y} - \boldsymbol{\mu}_y)^{\mathrm{T}} \\
&\quad + (\mathbf{y} - \boldsymbol{\mu}_y)(\mathbf{x} - \boldsymbol{\mu}_x)^{\mathrm{T}} + (\mathbf{y} - \boldsymbol{\mu}_y)(\mathbf{y} - \boldsymbol{\mu}_y)^{\mathrm{T}}] \\
&= \boldsymbol{\Sigma}_{xx} + \boldsymbol{\Sigma}_{xy} + \boldsymbol{\Sigma}_{xy}^{\mathrm{T}} + \boldsymbol{\Sigma}_{yy}
\end{aligned}
$$

であるので、

$$
\mathbf{z} \sim N(\boldsymbol{\mu}_x + \boldsymbol{\mu}_y, \boldsymbol{\Sigma}_{xx} + \boldsymbol{\Sigma}_{yy} + \boldsymbol{\Sigma}_{xy} + \boldsymbol{\Sigma}_{xy}^{\mathrm{T}})
$$

となります。

・性質4：条件付き分布も正規分布

$[\mathbf{x}^{\mathrm{T}}, \mathbf{y}^{\mathrm{T}}]^{\mathrm{T}}$ は多変量正規分布に従う、つまり、

$$
\begin{bmatrix} \mathbf{x} \\ \mathbf{y} \end{bmatrix} \sim N\left(\begin{bmatrix} \boldsymbol{\mu}_x \\ \boldsymbol{\mu}_y \end{bmatrix}, \begin{bmatrix} \boldsymbol{\Sigma}_{xx} & \boldsymbol{\Sigma}_{xy} \\ \boldsymbol{\Sigma}_{xy}^{\mathrm{T}} & \boldsymbol{\Sigma}_{yy} \end{bmatrix} \right)
$$

とします。ここで、$\boldsymbol{\mu}_x = E(\mathbf{x})$, $\boldsymbol{\mu}_y = E(\mathbf{y})$, $\boldsymbol{\Sigma}_{xx} = \mathrm{var}(\mathbf{x})$, $\boldsymbol{\Sigma}_{yy} = \mathrm{var}(\mathbf{y})$, $\boldsymbol{\Sigma}_{xy} = \mathrm{cov}(\mathbf{x}, \mathbf{y})$ です。このとき、$\mathbf{x}$ の $\mathbf{y}$ で条件付けした分布もやはり多変量正規分布となり、その期待値ベクトルと分散共分散行列は

$$
\boldsymbol{\mu}_{x|y} = \boldsymbol{\mu}_x + \boldsymbol{\Sigma}_{xy}\boldsymbol{\Sigma}_{yy}^{-1}(\mathbf{y} - \boldsymbol{\mu}_y), \quad \boldsymbol{\Sigma}_{xx|y} = \boldsymbol{\Sigma}_{xx} - \boldsymbol{\Sigma}_{xy}\boldsymbol{\Sigma}_{yy}^{-1}\boldsymbol{\Sigma}_{xy}^{\mathrm{T}}
$$

で与えられます。

vec オペレーターおよびクロネッカープロダクトについて

vec オペレーターとは、任意の行列をベクトルに変換するオペレーターです。具体的には、行列の列を 1 列目から順に縦に並べてベクトルにしたものです。例えば、以下 3 つの行列、

$$\mathbf{A} = \begin{bmatrix} a_{11} & a_{12} \\ a_{21} & a_{22} \end{bmatrix}, \ \mathbf{B} = \begin{bmatrix} b_{11} & b_{12} & b_{13} \\ b_{21} & b_{22} & b_{23} \end{bmatrix}, \ \mathbf{C} = \begin{bmatrix} c_{11} & c_{12} \\ c_{21} & c_{22} \\ c_{31} & c_{32} \end{bmatrix}$$

が与えられたとします。このとき、vec($\mathbf{A}$), vec($\mathbf{B}$), vec($\mathbf{C}$) は、以下のようなベクトルになります。

$$\text{vec}(\mathbf{A}) = \begin{bmatrix} a_{11} \\ a_{21} \\ a_{12} \\ a_{22} \end{bmatrix}, \ \text{vec}(\mathbf{B}) = \begin{bmatrix} b_{11} \\ b_{21} \\ b_{12} \\ b_{22} \\ b_{13} \\ b_{23} \end{bmatrix}, \ \text{vec}(\mathbf{C}) = \begin{bmatrix} c_{11} \\ c_{21} \\ c_{31} \\ c_{12} \\ c_{22} \\ c_{32} \end{bmatrix}$$

なお、要素の並び方に注意してください。

また、クロネッカープロダクト $\otimes$ は、2 つの行列 $\mathbf{X}=[x_{ij}]$（$m \times n$ 行列）、および $\mathbf{Y}$ に対して、

$$\mathbf{X} \otimes \mathbf{Y} = \begin{bmatrix} x_{11}\mathbf{Y} & x_{12}\mathbf{Y} & \cdots & x_{1n}\mathbf{Y} \\ x_{21}\mathbf{Y} & x_{22}\mathbf{Y} & \cdots & x_{2n}\mathbf{Y} \\ \vdots & \vdots & \ddots & \vdots \\ x_{m1}\mathbf{Y} & x_{m2}\mathbf{Y} & \cdots & x_{mn}\mathbf{Y} \end{bmatrix}$$

と計算します。例えば、先ほどの $\mathbf{A}$ と $\mathbf{B}$ に対しては

$$\mathbf{A} \otimes \mathbf{B} = \begin{bmatrix} a_{11}\mathbf{B} & a_{12}\mathbf{B} \\ a_{21}\mathbf{B} & a_{22}\mathbf{B} \end{bmatrix} = \begin{bmatrix} a_{11}\begin{bmatrix} b_{11} & b_{12} & b_{13} \\ b_{21} & b_{22} & b_{23} \end{bmatrix} & a_{12}\begin{bmatrix} b_{11} & b_{12} & b_{13} \\ b_{21} & b_{22} & b_{23} \end{bmatrix} \\ a_{21}\begin{bmatrix} b_{11} & b_{12} & b_{13} \\ b_{21} & b_{22} & b_{23} \end{bmatrix} & a_{22}\begin{bmatrix} b_{11} & b_{12} & b_{13} \\ b_{21} & b_{22} & b_{23} \end{bmatrix} \end{bmatrix}$$

$$= \begin{bmatrix} a_{11}b_{11} & a_{11}b_{12} & a_{11}b_{13} & a_{12}b_{11} & a_{12}b_{12} & a_{12}b_{13} \\ a_{11}b_{21} & a_{11}b_{22} & a_{11}b_{23} & a_{12}b_{21} & a_{12}b_{22} & a_{12}b_{23} \\ a_{21}b_{11} & a_{21}b_{12} & a_{21}b_{13} & a_{22}b_{11} & a_{22}b_{12} & a_{22}b_{13} \\ a_{21}b_{21} & a_{21}b_{22} & a_{21}b_{23} & a_{22}b_{21} & a_{22}b_{22} & a_{22}b_{23} \end{bmatrix}$$

のような行列になります。

第12章のまとめ

- 状態空間モデルは、観測変数と状態変数から成る。観測変数は観測されるが、状態変数は観測されない。
- 状態変数の変動を定式化したものを状態方程式、観測方程式の変動を定式化したものを観測方程式と言う。これらの方程式に含まれるパラメーターを、システムパラメーターと言う。
- 状態変数は観測できないが、観測変数をもとに推定することができる。この推定のためのアルゴリズムは、カルマンフィルターとして有名である。
- 状態変数を1時点前までの観測値をもとに推定することを予測、同じ時点までの観測値をもとに推定することを濾波、全ての観測値を使って推定することを平滑と言う。これらは一致推定量ではないことに注意。
- 予測、濾波、平滑は、予測 < 濾波 < 平滑 の順で用いている情報量が増えており、この順番で推定精度が良くなる。通常、予測から濾波の改善が一番大きく、濾波から平滑への改善はこれに比べると小さい。
- 状態変数が定常である場合は、初期値（最初の時点の状態変数の期待値と分散）は状態変数の無条件期待値と、無条件分散を使うのが自然である。
- システムパラメーターに含まれる未知パラメーターは、最尤法によって推定することができる。

時系列データの予測 ②

予測についてもう少し：予測の評価

　第9章では、自己回帰移動平均モデルを用いた予測を紹介しましたが、時系列変数の予測はその他にも様々なモデルを用いて行うことができます。その場合、どのようにそれぞれのモデルの予測力を比較すれば良いのでしょうか。何かの優劣を比較する際には、そのための基準が必要となり、また基準によって優劣は変わります。本章では、予測の比較でよく用いられる基準をいくつか紹介します。また、2つのモデルの予測力が「統計的に有意に異なる」かどうかを検定する方法も紹介します。

13.1

予測について

━━ 予測モデル

　第9章では、ARMA モデルを用いた予測の仕方を説明しました。本章では、予測をする際に必ずしも ARMA モデルを用いない場合の予測について考えます。また第9章ではモデル内のパラメーターは既知として予測のやり方を考えましたが、ここではモデル内のパラメーターは未知であり、それらのパラメーターについて推定を行うとして予測を考えます。この場合、パラメーターの推定に用いるデータによって予測のやり方にいくつか違いが出てきますが、それについても説明をしていきましょう。

　予測に使われるモデルのことを、**予測モデル**と呼びます。例えば、予測したい時系列変数は y_t であるとしましょう。時点 t において、時点 $t+h$ の y_t の値、つまり y_{t+h} を予測することを、**h 期先予測**と呼びます。ここでは説明の簡単化のために、$h=1$ の場合について説明をしますが、ここでの議論を h が任意の正の整数の場合に拡張するのは簡単です。

　では、時点 t において、y_{t+1} を予測するモデルとして、

$$y_{t+1} = g(\mathbf{x}_t, \varepsilon_{t+1}; \boldsymbol{\theta})$$

という予測モデルを考えましょう。ここで、$g(.)$ はある関数、ε_{t+1} はモデルに含まれる誤差項であり、何らかの分布に従っている確率変数であると仮定します（また、状況に応じて i.i.d. などの仮定が追加されるとします）。$\boldsymbol{\theta}$はモデルに含まれる未知パラメーターのベクトルです。また、変数 $\mathbf{x}_t$ は時点 t までに観測可能な変数のベクトルとします。$\mathbf{x}_t$ をこのようにするのは、当たり前ですが、時点 t における予測では時点 t までに観測可能な変数しか使えないからです。こ

のような変数 $\mathbf{x}_t$ としては、y_t の過去の値を含んでも良いですし、含まなくても構いません。

例えば、y_t の過去の p 個の値のみを用いて予測を行うのであれば、$\mathbf{x}_t$ は

$$\mathbf{x}_t = [\, y_t, y_{t-1}, y_{t-2}, \ldots, y_{t-p+1}\,]^\mathrm{T}$$

となります。ここで、"T" は行列およびベクトルの転置を表します。

予測モデルは予測のためのモデルなので、必ずしもデータ生成過程と同じである必要はありません。実際、想定した予測モデルがデータ生成過程と同じであることはまずあり得ませんので、あくまでも予測のための近似的なモデルであると考えます。

もちろん、予測モデルは実際のデータ生成過程と似ていれば似ているほど良

図13.1.1 予測モデルは予測のためのモデル

予測モデルは予測をするためのモデルであり、必ずしも実際の y_t の生成過程と同じである必要はありません。

いのは当然ですが、実際の分析においては、真のデータ生成過程が線形でなくても、計算コストが小さく、ある程度の精度があれば充分である場合には、予測モデルとして線形モデルを用いることもよく行われます。

予測モデルの例

先ほどは、予測モデルをかなり一般的に定式化しました。予測モデルのこのような定式化は、様々な予測モデルを含みます。ここではいくつか例を見てみましょう。

・線形回帰モデル

例として、例えば関数 $g(.)$ が線形であれば、対応する予測モデルは線形回帰モデル、

$$y_{t+1} = \beta_0 + \beta_1 x_{1,t} + \beta_2 x_{2,t} + \ldots + \beta_K x_{K,t} + \varepsilon_{t+1}$$
$$E(\varepsilon_{t+1}) = 0, \ \mathrm{var}(\varepsilon_{t+1}) = \sigma^2$$

となります。この場合、$\mathbf{x}_t = [x_{1,t}, x_{2,t}, x_{3,t}, \ldots, x_{K,t}]^\mathrm{T}$ は時点 t において観測される何らかの変数（これは時点 t までに観測される変数を含みます）であり、モデルの未知パラメーターは $\boldsymbol{\theta} = [\beta_0, \beta_1 \ldots, \beta_K, \sigma^2]^\mathrm{T}$ となります。

・AR(p) モデル

上記の線形回帰モデルにおいて、$\mathbf{x}_t = [y_t, y_{t-1}, y_{t-2}, \ldots, y_{t-p+1}]^\mathrm{T}$ であれば、これは AR(p) モデル、

$$y_{t+1} = \beta_0 + \beta_1 y_t + \beta_2 y_{t-1} + \ldots + \beta_p y_{t-p+1} + \varepsilon_{t+1}$$
$$E(\varepsilon_{t+1}) = 0, \ \mathrm{var}(\varepsilon_{t+1}) = \sigma^2$$

となります。

・y_t の過去の値と他の変数（およびその過去）の値を含むモデル

上記 2 つを組み合わせたようなモデルとして、$\mathbf{x}_t$ として y_t の過去の値と

他の変数の値（その変数の過去の値を含む）を含むようなモデル、

$$y_{t+1} = \beta_0 + \beta_1 y_{t-1} + \beta_2 y_{t-2} + \ldots + \beta_p y_{t-p+1}$$
$$+ \alpha_1 z_{t-1} + \alpha_2 z_{t-2} + \ldots + \alpha_p z_{t-p+1} + \varepsilon_{t+1}$$
$$E(\varepsilon_{t+1}) = 0, \ \mathrm{var}(\varepsilon_{t+1}) = \sigma^2$$

も考えることもできます。本書では解説をしませんが、これは**ベクトル自己回帰モデル**（英語では Vector Autoregressive Model、略して VAR model）と呼ばれるモデルです。

・$g(.)$ が非線形なモデル

$g(.)$ が非線形なモデルとしては、非線形回帰モデル、

$$y_{t+1} = g(\mathbf{x}_t; \boldsymbol{\theta}) + \varepsilon_{t+1}, \ E(\varepsilon_{t+1}) = 0, \ \mathrm{var}(\varepsilon_{t+1}) = \sigma^2$$

や、非線形 AR(p) モデル、

$$y_{t+1} = g(y_t, y_{t-1}, \ldots, y_{t-p+1}, \varepsilon_{t+1}; \boldsymbol{\theta})$$

など、様々なものが考えられます。

　これらの予測モデルをもとに予測を行うには、例えば ε_{t+1} に仮定した分布について、$\mathbf{x}_t$ で条件付けした条件付き期待値、

$$E(y_{t+1} \mid \mathbf{x}_t) = E[g(\mathbf{x}_t, \varepsilon_{t+1}; \boldsymbol{\theta}) \mid \mathbf{x}_t]$$

を計算し、それを予測値とする方法が考えられます。このとき、この条件付き期待値は $\mathbf{x}_t$ のみの関数であり、ε_{t+1} の関数ではない（ε_{t+1} は入力変数として含まれていない）ことに注意してください（これは、ε_{t+1} について期待値を取ったので ε_{t+1} は消えるからです）。例えば、線形回帰モデルであれば、$E(\varepsilon_{t+1} \mid \mathbf{x}_t) = 0$ を仮定して、

$$E(y_{t+1} \mid \mathbf{x}_t; \boldsymbol{\theta}) = \beta_0 + \beta_1 x_{1,t} + \beta_2 x_{2,t} + \ldots + \beta_K x_{K,t}$$

となります。これは $\mathbf{x}_t$ のみの関数になっています（ε_{t+1} は含まれません）。

以下では、y_{t+1} の予測値を $\hat{y}_{t+1}$ と表記することにします。これは先ほどのように予測モデルから計算されますが、未知パラメーター$\boldsymbol{\theta}$はその推定値で置き換えて計算されます。よって、$\hat{y}_{t+1}$ は $\mathbf{x}_t$ と予測モデルに含まれる未知パラメーター$\boldsymbol{\theta}$の推定値 $\hat{\boldsymbol{\theta}}$ の関数になります[1]。以降の説明では、$\hat{\boldsymbol{\theta}}$ はどのような推定法で推定されたかについては問いません。この関数を、$f(\mathbf{x}_t; \hat{\boldsymbol{\theta}})$ としましょう。つまり、

$$\hat{y}_{t+1} = f(\mathbf{x}_t; \hat{\boldsymbol{\theta}})$$

ということです。これは必ずしも先ほどのように条件付き期待値として求める必要はありませんが、予測値の大原則である、時点 t における予測値は時点 t までに観測可能な変数（とパラメーターの推定値）のみの関数になる、ということには注意してください。先ほどのように条件付き期待値で予測を行う場合は、

$$\hat{y}_{t+1} = f(\mathbf{x}_t; \hat{\boldsymbol{\theta}}) = E(y_{t+1} \mid \mathbf{x}_t; \hat{\boldsymbol{\theta}})$$

となります。

図13.1.2 複数の予測モデルによる予測

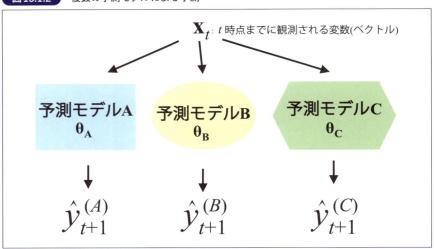

異なる予測モデルは、異なる予測値を返します。一般には複数の予測モデルがあり、その中で後述の基準によりどの予測モデルを分析に用いるか選択します。

[1] 第9章では、未知パラメーターがわかっている（既知）場合を考えましたが、ここでは未知パラメーターをその推定値で置き換えていることに注意してください。

13.2

予測の評価の種類

サンプル内予測とサンプル外予測

予測の評価の仕方は、まずおおまかに2つの種類に分けられます。これらは、**サンプル内予測**および**サンプル外予測**と呼ばれます。さらに本書では、サンプル外予測を未知パラメーター θ を推定するのに用いるデータの違いに応じて3つの種類に分けます。本書ではそれらを、**固定予測**、**逐次予測**、**ウインドウ予測**と呼ぶことにします。

これらの異なった予測の仕方を用いて予測の評価をした場合、予測の仕方の種類によっては1番良い予測モデルが異なることがあり得ます。例えば、サンプル内予測においては1番良い予測モデルと評価される予測モデルが、サンプル外予測（のある1つの種類）で評価すると、必ずしも1番良い予測モデルと評価されない場合があり得ます。どのやり方で評価するかは、分析の目的などに応じてケースバイケースで分析者が選択しなければなりませんが、通常はいろいろなやり方で評価して、どの予測モデルが良いのかを総合的に見ることになるでしょう。

サンプル内予測

まずは、サンプル内予測について説明をしていきましょう。データとして、$\{(y_{t+1}, \mathbf{x}_t)\}_{t=1}^{T}$ が観測されるとします。サンプル内予測では、まず未知パラメーター θ を観測されたデータ全てを用いて推定します。時点 T までのデータ全てを用いて推定した θ の推定値を、$\hat{\theta}_T$ としましょう。このとき、サンプル内予測では、この $\hat{\theta}_T$ を用いて予測値を

$$\hat{y}_{t+1} = f(\mathbf{x}_t; \hat{\boldsymbol{\theta}}_T), \, t = j, \, ..., \, T$$

と計算します。ここで j は非負の整数で、予測値を計算できる最初の時点がどの時点かに応じて決まります（この場合、時点 $t = j+1$ の y_t の値、すなわち y_{j+1} から予測しています）。例えば、AR(p) モデルにおいて過去の p 時点のデータを使って予測をするのであれば、$j = p$ となります。時点 $t = j+1$ から時点 $t = T+1$ までの y_t の予測値を計算するので、$T-j+1$ 個の予測値が計算でき、サンプル内予測の評価においては、この $T-j+1$ 個の予測値とその時点の実際の値を比較することにより、予測の評価を行っていきます。具体的な評価の仕方については次節で説明します。

━━ サンプル外予測

サンプル外予測のやり方はいくつかありますが、それらに共通するのは、パラメーターの推定に用いるデータと予測の評価に用いるデータを分けるということです。これが先ほどのサンプル内予測と異なる点です（サンプル内予測では、与えられた全てのデータを用いて未知パラメーターの推定を行い、また予測の評価の際は推定に用いたデータも用います）。実際の予測においては、まだデータとして観測されていない将来の値を予測するわけですから、こちらの方が実際の予測の状況に近いと言えます。

ここではサンプル外予測のやり方として、パラメーターを推定する際に用いるデータの違いに応じて3種類のやり方を紹介します。

13.2 予測の評価の種類

図13.2.1 サンプル内予測とサンプル外予測の違い

サンプル内予測

$$\mathbf{x}_1, \mathbf{x}_2, \ldots, \mathbf{x}_S, \mathbf{x}_{S+1}, \ldots, \mathbf{x}_T$$
$$y_2, y_3, \ldots, y_{S+1}, y_{S+2}, \ldots, y_{T+1}$$

θの推定にすべてのデータ**を使う**。

サンプル外予測

$$\mathbf{x}_1, \mathbf{x}_2, \ldots, \mathbf{x}_S, \quad \mathbf{x}_{S+1}, \ldots, \mathbf{x}_T$$
$$y_2, y_3, \ldots, y_{S+1}, \quad y_{S+2}, \ldots, y_{T+1}$$

推定に使うデータ　　予測評価に使うデータ

θの推定にすべてのデータ**は使わない**。

サンプル内予測では観測された全てのデータを用いて未知パラメーター θ の推定を行います。これに対して、サンプル外予測では、θ の推定には一部分のデータのみを用い、推定に用いたデータは予測の評価には用いません。

── サンプル外予測1 - 固定予測

まず1つ目として、固定予測と呼ばれる方法を紹介します。これは推定に用いるデータを固定した方法です。具体的には、まずデータとして $\{y_{t+1}, \mathbf{x}_t\}_{t=1}^{T}$ の T 個のデータが観測されているとします。このとき、$1 \leq S < T$ である整数 S に対して、時点 S までのデータ $\{y_{t+1}, \mathbf{x}_t\}_{t=1}^{S}$ のみを未知パラメーター $\boldsymbol{\theta}$ の推定に用います。S の値は分析者が決定します。この推定値を $\hat{\boldsymbol{\theta}}_S$ としましょう。このとき、固定予測では時点 $S+2$ からの予測値を、

$$\hat{y}_{S+2} = f(\mathbf{x}_{S+1}; \hat{\boldsymbol{\theta}}_S)$$
$$\hat{y}_{S+3} = f(\mathbf{x}_{S+2}; \hat{\boldsymbol{\theta}}_S)$$
$$\hat{y}_{S+4} = f(\mathbf{x}_{S+3}; \hat{\boldsymbol{\theta}}_S)$$
$$\vdots$$
$$\hat{y}_{T+1} = f(\mathbf{x}_T; \hat{\boldsymbol{\theta}}_S)$$

と順に計算していきます。ここで注意する点は、$\boldsymbol{\theta}$の推定値として用いている値は全ての予測において、$\hat{\boldsymbol{\theta}}_S$で共通しているということです。これが、この後に説明する他の2つのサンプル外予測と異なる点です。固定予測では、このようにして得られた$T-S$個の予測値を、その実際の値と比較することにより予測を評価します。

━━ サンプル外予測2 - 逐次予測

サンプル外予測の2つ目の方法として、逐次予測と呼ばれるものがあります。これは予測に用いる推定値を逐次更新していくというやり方です。具体的には、先ほどと同様、データとして$\{y_{t+1}, \mathbf{x}_t\}_{t=1}^{T}$の$T$個のデータが観測されているとし、$S$を$1 \leq S < T$である整数として、$\hat{\boldsymbol{\theta}}_S$を$\{y_{t+1}, \mathbf{x}_t\}_{t=1}^{S}$のみを使用して推定した$\boldsymbol{\theta}$の推定値とします。このとき、逐次予測では

$$\hat{y}_{S+2} = f(\mathbf{x}_{S+1}; \hat{\boldsymbol{\theta}}_S)$$
$$\hat{y}_{S+3} = f(\mathbf{x}_{S+2}; \hat{\boldsymbol{\theta}}_{S+1})$$
$$\hat{y}_{S+4} = f(\mathbf{x}_{S+3}; \hat{\boldsymbol{\theta}}_{S+2})$$
$$\vdots$$
$$\hat{y}_{T+1} = f(\mathbf{x}_T; \hat{\boldsymbol{\theta}}_{T-1})$$

のように、予測のたびに推定に用いるデータを増やしていって、予測値を逐次的に計算していきます。

未知パラメーターの推定の精度は通常、データが多いほど良くなります。であれば、予測する時点の前までの全てのデータを用いて、逐次的に未知パラメーターを推定して少しでも精度の良い推定値を使うというのが、逐次予測の考え方です。

サンプル外予測3 - ウインドウ予測

　サンプル外予測の3つ目のやり方は、1つ目と2つ目を合わせたようなものです。θ の推定の際に、予測値を計算する時点の直前までに観測されたデータを用いますが、その観測されたデータ全ては用いず、さらに用いるデータの数は固定するというやり方です。直前までのデータを用いて推定するという点は逐次予測と似ていますが、パラメーターの推定に用いるデータの数を固定するという点では固定予測に似ています。このようなやり方を（**ローリング**）**ウインドウ予測**と言い、推定に用いるデータの数を**ウインドウサイズ**と言います。ウインドウサイズの値は、分析者が総合的に判断して決めます（この決定は基本的には恣意的になります）。

　ウインドウ予測について具体的に説明しましょう。まず、$\hat{\boldsymbol{\theta}}_{k,n}$ を時点 k から時点 n までのデータ、すなわち $\{y_{t+1}, \mathbf{x}_t\}_{t=k}^{n}$ を用いて推定した未知パラメーター $\boldsymbol{\theta}$ の推定値とします。このとき、ウインドウサイズ S のローリングウインドウによるウインドウ予測では、

$$\hat{y}_{S+2} = f(\mathbf{x}_{S+1}; \hat{\boldsymbol{\theta}}_{1,S})$$
$$\hat{y}_{S+3} = f(\mathbf{x}_{S+2}; \hat{\boldsymbol{\theta}}_{2,S+1})$$
$$\hat{y}_{S+4} = f(\mathbf{x}_{S+3}; \hat{\boldsymbol{\theta}}_{3,S+2})$$
$$\vdots$$
$$\hat{y}_{T+1} = f(\mathbf{x}_{T}; \hat{\boldsymbol{\theta}}_{T-S,T-1})$$

のように、予測値を逐次的に計算していきます。この式からもわかる通り、ウインドウサイズ S のウインドウ予測では、予測時点の直前の S 個のデータを用いて未知パラメーターの値を推定するということになります。このようにすると、真のモデルが予測モデルと異なる場合や、パラメーターの値が不安定であり時点を通じて変化しているような場合に、それらに対してある程度は対応しているため、予測の精度が若干良くなることが期待されます（ただし、それが保証されるわけではありませんので、本来はやや根拠に乏しいやり方ですが、ウインドウ予測は実際の分析でよく用いられています）。

図13.2.2 サンプル外予測の3つの種類

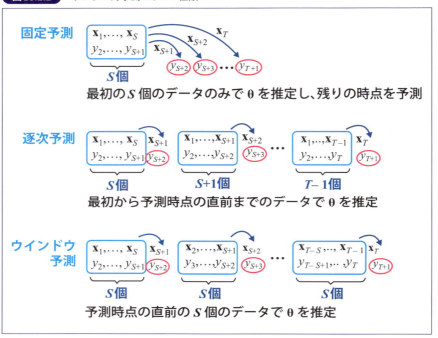

サンプル外予測は未知パラメーター θ の推定に用いるデータによって、固定予測、逐次予測、ウインドウ予測の3つに分かれます。

　以上のように、サンプル外予測にはいくつか種類があり、ここではそのうちの3つを紹介しました。これらの予測およびそこでの評価について注意しなければならないのは、異なる種類の予測を用いて評価を行った場合、それぞれの予測の種類に応じて、異なった予測モデルが1番良いモデルとされる可能性があることです。

　例えば、固定予測で予測モデルを比較した場合と、ウインドウ予測で予測モデルを比較した場合では、異なった予測モデルが1番良いモデルと評価されることがあり得ます。このような場合には、さらに複数の種類の予測を行い、より多くの予測方法のもとで、1番良いモデルと評価されたモデルを用いるなどの方法が考えられます。

13.2 予測の評価の種類

　ここでは、パラメーター推定に用いるデータの違いによる予測の種類の分類
と、そこでの予測値の計算方法を紹介しました。異なった予測モデルの優劣を
比較するには、それぞれの予測モデルから計算したこれらの予測値と、実際の
値との違いを評価する何らかの基準を用いる必要があります。次節では、その
基準として代表的なものをいくつか紹介します。

第13章　時系列データの予測②

377

13.3

予測の比較

予測の比較の基準

　ここでは、複数の競合する予測モデルがある場合に、それらの間の優劣を評価する際によく用いられる基準（指標）を紹介します。これらは全て、以下で定義する**予測誤差**の関数になっています。前節同様、$\hat{y}_t$ を y_t の予測値とします。この時 y_t の予測誤差 $\hat{e}_t$ は、

$$\hat{e}_t = y_t - \hat{y}_t$$

と定義されます[2]。以下では、$\{\hat{e}_t\}_{t=j+1}^{T+1}$ という $H = T - j + 1$ 個の予測誤差が得られているとします。

【平均二乗誤差（Mean Squared Error; MSE）】

　最もよく用いられる基準は、**平均二乗誤差**と呼ばれる基準です。これは予測誤差を用いて、

$$MSE = H^{-1} \sum_{t=j+1}^{T+1} \hat{e}_t^2$$

と定義されます。これは予測誤差の 2 乗の平均です。予測誤差が（平均的に）小さいほど良い予測モデルであると考えられますから、この基準によって予測モデルを評価する場合には、この基準の値が小さい方が良い予測モデルということになります。以下で、もう少し詳しく説明します。

---

[2]　第 9 章でも述べた通り、本によっては予測誤差を $\hat{e}_t = \hat{y}_t - y_t$ と定義しているものもあります。どちらの定義でも実質的な違いはありません。

例えば、競合する K 個の予測モデルから、それぞれ $H = T - j + 1$ 個の予測誤差が得られたとしましょう。これらを、$\{\hat{e}_t^{(k)}\}_{t=j+1}^{T+1}$, $k = 1, \ldots, K$ と表します。ここで、$\hat{e}_t^{(k)}$ は k 番目の予測モデルの y_t の予測誤差です。MSE を用いた比較では、これらより k 番目の予測モデルの MSE、すなわち

$$MSE^{(k)} = H^{-1} \sum_{t=j+1}^{T+1} \hat{e}_t^{(k)2}, \, k = 1, \ldots, K$$

を計算し、この K 個の MSE を比較して、1 番小さな値に対応する予測モデルが 1 番良い予測ということになります。

【平均二乗平方根誤差（Root Mean Squared Error; RMSE）】

平均二乗平方根誤差は、平均二乗誤差の正の平方根を取ったもので、以下のように定義されます。

$$RMSE = \sqrt{MSE} = \sqrt{H^{-1} \sum_{t=j+1}^{T+1} \hat{e}_t^2}$$

平均二乗誤差と同じく、値が小さい方が良い予測ということになります。さらに平方根を取っても大きさの順序は変わりませんので、MSE による比較と RMSE による比較は同じ結果になります。

【平均絶対誤差（Mean Absolute Error; MAE）】

予測誤差の 2 乗の代わりに、予測誤差の絶対値に対してその平均を取ったものを**平均絶対誤差**と言い、以下のように定義されます。

$$MAE = H^{-1} \sum_{t=j+1}^{T+1} |\hat{e}_t|$$

これも値が小さい方が、良い予測ということになります。

【平均絶対パーセント誤差（Mean Absolute Percentage Error; MAPE）】

平均絶対パーセント誤差は、

$$MAPE = 100 \times H^{-1} \sum_{t=j+1}^{T+1} \left| \frac{\hat{e}_t}{y_t} \right|$$

と定義されます。単位をパーセントとするために、100 を掛けています。これは、予測誤差の絶対値が実際の値の絶対値に対して平均的に何 % 程度になるかを表しています。この指標も、小さければ小さいほど良い予測ということになります。

以上、ここで紹介した予測評価に関する指標は全て 0 以上の値を取り、小さければ小さいほどパフォーマンスが良いと評価されます。基本的には、全て直感的に理解しやすい形をしているため、その解釈についての説明はあまり必要ないでしょう。

これらは競合する予測モデルのそれぞれの予測誤差から計算され、これらの指標が 1 番小さいものが 1 番良い予測モデルということになります。しかしながら、実際の時系列変数は確率変数であるため、これらの指標の値も確率的に変動します。そのため、観測数が十分に大きくなく、また観測値に偏りが起こった場合には、必ずしも 1 番良い予測モデルが選ばれない可能性や、もしくは予測力に違いがなく同程度に良い予測モデルである場合でも、片方のモデルがもう片方のモデルよりも良い予測モデルと評価されてしまう可能性があります。

このような観測値の偏りによる間違った予測評価が起きていないかを確かめるために、近年では予測力の違いについての統計的な検定方法も発展してきています。次節では、これについて簡単に紹介しましょう。

図13.3.1　予測評価の手順

(1) 予測誤差の計算

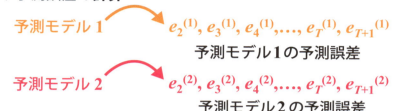

予測モデル1の予測誤差

予測モデル2の予測誤差

(2) 予測評価の指標の計算

それぞれの予測モデルの予測誤差から、予測評価の指標 $S^{(i)}, i=1,2$ を計算する

$$S^{(i)} = S(e_2^{(i)}, e_3^{(i)}, e_4^{(i)}, \ldots, e_T^{(i)}, e_{T+1}^{(i)})$$

予測評価の指標は予測誤差の関数

(3) 予測評価の指標の計算

$S^{(1)}$ と $S^{(2)}$ を比較して、小さい（指標によっては大きい）方を良いモデルとする。

予測の比較では適当な予測評価の指標を計算して比較します。通常、予測評価の指標は予測誤差の関数となっています。3つ以上の予測モデルを評価する際にも同様の手順を踏みます。

13.4

予測評価の統計的な評価

予測評価の有意性の統計的検定

前節で紹介したような予測評価の指標を用いる際には、それらは標本の関数、すなわち確率変数であることに注意する必要があります。なぜならば、これらの指標は母集団のある値を推定していると考えられますが、確率的な変動（に起因するデータの偏り）によって予測誤差も変動するため、これらの指標による評価が実際の予測力をきちんと反映していない可能性があるからです。

例えば、i 番目の予測モデルの MSE（これは、$E[\hat{e}_t^{(i)2}]$ の推定値であると考えられます）が、j 番目の予測モデルの MSE（これは、$E[\hat{e}_t^{(j)2}]$ の推定値であると考えられます）よりも小さい場合に、それが単に標本の偏りによって生じたのか、それとも実際に $E[\hat{e}_t^{(i)2}] < E[\hat{e}_t^{(j)2}]$ という事実を反映しての結果なのかについては慎重に考える必要があります。前者であれば予測評価は正しくないことになりますし、後者であれば予測評価が正しく行われていることになります。このような場合、結論を導くための 1 つの方法として、これら 2 つの予測モデルの予測力が有意に異なっているかを、何らかの方法で統計的に検定するということが考えられるでしょう。

このような問題意識から提案された統計的手法が、以下で説明する**Diebold-Mariano**（ディーボルド - マリアノ）**検定**と呼ばれる検定です。以下では、この検定を **DM 検定**と呼ぶことにします。

DM 検定においては、2 つの予測モデルの予測力が等しいというのを帰無仮説としています。DM 検定で両側検定を行った場合、この帰無仮説が棄却されるのであれば、片方の予測モデルの予測力はもう一方の予測モデルの予測力よ

13.4 予測評価の統計的な評価

りも統計的に有意に高いと結論付けることができるため、ある予測評価の指標によって予測力が高いと評価された予測モデルについて、その評価が単に標本の偏りではなく、実際に予測力が高いという事実を反映しているということに、より確信を持つことができます。

従来の予測評価において、このような点は見過ごされていましたが、DM 検定の登場は予測評価の考え方に「統計的な有意性」という非常に重要な視点を加えることになったと言えるでしょう。以下では、この DM 検定のやり方について紹介していきます。

DM 検定

DM 検定は、2 つの予測モデルの間に予測力の違いがあるかどうかを見るための検定です。例えば、2 つの予測モデルによる予測誤差の系列をそれぞれ、$\{\hat{e}_t\}_{t=j+1}^{T+1}$ および $\{\hat{e}_t^*\}_{t=j+1}^{T+1}$ とします。**損失関数**を $L(e)$ とし、その**損失差**を

$$d_t = L(\hat{e}_t) - L(\hat{e}_t^*)$$

とします。ここで損失関数は、予測の評価に用いた指標によって決まります。例えば、予測の評価に MSE を用いたのであれば $L(e) = e^2$ であり、予測の評価に MAE を用いたのであれば $L(e) = |e|$ となります（MSE は $L(\hat{e}_t) = \hat{e}_t^2$ の、MAE は $L(\hat{e}_t) = |\hat{e}_t|$ の標本平均です）。

この損失差の期待値 $E(d_t)$ が 0 である場合、この 2 つの予測モデルの予測力は同じであると考えるのが妥当でしょう。この場合、標本から計算した MSE や MAE を単純に比較することによって得られた、どちらかの予測モデルの予測力の方が高いという結論は、単に標本の偏りによる結果である可能性が排除できず、実際の予測力には差がないという可能性を否定できません。DM 検定は、この期待値が 0 であるというのを帰無仮説、0 でないというのを対立仮説、すなわち

第13章 時系列データの予測②

383

$$H_0: \ E(d_t) = 0 \quad および \quad H_1: \ E(d_t) \neq 0$$

とした検定となっています。

　上記の帰無仮説に対して、Diebold and Mariano (1995)[3) は以下の検定統計量を提案しました。

$$DM_T = \frac{\bar{d}_T}{se(\bar{d}_T)}$$

　ここで、$\bar{d}_T$ は d_t の標本平均、すなわち $\bar{d}_T = (T - j + 1)^{-1} \sum_{t=j+1}^{T+1} d_t$ であり、$sd(\bar{d}_T)$ は $\bar{d}_T$ の標準誤差（つまり、$\bar{d}_T$ の標準偏差の推定値）です。Diebold and Mariano (1995) は、d_t についての緩い仮定の下で、DM_T が帰無仮説の下で漸近的に

$$DM_T \sim N(0, 1)$$

となることを示しました。

　これは、例えば有意水準 5% であれば、DM_T の絶対値が 1.96 より大きい場合に帰無仮説が棄却され、この 2 つの予測モデルの予測力は異なるということになります。Diebold and Mariano (1995) は、$sd(\bar{d}_T)$ として HAC (heteroskedasticity and autocorrelation consistent) 推定量を用いることを提案しています。

---

3) Diebold, F.X., and Mariano, R.S. (1995), "Comparing Predictive Accuracy," Journal of Business and Economic Statistics, 13, 253-263.

13.4 予測評価の統計的な評価

図13.4.1 DM検定の考え方

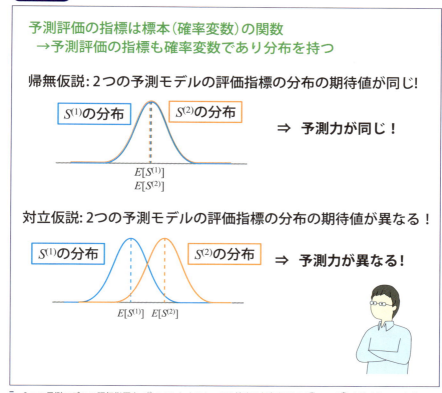

2つの予測モデルの評価指標を $S^{(i)}$, $i=1,2$ とすると、DM検定は帰無仮説 $E[S^{(1)}] = E[S^{(2)}]$ を検定しています。

　DM検定は非常に簡単に計算できるため、予測力の違いを検定するために広く用いられるようになってきています。予測力の違いを統計的に検定するという考え方は、提案当初からすぐに受け入れられたわけではなかったようですが、提案されてから30年ほど経った現在においてこの考えは広く受け入れられ、DM検定は予測力の違いを示すための標準的なツールとなっています。

第13章のまとめ

- 予測は予測モデルを用いて行うが、競合するたくさんの予測モデルがあり、それぞれの予測モデルの優劣を決定するには何らかの基準（指標）で予測モデルを評価する必要がある。

- 予測モデルには通常、未知パラメーターが含まれており、それらはデータから推定する必要があるが、その際にどのようなデータを用いるかによって、サンプル内予測とサンプル外予測に分類される。サンプル内予測においては、未知パラメータの推定に観測された全てのデータを用い、予測の評価には推定に用いたデータも使用する。これに対して、サンプル外予測では、未知パラメーターの推定に一部のデータのみを使用し、予測の評価には推定に使用したデータは用いない。

- サンプル外予測は、さらに固定予測、逐次予測、ウィンドウ予測の３つに分類される。固定予測では未知パラメーターの推定に用いるデータを固定し、そのデータで推定した未知パラメーターの値を以降の予測値の計算で常に用いる。逐次予測では、予測値を計算する時点の直前までに観測されたデータを全て使用して推定したパラメーターを用いて予測を行う。ウィンドウ予測では、直前までに観測された一定数のデータのみを使用して推定したパラメーターを用いて予測値を計算する。

- 予測評価の指標として代表的なものに、平均二乗誤差、平均二乗平方根誤差、平均絶対誤差、平均絶対パーセント誤差などがある。これらの指標を計算し、総合的にどの予測モデルが良いかを決定する。

- 予測評価の指標の差が統計的に有意に異なっているかを検定する方法として、ディーボルド - マリアノ検定がよく用いられるようになっている。

索引

■数字・アルファベット

2 変数の確率分布	115
2 変数の連続型確率変数	119
3 囚人問題	85
AR（1）モデル	238
ARCH モデル	306,308
ARCH モデルの自己相関	317
ARCH モデルの 2 乗の自己相関	318
ARCH モデルの 2 乗の無条件分散	320
ARCH モデルの推定	323
ARCH モデルのパラメーター	316
ARMA 表現	326
ARMA モデル	221
AR モデルの拡張	212
AR モデルの期待値と分散の値	205
AR モデルの自己相関	210
DM 検定	382
GARCH モデル	301,325
vec オペレーター	361

■あ行

一致推定量	136
一致性	135,387
一致性の数学的定義	151
一般化自己回帰条件付き不均一分散モ デル	301
移動平均モデル	196,215,262
ウインドウ予測	371
横断面データ	13,176

■か行

階差	192
確率	66
確率過程	177

確率過程の自己相関	178
確率過程の定常性	183
確率関数	92
確率収束	151
確率の記号	71
確率の公理	70
確率分布	90
確率分布の分散	94
確率変数	90
確率変数の和の期待値と分散	122
仮説の検定	138
片側検定	145
かばん検定	169
観測変数	332
観測方程式	334
機械学習	35
疑似最尤推定量	358
記述統計	18,36
期待値	93
期待値の推定	132
強定常	186
区間予測	235,253
クロネッカープロダクト	361
結合密度関数	289
原始関数	27
検定統計量	143
ケンドールの相関係数	60
高頻度データ	155
誤差項の分散の推定	272
固定予測	371
コレログラム	164

■さ行

最小二乗推定法	263
最小二乗推定量	268
最小二乗法	263

388

最適性	287	状態空間モデル	332
最適予測	232	状態変数	332
最頻値	45	状態変数の推定	346
最尤推定法	281,263,287	状態方程式	334
最尤法	263,280	商品当てゲーム	82
差の分散の公式	126	初期値の設定	355
サンプル外予測	371	推測統計	36,130
サンプル内予測	371	推定値	130
時系列データ	13,176	推定法	262
時系列データの表記の仕方	154	推定量	130
時系列データのプロット	155	スピアマンの相関係数	60
時系列分析の弱点	19	正規分布	109,255
時系列分析の役割	18	説明変数	273
自己回帰移動平均モデル		漸近論	167
	196,221,262,295,338	線形回帰モデル	368
自己回帰条件付き不均一分散モデル		線形ガウシアン状態空間モデル	334
	300	線形関係	52
自己回帰モデル	196,262	全事象	69
自己回帰モデルの動き	201	相関係数	36,52,117
自己回帰モデルの期待値と分散	204	相関係数の注意点	54
自己共分散	208		
自己相関	161,207,209	**■た行**	
自己相関の検定	166,180	対数変換	28
事象	68	多変量正規分布	359
システムパラメーター	335,355	単位根検定	194
自然対数	29	単調関係を測る相関係数	58
状態空間表現	332	逐次予測	250,371
重複期待値の法則	313	中央値	44
情報集合	229	通常の変化率	158
条件付き確率	74	定常過程	187
条件付き期待値	121,300	定常性	172,183,200
条件付き最尤推定量	324	定常データへの変換例	189
条件付き最尤法	291	定積分	27
条件付き分散	121,300	ティックデータ	155
条件付き密度関数	120	データ生成過程	173,177
状態空間表現	339	データの中心	47

点予測	235
導関数	24
統計学	35
統計的検定	138
統計量	41
独立	74
度数分布表	37
トレンド	189

■な～は行

二項分布	100
根元事象	69
粘着的	203
排反	69
パネルデータ	13
ヒストグラム	37
非定常過程	187
標準誤差	143
標準偏差	50
標準正規分布	112
標本自己相関	161
標本自己相関係数	161
標本分散	94
標本分散の不偏性	134
標本分散の不偏性の証明	149
標本平均	94
不定積分	27
不偏性	133
ボラティリティ変動モデル	306
分散	48,93
平滑	346
平均	42
平均二乗誤差	231,378
平均二乗平方根誤差	379
平均絶対誤差	379
ベイズの定理	77

ベルヌーイ確率変数	99
ベルヌーイ分布	99
変化率	157
変換	156
変動の大きさ	203
ポアソン分布	102
ポートフォリオ理論	307
ボラティリティクラスタリング	302

■ま～や行

未知パラメーター	228,262,357
無限期先予測	247
モンティ・ホール問題	82
尤度関数	281
ユールウォーカー方程式	209
予測確率	236
予測誤差	231,378
予測式	352
予測の比較	378
予測評価の統計的な評価	382
予測モデル	228,366

■ら行

ランダムウォーク	337
ランダムウォークプラスノイズモデル	
	338
離散型確率変数	91
両側検定	145
連続型確率変数	106
濾波	346
濾波式	352

◎筆者紹介

長倉大輔
慶應義塾大学経済学部 教授

学歴
2007年　Ph.D. (Economics)、ワシントン大学大学院シアトル校博士課程修了
2001年　修士 (経済学)、横浜国立大学大学院国際社会科学研究科修了
1999年　学士 (経済学)、横浜国立大学経済学部卒業

職歴
2016年4月 - 現在　慶應義塾大学経済学部 教授
2011年 -2016年3月　慶應義塾大学経済学部 准教授
2010年4月 -2011年3月　早稲田大学大学院ファイナンス研究科 助教
2007年9月 -2010年3月　日本銀行金融研究所 リサーチエコノミスト

研究分野
計量経済学、時系列分析、計量ファイナンス

カバーデザイン：植竹裕（UeDESIGN）

本文デザイン・DTP：有限会社 中央制作社

■注意

(1) 本書は著者が独自に調査した結果を出版したものです。

(2) 本書の一部または全部について、個人で使用する他は、著作権上、著者およびソシム株式会社の承諾を得ずに無断で複写／複製することは禁じられております。

(3) 本書の内容の運用によっていかなる障害が生じても、ソシム株式会社、著者のいずれも責任を負いかねますのであらかじめご了承ください。

(4) 本書に掲載されている画面イメージ等は、特定の設定に基づいた環境にて再現される一例です。また、サービスのリニューアル等により、操作方法や画面が記載内容と異なる場合があります。

(5) 本書の内容についてのお問い合わせは、弊社ホームページ内のお問い合わせフォーム経由でのみ受け付けております。電話でのお問い合わせは受け付けておりませんので、あらかじめご了承ください。

(6) 商標
　　本書に記載されている会社名、商品名等は、一般に各社の商標または登録商標です。

将来予測と意思決定のための時系列分析入門

様々な時系列モデルによる予測方法からその評価方法まで

2025 年　4 月 10 日　初版第 1 刷発行
2025 年　4 月 18 日　初版第 2 刷発行

著者　　長倉 大輔
発行人　片柳 秀夫
編集人　志水 宣晴
発行　　ソシム株式会社
　　　　https://www.socym.co.jp/
　　　　〒 101-0064　東京都千代田区神田猿楽町 1-5-15 猿楽町 SS ビル
　　　　TEL：(03)5217-2400（代表）
　　　　FAX：(03)5217-2420

印刷・製本　　中央精版印刷株式会社

定価はカバーに表示してあります。
落丁・乱丁本は弊社編集部までお送りください。送料弊社負担にてお取替えいたします。
ISBN 978-4-8026-1503-7　　©2025 Daisuke Nagakura　Printed in Japan